FOOD SCIENCE

식품학

| 머리말 |

현대인들은 다양한 식품을 섭취하며 활동을 위한 에너지를 얻고 있다. 전통적인 식품부터 과학의 발달에 힘입어 새롭게 만들어지는 식품 등 다양한 것들이 우리 주변에 넘쳐나고 있다. 어떤 질환에는 무슨 식품의 어느 영양 성분이 도움이 된다는 식의 내용들이 언론으로 종종 보도되고 있는데, 이렇듯 우리는 그 어느 때보다도 식품의 기능성이 부각되는 시대에 살고 있다. 그럼에도 불구하고 우리는 식품에 대해 얼마나 알고 있는지, 그저 보이거나 들리는 소리에 너무 깊이 귀를 기울이고 있지는 않은지에 대해 한 번 정도 짚어보며 이야기하고 싶은 마음을 같이한 저자들이 모여 이 책을 집필하였다.

식품을 전공하는 사람이나 그렇지 않은 사람 누구나 쉽게 이해할 수 있는 책을 만들고 싶었고, 화학구조를 몰라도 '아~' 하며 고개를 끄덕일 수 있는 내용들을 담고 싶었다. 저자의 경험을 통해서도, 기초 교재인데 내용을 살펴보면 이해되지 않는 용어가 많아 어려움이 많았던 대학 신입생 시절을 생각하여 쉽게 풀어쓰고 난이도가 너무 높은 내용은 배제하려고 노력하였다. 물론 내용을 전개하다 보니 기본적인 구조에 대해 서술할 수밖에 없었음을 양해해 주기 바란다.

식품학은 식품에 대해 공부하기 시작하는 학생들(물론 일반인도 포함)에게 우리의 일상에 활용되는 식품을 어떻게 분류하며, 그들의 구성 성분은 무엇이고, 어떤 형식으로 구성되어 있는지를 알게 하는 기초 학문이다. 식품에 대해 기본적으로 이해하고 학년이 올라갈수록 조금씩 더 단단하고 굵어지는 지식의 골조가 갖추어지기를, 또 누군가에게 식품에 대해 자신 있게 설명할 수 있도록 하는 책이 되기를 저자들은 희망한다. 기존 오류를 수정하였으나, 혹 내용 중 발견되는 오류에 대해 지적해 주시면 추후 더 좋은 내용이 될 수 있도록 수정 보완할 것이다.

이 책이 출간되기까지 함께하며 마음을 다해 애써주신 ㈜파워북에 감사드리고, 빠르게 변하며 모든 것이 평가되는 대학의 여러 가지 분주한 일에도 불구하고 책을 집필하는데 도움을 주신 분들과 자료 인용을 허락해 주신 교수님들께도 깊이 감사드린다.

2019년 7월

저자 일동

| 차례 |

탄수화물 3

단백질 4

식품의 색 7

식품의 냄새 8

식품의 맛 9

CHAPTER

1

서론

1. 식품의 정의 | 2. 식품의 성분 | 3. 식품의 분류 | 4. 식품의 기능

5. 식품의 발전과정 | 6. 식품의 소비 현황

1

1. 식품의 성분을 구별할 수 있다.
2. 식품을 분류할 수 있다.
3. 식품의 역할을 설명할 수 있다.
4. 식품의 발전과정을 설명할 수 있다.
5. 식품의 소비 현황을 설명할 수 있다.

1. 식품의 정의

식품Food이란 FAO/WHO의 규정에 따르면 '인간이 섭취할 수 있도록 완전 가공하거나 일부 가공한 것 또는 가공하지 않아도 먹을 수 있는 모든 것'으로 정의할 수 있다. 또한 사람에게 필요한 영양소를 한 종류 이상 포함하고 있으며, 유해한 물질을 함유하지 않은 천연물 또는 가공품, 의약품으로 섭취하는 것을 제외한 먹을 수 있는 모든 음식물이라고 정의하기도 한다(식품위생법 제2조1).

이러한 식품이 어떤 성분으로 이루어져 있고, 이 성분들의 구조는 어떻게 이루어져 있으며 어떤 성질이 있는지 알아보고, 이것들을 조리할 때 어떤 현상들이 일어나는지, 저장·유통·가공 중에 어떤 변화가 일어나는지, 그 맛, 향 및 색 등에 대하여 알아보고, 또한 100세 시대를 살기 위해서 건강이 아주 중요한 21세기에서 각각의 식재료 및 식품이 우리 몸에 미치는 기능성과 더불어 우리가 왜 어떤 식품을 좋아하는지도 연구하는 학문을 식품학food science이라 한다. 더 나아가 어떤 식품이 우리에게 안전한지, 안전하지 않은지를 알아보는 것도 포함한다.

2. 식품의 성분

식품의 성분은 일반 성분과 특수 성분으로 이루어져 있다. 일반 성분은 수분과 고형물로 이루어져 있으며, 고형물은 당질, 단백질, 지질, 비타민을 포함한 유기물과 회분이라는 무기물로 이루어져 있다. 한편 특수 성분은 맛, 색깔, 냄새 등 관능성을 나타내는 성분들이다.

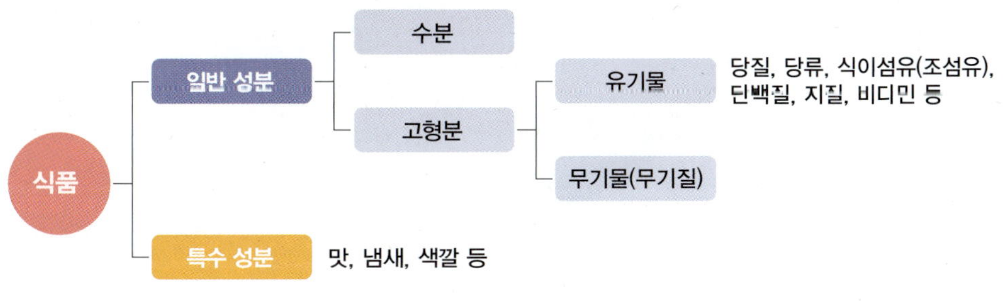

그림 1-1 | 식품의 성분

식품의 분류

영양적 성분에 의한 분류

1. 열량의 공급 모체가 되는 식품류 : 곡류, 견과류, 당류, 유지류
2. 단백질의 공급 모체가 되는 식품류 : 콩류, 어패류, 수조육류, 난류, 우유류
3. 비타민과 무기질의 공급 모체가 되는 식품류 : 채소류, 과일류, 해조류, 버섯류
4. 기호식품류 : 주류, 차류, 조미료류

동물성·식물성 성분에 의한 분류

1. 식물성 식품 : 곡류 및 그 제품, 콩류 및 그 제품, 감자류, 채소류(신선품, 가공품), 과일류, 해조류, 조미료류
2. 동물성 식품 : 육류, 난류, 어패류(신선품, 가공품), 우유류, 유지류(식용류, 참기름)

국민건강영양조사 출처에 의한 분류

1. 곡류 2. 감자 및 전분류 3. 당류 4. 콩류 5. 종실류 6. 채소류 7. 버섯류 8. 과일류 9. 육류 10. 난류 11. 어패류 12. 해조류 13. 우유 및 유제품류 14. 유지류 15. 음료 및 주류 16. 조미료류

2015 한국인 영양소 섭취기준에 의한 분류

1. 곡류 2. 고기·생선·달걀·콩류 3. 채소류 4. 과일류 5. 우유·유제품류

출처 : 보건복지부·한국영양학회, 2015

3. 식품의 분류

식품을 분류하려면 주성분(영양적 성분)에 의하여 구분하거나 생산양식(농산, 수산, 축산 등)에 따른 구분, 동물성·식물성에 따른 구분, 용도(강화, 치료, 구황, 인스턴트, 진공, 우주, 냉동 등)에 따른 구분 등 여러 가지로 나눌 수 있다. 대체로 식품군은 흔히 먹는 식품류를 각기 식품에 들어 있는 주된 영양소를 근거로 하여 나누고, 각 군별 권장량을 설정하여 영양상 균형을 이루도록 하였으며, 강조되어야 할 식품군의 차례로 순위를 정하였다.

4. 식품의 기능

식품은 영양적 기능(생명 유지 수단), 감각적 기능(맛, 냄새, 색, 촉감을 즐길 수 있는 수단), 생체 조절적 기능(건강관리 수단)을 가지고 있다.

1) 영양적 기능

식품이 갖는 영양적 기능은 생명 유지 수단의 1차적 기능으로 식품을 먹는 중요한 목적이 신체의 성장, 유지 및 조직 대사 등에 필요한 성분이나 에너지원을 보충하는 일이기 때문에 우선 영양가가 높아야 한다.

2) 감각적 기능

식품이 갖는 감각적 기능은 기호적 기능이라 할 수 있는 감각적 특성에 의한 기능으로 식품을 먹으면 식욕을 만족시켜 쾌감을 주며, 영양소가 충분히 함유되고 안전한 식품이라도 외관, 향기, 맛, 냄새, 촉감 등 기호성이 나쁘면 식욕이 감퇴되므로 기호성을 향상시킨 식품이어야 한다.

3) 생체 조절적 기능

식품이 갖는 기능적 성분은 신체의 리듬 조절, 질병 예방, 면역력 향상 등 신체에 생리적 활성을 주어 건강을 유지하기 위한 생체 조절적 기능을 갖게 하는 중요한 것으로 생체 조절적 기능을 주 기능으로 한 건강기능성식품이 다양하게 개발되고 있다.

이러한 기능을 가지고 있는 식품을 선택할 때는 5가지 요소, 즉 MTPQS 이론에 따라 선택하는 것이 좋다. 우선 식품을 운반movement하기 쉽고, 시간time과 장소place에 구애 받지 않고, 직접 또는 조리하여 먹을 수 있고 저장할 수 있어야 하며, 양quality이 많고 동시에 차지하는 공간space도 적당해야 한다.

양질의 식품을 선택하기 위해 우선 고려해야 할 조건으로는 영양성, 안전성, 기호성, 경제성 등이 있다. 영양성은 필수영양소가 골고루 함유되어 있으면서 소화·흡수가 좋아야 하며, 안전성은 안심하고 먹을 수 있어야 하므로 식품첨가물의 안전성, 저장 중에 일어나는 성분 변화에 의한 유해성, 미생물에 의한 독소의 생성, 복어독 등에서 볼 수 있는 식품 재료에 함유되어 있는 독소 등 유해한 물질을 함유하여서는 안 된다.

기호성은 식욕을 증진시키면서 만족감을 줄 수 있는 외관, 맛, 향기, 색, 텍스처texture 등의 요소를 고루 갖추고 있어야 한다. 또한 경제성은 영양가 높고 위생적이며 맛있는 식품을 값싸게 먹기를 원하게 되는 조건이나 식품의 값은 꼭 영양성, 안전성, 기호성의 조건과 일치하지는 않는다.

5. 식품의 발전과정

식품을 통해 생명을 유지하며 이를 활용하여 산업이 발전되고, 발전된 산업을 통해 다양한 가공식품들이 쏟아져 나오며 우리의 생활패턴을 변화시키고 있다.

식품 원료를 그대로 섭취하던 시대에서, 이제는 집에서 만든 것과 같은 반조리식품인 찬류, 찌개류, 더 나아가 조리에 활용되는 다양한 양념류와 소스류 등도 손쉽게 구할 수 있게 되었다. 이와 더불어 안전성은 더욱 중요해져 법적으로 안전성의 조건을 갖추어야 제품을 생산할 수 있도록 제도로 만들었다. 이를 정리하면 표 1-1과 같다.

표 1-1 식품의 발전과정

	1950년대	1960년대	1970년대	1980년대	1990년대	2000년대	2010년대	2020년대
경제 사회 환경 변화	식량 부족 시대		식품 충족 시대		제품 차별화 시대	간편 지향적 시대	건강 지향적 시대	저출산 고령화시대
	기초 재료 생산 증대		식생활의 서구화		삶의 질 추구	간편성	건강성	1인 가구 간편성
			인스턴트 식품, 조리기구 발달, 식품 가공기술 향상		냉동, 레토르트, 외식 증대, 편의점 증가		우주식품, 체중 조절 식품	대형 외식 산업 쇠퇴, 배달 중심 매장 증가
식생활 패턴 변화	요리의 자급자족		영양 지향적		고급화, 천연 맛 선호	건강 지향적		친환경 식품 안전
	가정 내 제조		육식 증가, 쌀 소비 감소		수제식품 선호, 전통식품 회귀	무공해 건강 욕구 증대, 신토불이 식품		1인 가정 간편식, 고령 친화 식품
식품 산업 변화	부정, 불량 식품 범람	품질과 위생 관심	식품 안전성 강조	식품 관련 규제, 대내외적 경쟁시대	품질 보증, 위생관리, 가공공정 중점관리	HACCP 인증		HMR 제조업, 고령 친화 산업 및 시니어 식품 시장, 치유 농업

6. 식품의 소비 현황

식품의 소비 현황은 '국민건강영양조사'에서 나타난 식품군별 섭취량을 살펴보면 간접적으로 식품 소비 흐름을 찾을 수 있다. 국민건강영양조사 제7기 1차년도(2016) 결과에서 1일 총 식품 섭취량은 1,559 g(남자 1,780 g, 여자 1,336 g)으로, 식품군 중에서는 곡류(286 g)·채소류(281 g)·과일류(191 g)·육류(118 g) 섭취량이 상대적으로 높고, 음료류·주류·우유류 등 수분 함량이 높은 식품군도 1일 평균 100 g 이상 섭취하는 것으로 조사되었다.

곡류, 감자·전분류, 채소류, 과일류 섭취량 등 식물성 식품군의 섭취량이 2015년에 비해 대체적으로 감소한 반면, 육류와 난류 섭취량은 증가하였다. 우유류 섭취량은 2010년까지 꾸준히 증가하였으나 이후 비슷한 수준을 유지하고 있다. 곡류 섭취량은 에너지 및 영양소 필요량이 가장 높은 12~18세에서 가장 높았으나, 12~18세의 채소류 섭취량(육수 제외)은 195.9 g으로 50~64세(351.5 g)의 절반 수준이었다. 당류, 음료류, 육류, 유지류 섭취량은 19~29세에서 가장 높았다.

식품군별 에너지 섭취량 추이표를 통해 1998년부터 2016년까지 각 식품군별 1일 섭취량을 살펴보면 그림 1-2와 같다.

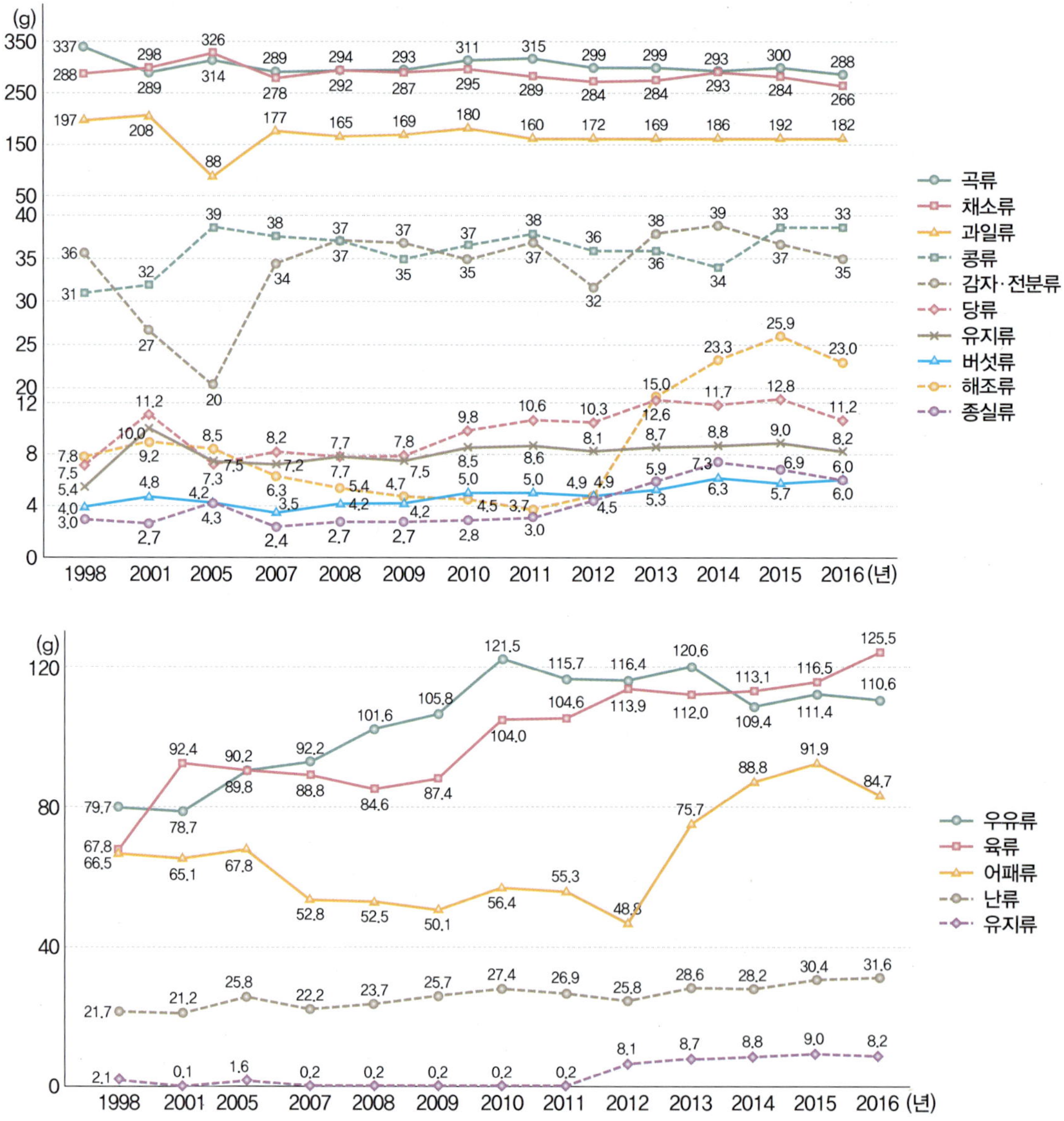

그림 1-2 | **식품군별 섭취량 추이(계속)**

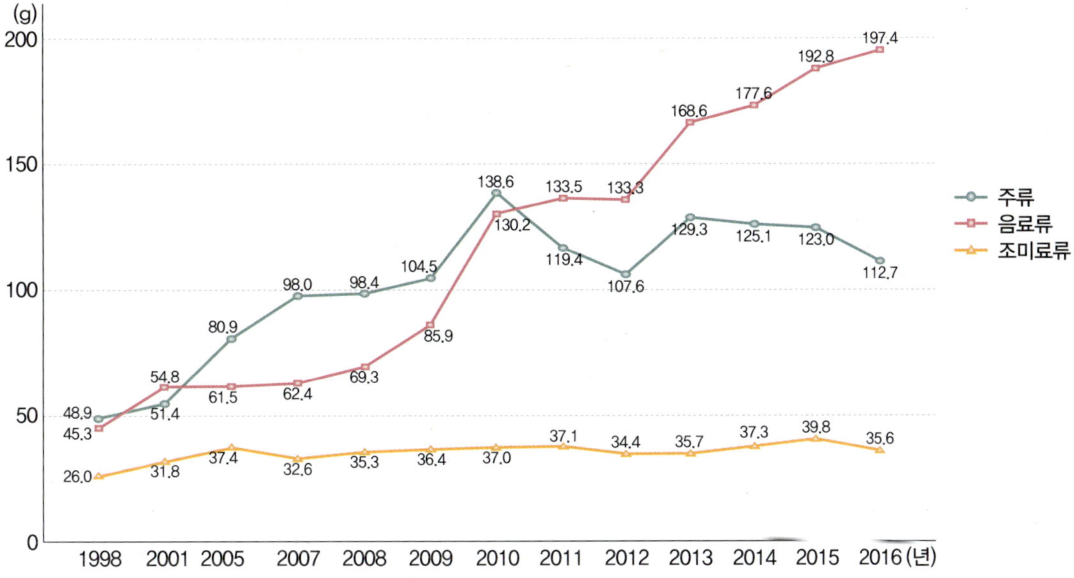

그림 1-2 | 식품군별 섭취량 추이

출처 : 보건복지부 질병관리본부, 2016

결론적으로 곡류의 소비량이 해가 갈수록 줄고, 당류·음료류 섭취량은 특히 젊은 층에서 증가하고 있으며, 식생활 및 식문화 추이를 보고자 한다면 현대의 식품시장에서 소비 규모가 커진 HMR 시장을 주목할 필요가 있다.

단원정리

1. 식품의 성분은 일반 성분(수분과 고형분인 당질, 당류, 식이섬유, 단백질, 지질, 비타민)과 특수 성분인 맛, 냄새, 색깔로 나눈다.
2. 식품은 영양적, 감각적, 생체 조절적 기능을 갖는다.
3. 식품의 발전과정을 경제·사회 환경 변화, 식생활 패턴 변화, 식품산업 변화에 따라 살펴볼 수 있다.
4. 식품의 소비 현황을 국민건강영양조사 결과로 알 수 있다.

CHAPTER

2

수분

1. 수분 | 2. 수분 섭취 및 배설 | 3. 수분활성도 | 4. 등온흡습·탈습곡선

2

1. 수분의 역할을 설명할 수 있다.
2. 수분의 형태를 분류할 수 있다.
3. 수분활성도를 설명할 수 있다.
4. 등온흡습곡선을 설명할 수 있다.

1. 수분

수분은 우리가 섭취하는 식품 중 육류 및 어패류에는 70~75%, 곡류, 콩류 등과 같은 식품에는 13~15%, 과일과 채소에는 80% 이상 함유하고 있어 양적으로는 식품 중에 가장 많이 들어 있는 성분이라 할 수 있다.

수분은 식품 내에서 식품의 선도에는 물론 식품의 색, 냄새, 맛 등 관능적 특성에도 영향을 주며, 식품의 물성과 질감에 영향을 준다. 또한 식품의 변질에도 관여하고, 조리·가공·저장 등에도 영향을 주기 때문에 생산된 식품을 저장 혹은 수송하는 데 수분 함량이 경제성에 미치는 영향은 아주 크다.

1) 수분의 상태

수분(물)의 분자구조는 수소원자 2개와 산소원자 1개가 공유결합되어 있으며 결합각은 약 104.5°이다 그림 2-1. 물분자 내의 전자는 산소원자 쪽으로 기울어져 산소원자는 음(−)전하를, 수소원자는 양(+)전하를 띤다. 또한 물분자 안에 양전하를 가진 수소원자와 음전하를 가진 산소원자가 약하게 결합하는데 이를 수소결합이라 한다. 물에는 많은 수소결합이 존재하기 때문에 온도와 압력에 따라 고체(얼음), 액체(물), 기체(수증기) 상태로 변한다(상변이).

식품 중에 들어 있는 수분은 식품을 이루는 동·식물체 내에서 단순한 물로 존재하는 것이 아니라 단백질이나 탄수화물, 지질 등의 유기물과 결합하여 그 일부분을 형성

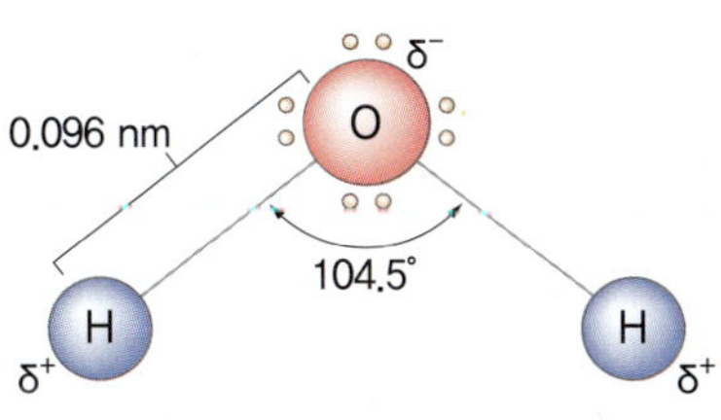

H_2O 분자의 결합각

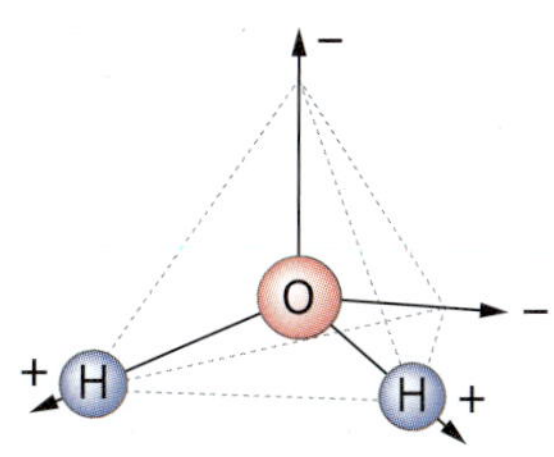

물분자의 사면체 구조

그림 2-1 | 물분자의 구조

출처 : 김주현 외, 2012

하거나 염류, 당류, 수용성 단백질 등과 같은 가용성 물질을 녹이는 용매로 작용하여 용액 상태로 만든다. 또 전분, 단백질, 지질 등과 같은 불용성 물질을 물 속에 분산시켜 교질colloid 상태로 만들기도 한다. 이처럼 식품에는 두 가지 형태의 수분으로, 하나는 일반적으로 알고 있는 물로서 자유로이 운동하며 용매로 작용하는 보통 형태의 물인 유리수free water 또는 자유수이고, 다른 하나는 단백질이나 탄수화물 등의 유기물과 밀접하게 결합되어 있는 속박된 수분으로 결합수bound water이다.

자유수는 식품 중에 유리 상태로 들어 있어서 운동이 자유롭고 유기물로부터 간단히 분리될 수 있다. 그리고 식품을 0℃ 이하로 냉각시키면 동결하여 얼음이 되고, 식품을 건조시키면 쉽게 증발되며, 미생물이 이용할 수 있는 상태의 수분이다. 이처럼 자유수는 미생물의 생육·번식에 이용되므로 미생물에 의한 식품의 부패 방지를 위해서는 자유수를 감소시키는 것이 필요하다.

결합수는 식품을 0℃ 이하로 냉각시켜도 얼지 않으며 용매로서의 작용도 못한다. 식품에 큰 압력을 가하여 압착시켜도 제거되지 않으며, 미생물의 번식에 이용되지 못한다. 식품 중 결합수의 함량은 일정하지 않은데, 이것은 결합수와 자유수가 언제나 평형 상태로 존재하고 있어서 자유수가 얼음으로 변해 그 함량이 감소되면 평형이 자유수 쪽으로 기울어지기 때문이다. 따라서 식품 속의 결합수 함량은 온도가 그 식품의 어는점freezing point 이하로 내려감에 따라 감소하므로 자유수와 결합수의 한계를 엄밀히 구별하기는 힘들다.

한 식품 속의 결합수와 자유수는 독립적으로 존재하는 것이 아니라 일부 자유수는 경우에 따라서 결합수로 될 수 있다. 예를 들면, 시럽이나 잼 등에 설탕을 첨가하면 일부 자유수가 설탕분자와 수소결합을 하여 결합수로 전환되어 식품 중의 미생물이 이용할 수 있는 자유수가 감소하므로 저장성을 높일 수 있다.

표 2-1 | 자유수와 결합수의 특징

	자유수	결합수
특성	1. 용질에 대하여 용매로 작용한다. 2. 건조시키면 쉽게 제거되며 100℃에서 증발하는 형태의 물이다. 3. 상압에서는 0℃ 이하에서 쉽게 동결된다. 4. 미생물의 번식, 생육에 이용된다.	1. 용질에 대하여 용매로서 작용하지 못한다. 2. 100℃ 이상에서 가열해도 제거되지 않는다. 3. 0℃ 이하의 낮은 온도(-20~-30℃)에서도 동결되지 않는다. 4. 미생물의 번식에 이용되지 못한다.

2) 식품의 수분 함량

식품 중의 수분은 식품을 105~110℃로 일정한 시간 가열하면 증발하는데, 이 증발된 수분량을 칭량weighing하여 수분 함량으로 표시한다. 각종 식품의 대체적인 수분 함량을 보면 표 2-2와 같다.

◇ 표 2-2 | 식품의 수분 함량

(단위 : %)

식물성 식품		동물성 식품	
곡류	8~15	육류	70~75
콩류	8~16	난류	74~75
감자류	69~79	우유류	82~89
채소류	76~97	어류	61~81
과일류	83~93	패류	73~85

2. 수분 섭취 및 배설

곡류나 콩류 외에 식품으로 이용할 수 있는 동·식물성 식품은 40~90% 정도의 수분을 함유하고 있으므로 수분이 양적으로 가장 많은 성분의 하나이며, 우리에게 없어서는 안 될 성분이다.

성인은 보통 하루에 약 2 L 정도의 물을 섭취하고 배설한다. 그 섭취 내용을 보면, 약 85% 정도가 식품에 들어 있는 수분과 음료이며, 그 나머지는 영양소가 체내에서 연소할 때 발생하는 수분, 즉 대사수metabolic water이다.

◇ 표 2-3 | 성인의 수분 섭취와 배설

(단위 : mL)

섭취	액체 음료	고형식품	대사수		계
	1,000~1,400	500~900	300~400		1,800~2,700
배설	소변	피부	호흡	대변 및 기타	계
	1,000~1,500	300~500	400~500	100~200	1,800~2,700

3. 수분활성도

1) 수분활성도

식품 중의 수분 함량은 보통 % 함량으로 나타내는 경우가 많으나, 실제로 식품 중의 수분 함량은 신선물이든 건조물이든 간에 그 식품이 놓여 있는 환경 조건에 따라 항상 변한다. 즉, 대기大氣가 건조하여 습도가 낮으면, 식품은 수분이 증발함에 따라 건조하게 되므로 수분 함량이 점차 적어진다. 이와는 반대로, 식품 주위의 대기 습도가 높으면, 건조식품인 경우 수분을 흡수하여 수분 함량이 증가하게 된다.

이와 같이 식품 중의 수분 함량은 대기 중의 상대습도relative humidity에 영향을 받기 때문에 결국은 평형을 이룰 때까지 식품은 흡습하든지 또는 건조한다. 이러한 점에서, 식품의 수분 함량을 %로 나타내기보다는 식품 중의 수분을 정적인 것으로 보지 않고 동적인 것으로 생각하여 대기 중의 상대습도까지 고려한 활성도로 나타내는 경우가 많다. 즉, 어떤 임의의 온도에서 그 식품이 나타내는 수증기압 P에 대한 그 온도에서 순수한 물의 최대수증기압 P_0의 비율로 정의하는 수분활성도water activity, A_w로 나타낸다. 수분활성도는 A_w란 기호로 표시하는데, 정의에 따라 다음과 같은 관계식을 얻을 수 있다.

$$A_w = \frac{P}{P_0}$$

만일 물을 식품이라 한다면, 그 수증기압 P와 P_0가 같으므로 물의 A_w는 1이 된다. 그러나 보통의 식품은 물뿐만 아니라 단백질, 전분 등의 고형물을 가지고 있으므로, 상대적으로 수분이 적고 그 수증기압도 낮다. 따라서 보통 식품에 있어서는 $P < P_0$의 관계에 있으므로 A_w는 1보다 작은 값을 갖는다($A_w < 1$).

과일, 채소, 생선 등과 같이 수분이 많은 식품의 A_w는 0.98~0.99이며, 곡류, 콩류 등과 같이 수분이 적은 식품의 A_w는 0.60~0.64이다.

엄밀히 말해 한 식품의 수분활성도는 그 속에 함유된 용질의 종류와 양에 따라 다르다. 그러나 동일 종류의 식품에서는 그 조성이 크게 변하지 않는 한, 대체로 비슷한 값을 갖는다.

2) 수분 활성과 식품의 안전성

식품의 수분 활성은 미생물의 생육, 효소 반응, 유지의 산화 반응, 비효소적 갈변 반응, 가수분해 반응 등과 관계된다.

첫째, 미생물의 번식과 깊은 관계가 있다. 즉, 미생물이 이용할 수 있는 수분의 양은 그 식품의 수분 함량(%)보다는 수분활성도에 의해서 보다 적절하게 표시될 수 있다는 것이다. 또한 수분활성도는 식품의 저장성과도 밀접하여 3개월간 저장하고자 하는 식품은 A_w 0.72 이하이어야 하고, 2~3년간 저장하고자 하는 경우는 A_w 0.65 이하가 되어야 한다.

그림 2-2와 같이 대부분의 세균은 0.90 이하에서 생장할 수 없고, 효모는 0.88 이하에서 생장할 수 없으나, 곰팡이는 0.70~0.75에서 생장이 가능하다. 또한 호염성 세균은 0.75, 내건성 곰팡이는 0.65, 내삼투압성 효모는 0.60 이상에서 생육할 수 있으므로 주의해야 한다. 따라서 채소, 어류, 곡류 등 식품의 수분활성도를 0.6 미만으로 낮추면 미생물에 의한 부패를 방지할 수 있다.

둘째, 일반적으로 수분활성도가 높은 경우 효소 반응이 활발하다. 대부분의 효소는

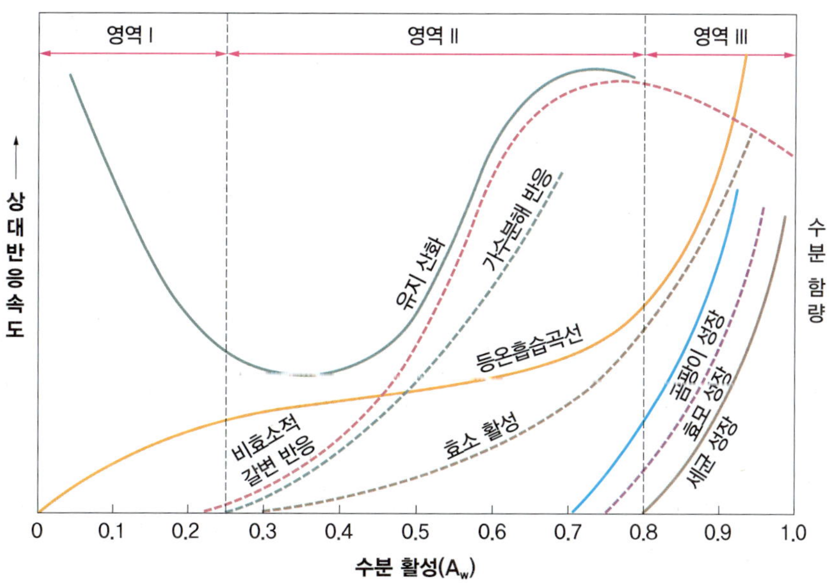

그림 2-2 | 식품의 수분활성도와 여러 반응속도

◇ 표 2-4 ㅣ 식품의 수분활성도

수분활성도(A_w)	수분 함량(%)	식품의 예
1.0		물
0.98~0.99	74~96	채소, 과일
	65~80	생선
0.96~0.98	70~80	육류
0.96~0.97	72~78	달걀
0.90~0.95	38	식빵
0.60~0.64	13~15	콩류
	13~16	곡류
	13~14	국수
0.5~0.3	3~5	비스킷
0.2~0.3	20~23	분유

수분활성도 0.85 이하에서 활성이 낮아지나, 지방 가수분해효소인 리파아제는 0.1~0.3에서도 활성을 나타낸다. 비효소적 갈변 반응인 메일러드 반응은 0.6~0.7이 되면 활발하게 갈변이 빠르게 일어난다.

셋째, 유지의 산화 반응은 수분활성이 가장 낮을 때 가장 큰 반응속도를 보이고, 0.2~0.3에서 가장 낮은 반응속도를 보이다가 수분이 많아지면 지질 산화의 결과 단계의 촉진으로 산화속도가 증가한다.

4. 등온흡습·탈습곡선

식품의 수분 함량은 일정한 온도에서 대기의 상대습도와 평형을 이루려 하며, 이때의 수분 함유량을 평형 수분 함량이라 한다. 대기의 상대습도와 식품의 평형 수분 함량과의 관계, 즉 A_w 값과 실제 식품의 수분 함량과의 관계를 나타낸 곡선을 등온흡습곡선 moisture sorption isotherm이라고 한다. 이 곡선은 일정한 온도에서 여러 가지 습도로 조절된 용기 속에 식품을 넣고 공기의 상대습도와 식품의 수분이 평형을 이룰 때의 대기 중 상대습도를 x축으로 하고, 식품의 평형 수분 함량을 y축으로 하여 나타낸다.

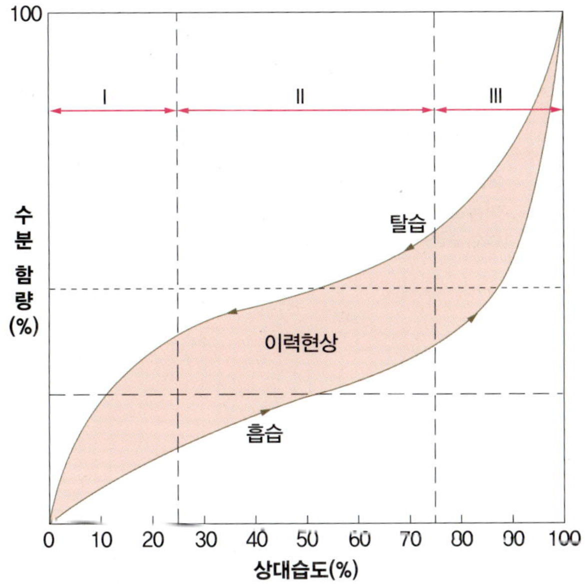

그림 2-3 | 등온흡습곡선과 등온탈습곡선

이 곡선은 그림 2-3에서 보는 바와 같이 그 형태는 대개 역S형 곡선을 나타낸다.

이 곡선의 경사와 굴곡점은 그 식품의 수분과의 결합력water binding capacity 또는 자유수와 결합수의 상대적인 양과 비율을 나타낸다.

한편 식품이 수분을 방출하여 평형 수분 함량에 도달하는 경우 얻어지는 곡선을 등온탈습곡선이라고 하며, 일반적으로 식품의 등온흡습곡선과 등온탈습곡선은 일치하지 않는데, 이와 같은 현상을 이력현상hysteresis이라 하고 이력현상은 등온흡습·탈습곡선의 굴곡점에서 가장 크다.

식품의 등온흡습곡선은 그림 2-4와 같이 3가지 영역으로 구분할 수 있다. 즉, I의 영역은 식품 성분 중의 카복실기carboxyl(-COOH)나 아미노기amino($-NH_2$)와 강한 이온결합을 형성하여 결합수의 형태로 조직 성분과 단단히 결합하여 단분자층을 형성한다. 식품의 단분자층은 건조식품의 저장조건이나 포장조건 등 안전 저장에 매우 중요한 영향을 미치는데 완전건조식품이 이 영역에 포함된다. II의 영역은 이온화되지 않은 극성기와 수소결합에 의해 느슨히 결합된 결합수의 형태로 다층 흡착을 하고 있어 용매로 작용할 수 없으며, 건조식품의 경우 안정성과 저장성이 가장 크다. 반건조식품

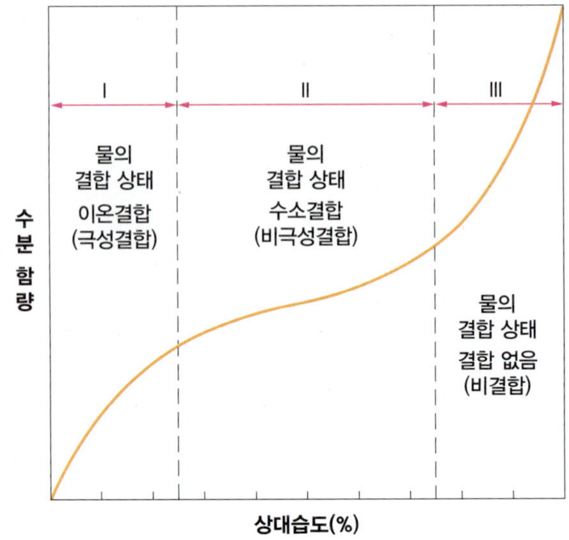

그림 2-4 | 등온흡습곡선의 영역

등이 이에 해당된다고 볼 수 있다. III의 영역은 수분이 용매로 작용하고 자유로이 움직일 수 있는 자유수의 형태로 존재하여 이 영역에서는 식품의 품질 저하를 가져오는 여러 가지 반응들이 촉진되고, 미생물의 증식도 일어난다. 대부분의 천연식품이 III 영역에 속한다.

단원정리

1. 수분이 식품에 미치는 영향은 물성과 질감, 선도, 색, 냄새, 맛 등 관능적 특성, 색의 변화와 효소 반응, 식품 변질, 조리, 가공, 저장에 영향을 준다.
2. 자유수는 일반적으로 알고 있는 물로서 자유로이 운동하며 용매로 작용하는 보통 형태의 물이며, 다른 하나는 단백질이나 탄수화물 등의 유기물과 밀접하게 결합되어 있는 속박된 수분으로 결합수이다.
3. 수분활성도는 미생물의 번식과도 깊은 관계가 있으며, 식품의 저장성과도 밀접하여 3개월간 저장하고자 하는 식품은 A_w 0.72 이하이어야 하고, 2~3년간 저장하고자 하는 경우는 A_w 0.65 이하가 되어야 한다.
4. 식품의 등온흡습곡선은 3가지 영역으로 구분하며 I의 영역은 결합수의 형태로 단분자층을 형성하여 건조식품의 저장조건이나 포장조건 등 안전 저장에 매우 중요한 영향을 미친다. II의 영역은 결합수의 형태로 다층 흡착을 하고 있어 용매로 작용할 수 없으며, III의 영역은 자유수의 형태로 식품의 품질 저하를 가져오는 여러 가지 반응들이 촉진되고, 미생물의 증식도 일어난다.

CHAPTER

3

탄수화물

1. 탄수화물의 정의 및 분류 | 2. 탄수화물의 화학적 구조 및 특성 | 3. 대표적 탄수화물 식품

3

1. 탄수화물의 정의에 대해 설명할 수 있다.
2. 탄수화물을 분류할 수 있으며, 그 각각의 구조에 대해 설명할 수 있다.
3. 탄수화물 식품인 곡류에 대해 설명할 수 있다.
4. 곡류 중 쌀, 밀, 보리에 대해 설명할 수 있다.
5. 기타 곡류에 대해 설명할 수 있다.

탄수화물은 자연이 우리 인간에게 준 가장 좋은 선물이다. 태양빛은 지구에 도달하여 식물을 키우고 그 식물은 광합성을 통해 영양소를 만들어 인간이 식량, 곧 탄수화물이라는 물질을 활용하여 활동의 기본 힘이 되는 에너지를 생산할 수 있도록 한다.

탄수화물은 인간이 가장 먼저 식량원으로 이용한 물질로 지구상에서 가장 오랜 역사를 가진 영양소이자 에너지 물질이다. 또한 우리 주변 어디서든 쉽게 얻을 수 있는 가장 값싼 에너지원이기도 하다.

단백질이나 지방을 함유한 식품의 가격에 비해 탄수화물 함유 식품은 그리 비싸지 않으며, 재배면적도 가장 넓고 다양한 자원으로부터 얻을 수 있다. 우리나라를 비롯한 대부분의 나라에 있어 탄수화물은 손쉽게 얻을 수 있는 식량자원으로 지구상 대부분의 나라에서 주식으로 활용하고 있다. 그러나 우리나라는 탄수화물, 특히 곡류를 주식으로 하는 인구가 줄어 쌀의 소비량이 극감하여 재배면적이 줄고 있어 인류의 주에너지원에 대해 심각하게 살펴보아야 할 것이다.

식물 대부분의 저장물질의 주요 성분은 탄수화물로 그 형태도 다양하고 분자 크기도 다르며 화학적 성질 및 물리적 성질도 그 근원물질에 따라 다양하나, 전분을 비롯한 유당, 서당 등 인간의 소화에 의해 에너지원으로 활용된다. 크게 보아 탄수화물은 식물에만 존재하는 것은 아니며 글리코겐처럼 동물성 탄수화물로도 존재하고 미생물에도 존재하는 등 그 형태는 다양하다.

이 장에서는 탄수화물의 정의 및 분류, 화학적 구조 및 특성과 대표적 탄수화물 급원인 곡류, 콩류, 서류에는 어떤 종류가 있는지 알아보고 특성을 간단히 살펴보고자 한다.

1. 탄수화물의 정의 및 분류

탄수화물carbohydrate은 독일어 kohlenhydrate로부터 유래된 용어로 물분자를 함유한 탄소(함수탄소) 물질로 잘 알려져 있으며, 식물의 광합성에 의해 형성된다. 기본 구조식은 $C_x(H_2O)_y$로 탄소, 수소, 산소로 이루어져 있으며, 물을 가지고 있지 않고 분자 내에 수산기(-OH) 두 개 이상, 알데하이드기(-CHO) 1개 또는 케톤기(-CO) 1개를 가지고 있다. 단맛을 지니고 있다는 의미에서 당질糖質이라 부르기도 하며 식재료 조리

시 색과 맛에 중요한 영향을 미친다.

$$CO_2 + H_2O \longrightarrow \text{당} + O_2$$

탄수화물은 단당류, 이당류를 포함한 소당류, 다당류 및 당유도체로 분류할 수 있다.

탄수화물은 단당류가 여러 개 결합하여 이루어진 물질로, 분해하면 여러 개의 포도당glucose 또는 수많은 포도당으로 이루어져 있다. 탄수화물을 분해하여 더 이상 분해

표 3-1 | 탄수화물의 분류 및 종류

분류		종류
단당류	삼탄당	글리세르알데하이드 디하이드록시아세톤
	사탄당	트레오스
	오탄당	데옥시리보스 리보스 자일로스 아리비노스
	육탄당	포도당 과당 갈락토스 만노스
소당류	이당류	서당 맥아당 유당 트레할로스
	삼당류	라피노스
	사당류	스타키오스
다당류	단순다당류	전분 덱스트린 셀룰로스 이눌린 글리코겐
	복합다당류	펙틴 헤미셀룰로스
당유도체	당알코올	솔비톨 자일리톨 만니톨

할 수 없는 상태의 구성당이 포도당 한 분자로 이루어진 당을 단당류, 단당류가 2개 이상 만나 이루어진 당을 이당류 및 소당류, 그 이상으로 수십 개의 단당류 혹은 수백만 개로 이루어진 단당류의 집합체, 특히 포도당의 집합체를 다당류라 말하며 식물체의 저장영양소 형태인 전분starch이 대표적이다.

이외에도 당이 산화작용, 환원작용, 기능기의 결합 및 비당류의 결합 등으로 생성된 당도 있다. 대표적으로 당알코올, 아미노당, 배당체 등이 있으며, 당알코올은 최근 치아가 덜 상하게 하는 데 도움을 주는 등 새로운 기능성 감미물질로 각광받고 있다. 대표적 물질로는 솔비톨sorbitol, 자일리톨xylitol 등이 있다.

2. 탄수화물의 화학적 구조 및 특성

1) 단당류의 화학적 구조 및 특성

천연식품에 많이 들어 있으며 물에 잘 녹고 단맛을 내는 환원형 물질인 단당류는 포도당 한 분자로 이루어진 당으로 탄수화물 중 가장 간단한 당이다. 탄소수에 따라 3탄당, 4탄당, 5탄당, 6탄당으로 구분된다. 일반적으로 식품에서는 5탄당, 6탄당이 중요하고, 그림 3-1과 같이 주로 한 탄소가 낚시줄에 늘어진 것과 같은 구조를 그 기본구조로 하며 이를 사슬 구조 또는 만든 이의 이름을 따서 피셔Fisher 구조라고 한다.

탄수화물의 기본 골격인 탄소의 화학적 구조를 살펴보면 기본적으로 가지를 4개 가지고 있으며, 각각의 가지에 서로 다른 원자나 원자단이 결합되어 있는 탄소를 부제탄소asymmetric carbon 또는 비대칭 탄소라 부른다. 포도당을 예로 들면 쇄상 구조(열린 고리

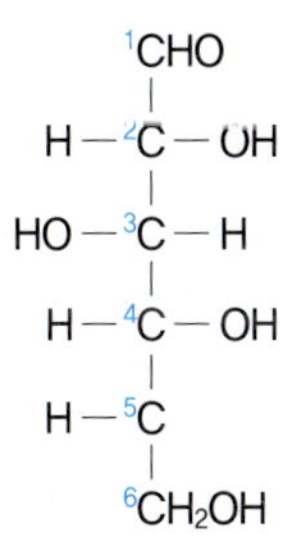

그림 3-1 | 포도당의 기본 구조

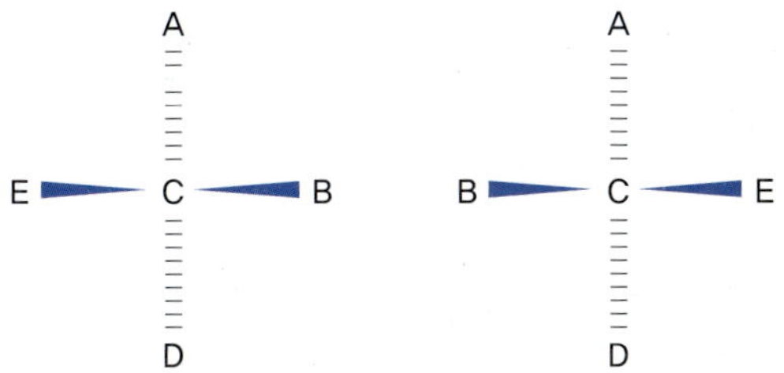

그림 3-2 | 부제탄소

구조)에서 2번, 3번, 4번 및 5번 탄소는 각각 다른 원자단을 가지므로 부제탄소가 된다.

단당류는 이 부제탄소와 수산기, 카보닐기(알데하이드기, 케톤기)를 가지고 있으며, 이에 따라 성질도 다르다. 단당류의 가장 간단한 3탄당은 글리세르알데하이드라 하며 3탄당에서 시작하여 탄소수가 4개, 5개 그리고 6개로 늘어나 사탄당, 오탄당, 육탄당이 된다.

3탄당인 글리세르알데하이드는 2번 탄소가 부제탄소이며, 이 부제탄소에 붙는 -OH(알코올)기의 위치에 따라 D형과 L형으로 된다. -OH가 오른쪽이면 D형, 왼쪽이면 L형이라 한다. 그러나 4탄당, 5탄당 및 6탄당에서는 2번 탄소를 비롯하여 -OH기의 위치가 바뀜에 따라 부제탄소의 이성체를 형성한다. 따라서 탄소수가 늘어나는 경우에서는 알데하이드로부터 가장 먼 부제탄소의 -OH기가 오른쪽이면 D형, 왼쪽이면 L형이 된다.

당류의 또 다른 특성은 당류 중의 알데하이드기와 알코올기는 쉽게 결합하여 헤미아세탈을 형성하며 그림과 같이 산소를 다리로 하여 연결된 고리 구조(하워스Haworth 구조)를 이루게 된다 그림 3-3.

(1) 알도스와 케토스

단당류는 부제탄소와 알코올기, 카보닐기(알데하이드기, 케톤기)를 가지고 있으며, 이

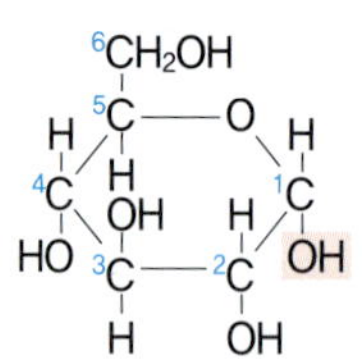

그림 3-3 | 포도당의 환상(고리) 구조

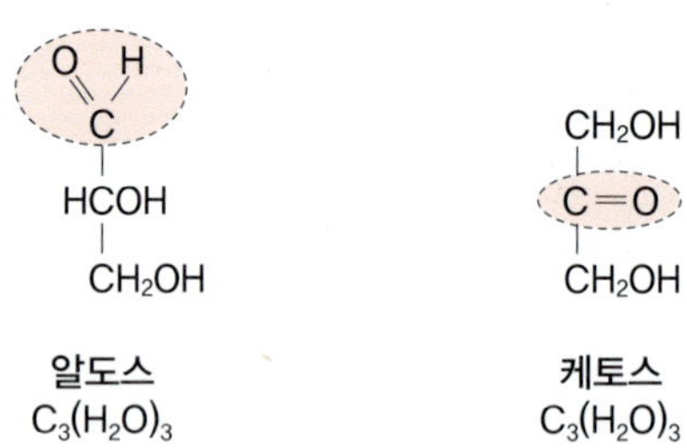

그림 3-4 | 알도스와 케토스

> ~오스(-ose)는 탄수화물을 의미한다.

에 따라 성질도 다르므로 알도스aldose와 케토스ketose로도 분류하기도 한다. 카보닐기가 알데하이드인 것은 알도스, 케톤기인 것은 케토스라고 부른다그림 3-4.

(2) 이성체

단당류는 비슷한 화학구조식을 가지고 있으며, 특히 부제탄소에 붙은 수산기의 위치가 서로 다른 경우를 이성체라고 한다.

화학구조식의 모양은 같으나 성질이 서로 다른 당으로 우리가 거울을 볼 때 거울 속에 또 다른 내가 들어 있고, 다만 팔의 위치만 다른 것과 같은 상태를 말한다(거울을 보고 있는 쌍둥이). 특히 한 개의 알코올기의 위치만 다른 이성체를 에피머epimer라고 부른다. 이성화에 의해 포도당, 과당, 만노스는 서로 전환될 수 있다.

이성체 수는 부제탄소 수에 영향을 받게 된다. 부제탄소 수가 n개 있으면 가능한 이성체 수는 2^n개가 된다. 예를 들어, 부제탄소 수가 2개이면 $2^2=4$로 입체이성체는 4개이고, 부제탄소 수가 4개이면 $2^4=16$으로 입체이성체는 16개가 된다.

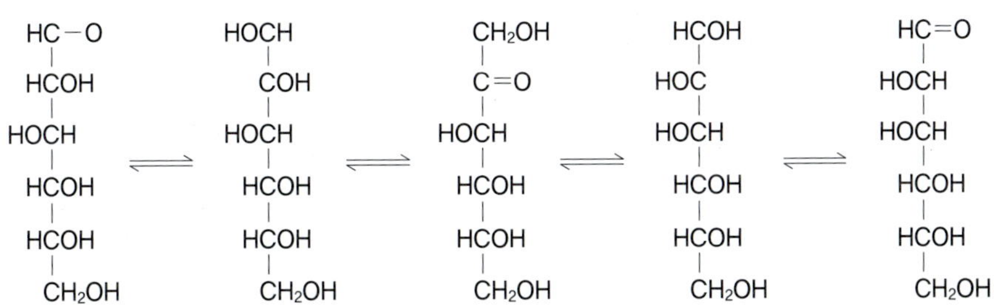

D-포도당 *trans*-에네디올 D-과당 *cis*-에네디올 D-만노스

그림 3-5 | 이성화당

(3) 기능기(관능기)

화합물의 특성을 나타내는 중요한 작용기로는 알코올기(-OH), 알데하이드기(-CHO), 케톤기(-CO), 카복실기(-COOH) 등이 있다 그림 3-6.

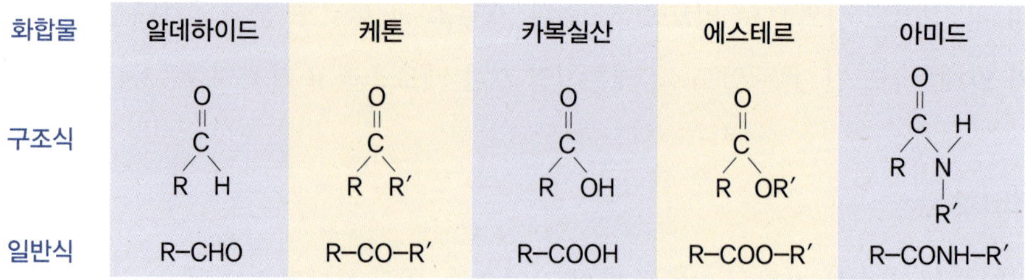

그림 3-6 | 유기화합물의 기능기

기능기

여러 가지 화합물에서 그 화합물의 성질을 나타내는 원자나 원자단을 기능기라 부른다. 단당류는 수산기(-OH), 알데하이드기(-CHO), 케톤기(-CO)가 중요하며, 특히 수산기의 위치에 따라 D형, L형, α형, β형이 결정된다.

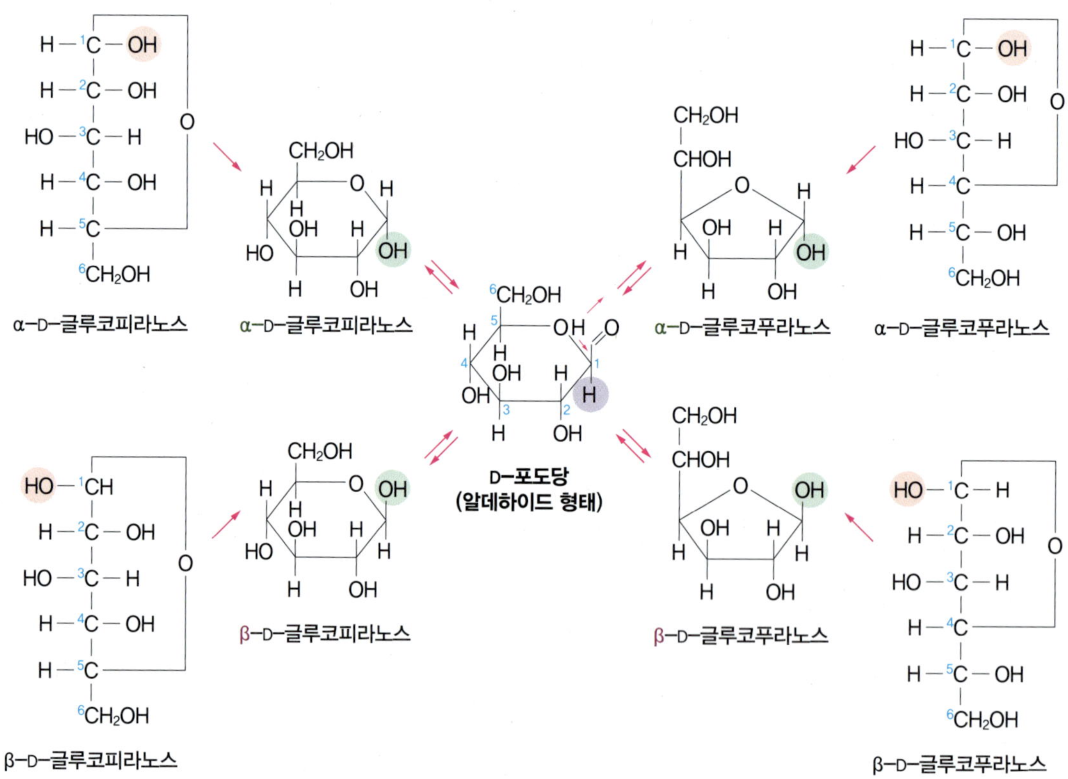

그림 3-7 | 알도헥소스의 α-, β- 결정 형식

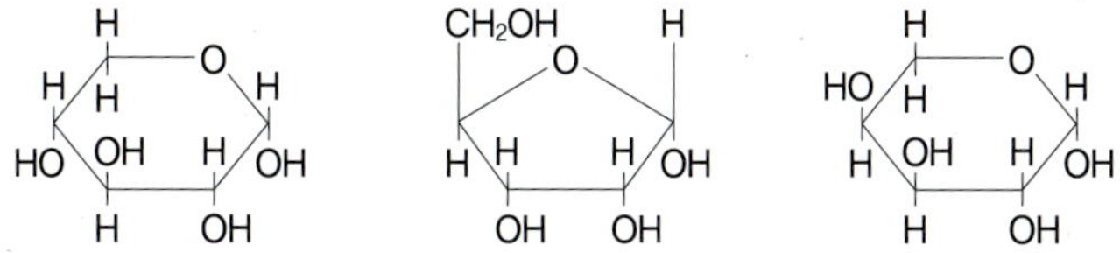

D-자일로스　D-리보스　L-아라비노스

그림 3-8 | 5탄당의 구조

(4) 5탄당

자연계에서 주로 다당류나 핵산의 구성 성분으로 존재하고 유리 형태는 거의 존재하지 않으며, 수용액 중에서는 그 구조가 주로 열린 사슬형으로 존재한다.

자일로스xylose는 주로 저칼로리 감미료로 최근에 많이 사용되고 있으며, 리보스ribose는 생체 내에서 매우 중요한 물질이다. 특히 자일로스의 당알코올 형태인 자일리톨xylytol을 활용한 기능성 제품이 많이 나오고 있다.

(5) 6탄당

일반적으로 자연식품에 많이 있으며 포도당, 과당, 갈락토스, 만노스 등 식품성분으로서 중요한 당이다.

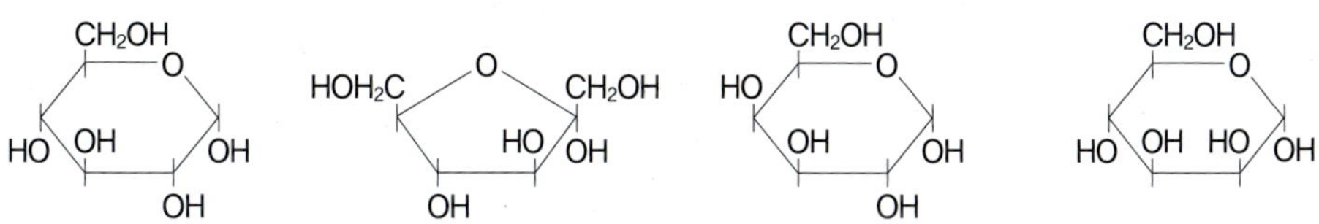

D-포도당　D-과당　D-갈락토스　D-만노스

그림 3-9 | 6탄당

① 포도당

식물체에 널리 분포하는 당으로 포도 등 과일에 많이 들어 있다. 사람의 혈액에는 약 0.1% 정도 혈당의 형태로 들어 있으며, 동물체 내에서는 글리코겐glycogen이라는 에너지원의 형태로 저장된다. 전분, 식이섬유 등 다당류 구성은 물론 이당류를 구성하며,

비당체와 결합하여 배당체를 형성하기도 한다.

생체의 에너지원으로서 가장 중요하며 두뇌활동의 기본 물질이다.

포도당의 단맛은 서당sucrose을 100으로 했을 때 70 정도이다.

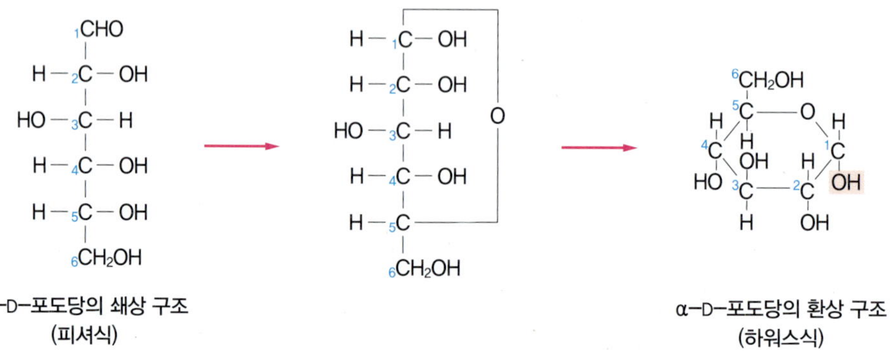

그림 3-10 | 포도당의 쇄상 구조와 환상 구조

② 과당

과당fructose은 이름처럼 과일에 많이 들어 있는 당으로, 대부분의 과일에 존재하며 벌꿀에도 많이 함유되어 있다. 돼지감자의 주성분인 이눌린의 구성당이다.

자당을 기준으로 과당의 단맛은 150이다.

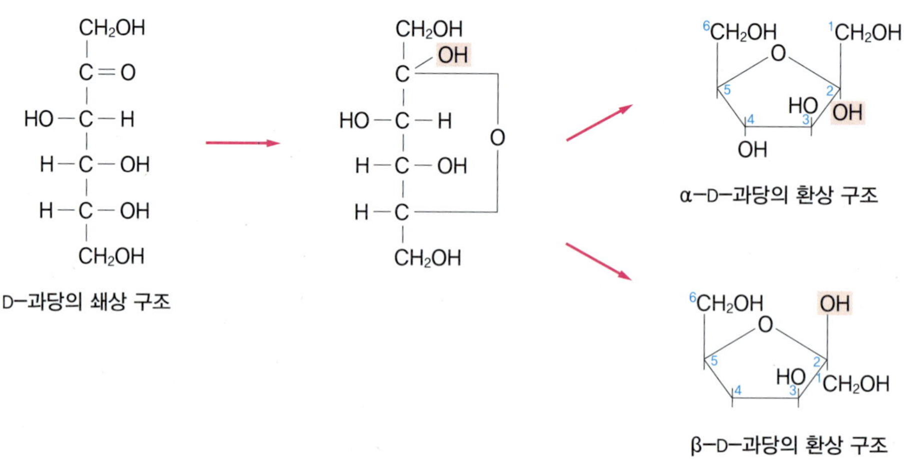

그림 3-11 | 과당의 쇄상 구조와 환상 구조

단당류의 구조식

단당류는 열린 사슬 모양의 피셔Fischer식으로 표현할 수도 있으며, 5각형 혹은 6각형의 환상 고리 구조인 하워스Haworth식으로도 표시할 수 있다. 한편 이를 간단히 탄소 골격에 수산기의 위치만 표시하는 로사노프Rosanoff식으로 표현하기도 한다.

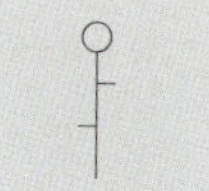

로사노프식

③ 갈락토스

갈락토스galactose는 인체 내에서 영양소와 결합하여 뇌와 신경조직의 구성 성분으로 α형과 β의 이성체가 존재하며 유당의 구성당이다.

④ 만노스

만난의 구성당으로 자연 상태에서는 거의 유리되지 않으며 α, β형 2개의 이성체가 존재한다. 곤약의 주성분이며 감자나 백합 뿌리 등에 많다.

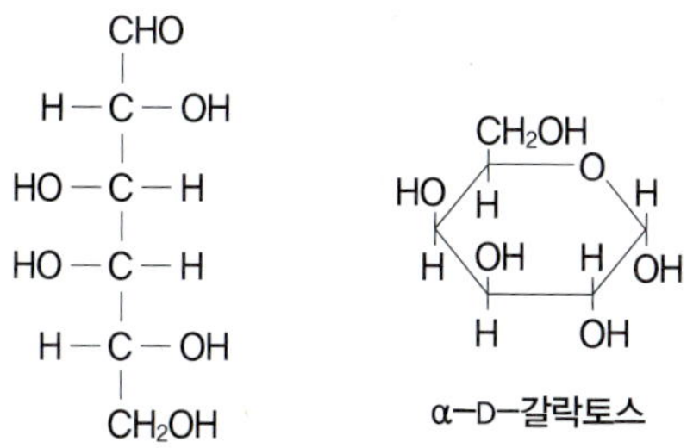

그림 3-12 | 갈락토스의 구조

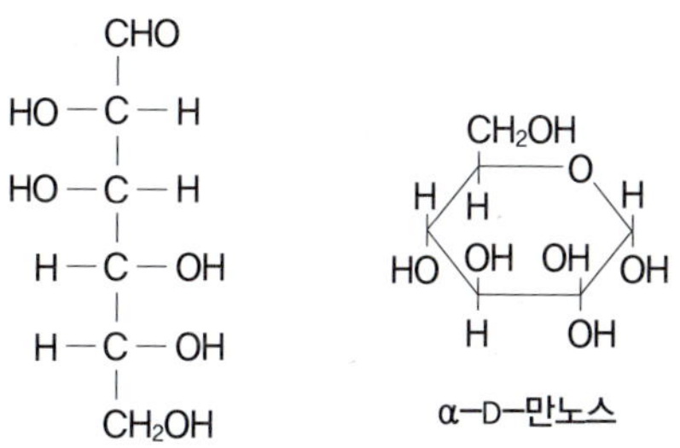

그림 3-13 | 만노스의 구조

2) 이당류 및 소당류의 화학적 구조 및 특성

이당류는 2개의 단당류가 물 한 분자를 잃고 서로 산소를 다리로 하여 결합(글리코시드 결합)한 것으로 서당, 맥아당, 유당, 트레할로스 등이 있다.

(1) 맥아당maltose

두 분자의 포도당이 1번 탄소의 수산기와 4번 탄소의 수산기가 결합(α-1,4결합)하여

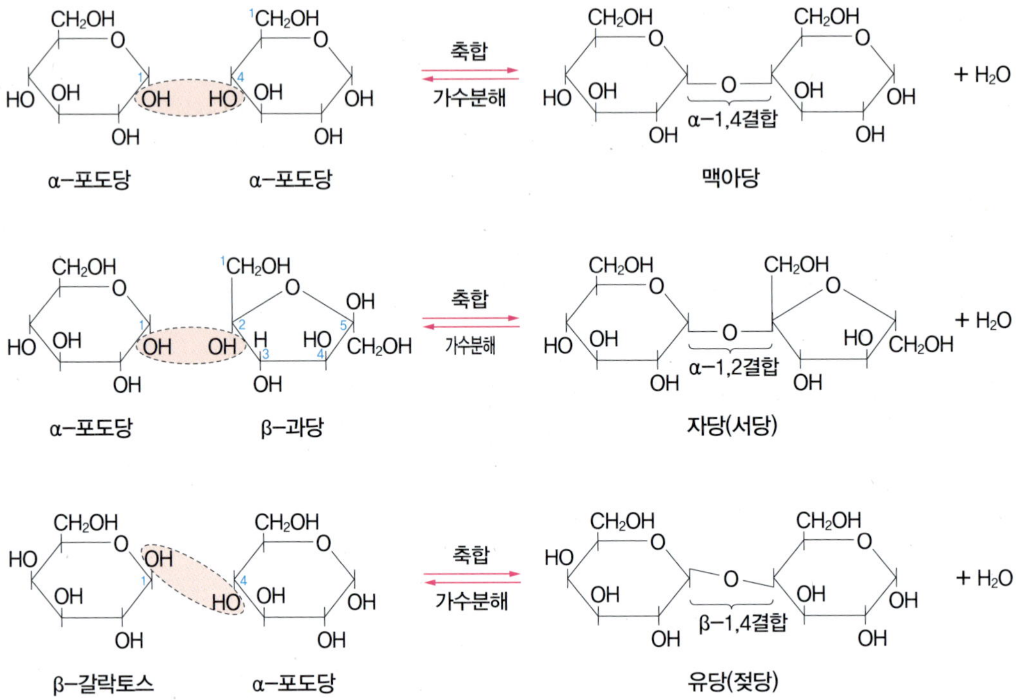

그림 3-14 ǀ 이당류

물 한 분자를 잃고 α-1,4 글리코시드 결합으로 연결되어 이루어진 당이다. 주로 엿기름에 많이 들어 있고 엿당이라고도 부른다.

1번 탄소의 알코올기가 유리 상태로 있으므로 환원력이 있어 환원당이며, 효소(말타아제maltase)에 의해 분해되어 두 분자의 포도당이 될 수 있다. 단맛은 서당을 100으로 했을 때 50~60 정도이다.

(2) 서당sucrose

자당, 설탕 등으로 불리기도 하며 포도당의 1번 탄소의 수산기와 과당의 2번 탄소의 수산기가 결합(α-1,2결합)하여 만들어진 당이다. 유리된 수산기가 없으므로 비환원당이며 이성체도 없어 사탕수수, 사탕무 등에 풍부하며 식물계에 널리 분포한다. 수크라아제sucrase에 의해 분해되어 포도당과 과당으로 가수분해된다. 꿀 속의 서당은 효소에 의해 분해되어 전화당으로 된다.

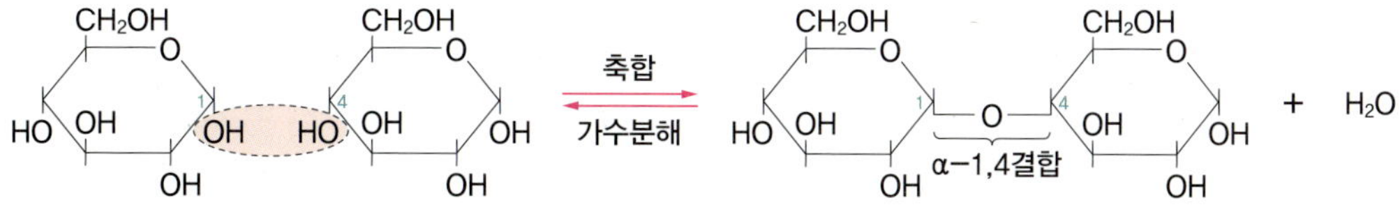

α-포도당 α-포도당 α-맥아당 (맥아에 함유)

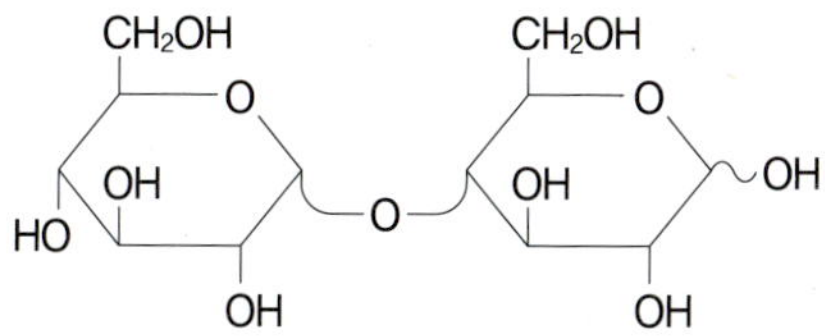

그림 3-15 | 맥아당

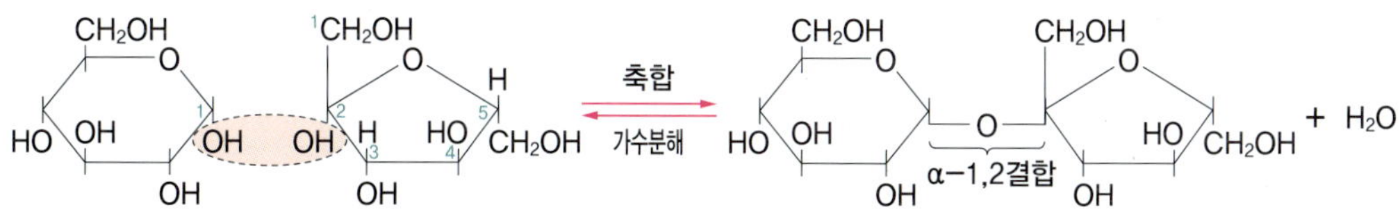

α-포도당 β-과당 서당(자당) (사탕수수, 사탕무에 함유)

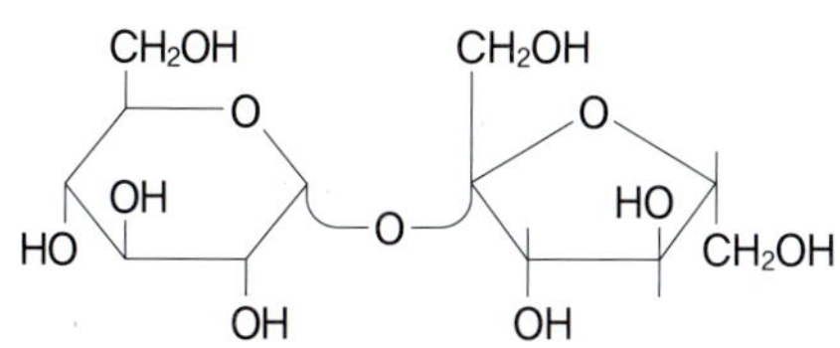

그림 3-16 | 서당

전화당

전화당이란 서당을 약산과 함께 가열하거나 전화효소invertase로 처리하여 포도당과 과당의 혼합물로 가수분해된 혼합물을 말하며 제빵에 이용된다. 서당의 우선성이 좌선성으로 변하기 때문에 전화당이라고 부른다. 서당보다 단맛이 130으로 증가하며, 용해도 증가와 함께 비환원당이 환원당 혼합물로 바뀐다.

(3) 유당lactose

동물의 젖에 존재하며 식물체에는 없는 당으로 갈락토스 한 분자와 포도당 한 분자가 β-1,4결합한 형태이다. 유당은 동물체의 성장과 뇌신경조직 형성에 중요한 기능이 있으며, 장내 유산균의 증식을 도와 장을 청소하고 편안하게 하는 정장작용을 하며, 젖산균의 번식으로 인한 체내 산도를 약산성으로 하여 Ca 흡수를 도우므로 어린이의 골격 형성에도 도움을 준다. 감미도는 16~28이다.

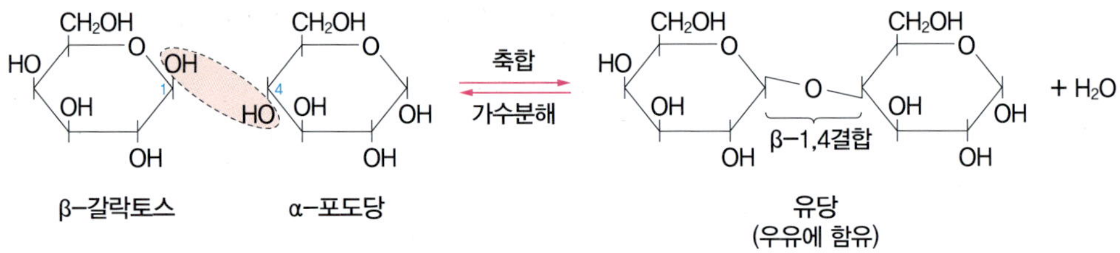

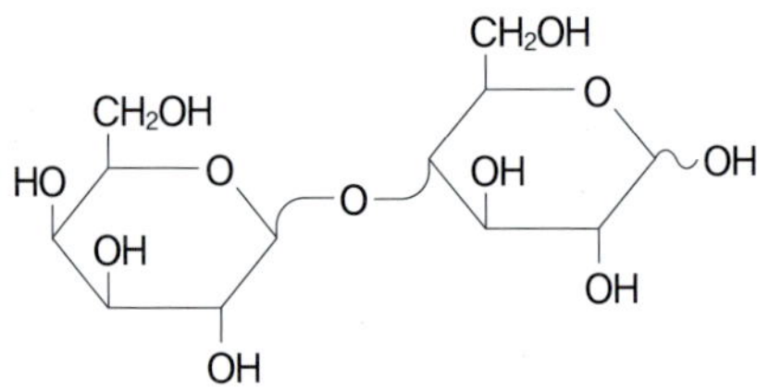

그림 3-17 | 유당

(4) 트레할로스trehalose

버섯, 효모 등에 존재하는 당으로 포도당 두 분자가 α-1,1결합하여 이루어진 당으로 비환원당이다.

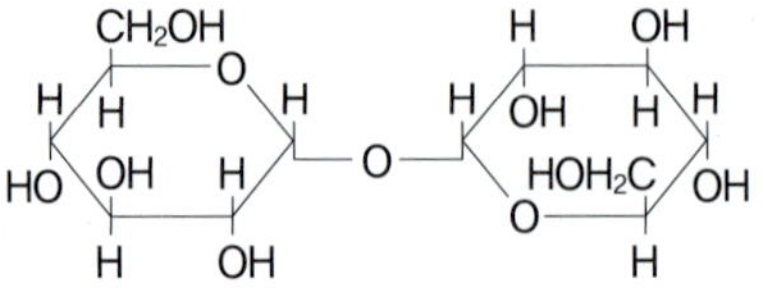

그림 3-18 | 트레할로스

(5) 기타 소당류

① 라피노스

갈락토스, 포도당, 과당으로 이루어진 삼당류인 라피노스는 비환원당으로 식품의 뿌리나 종자에 많다.

② 스타키오스

라피노스에 또 한 분자의 갈락토스가 α-1,6결합하여 생성된 사당류로 비환원당이다. 대두에 많이 들어 있으며, 장내 세균에 의해 발효되어 가스를 형성한다. 라피노스와 스타키오스를 라피노스족이라 부르기도 한다.

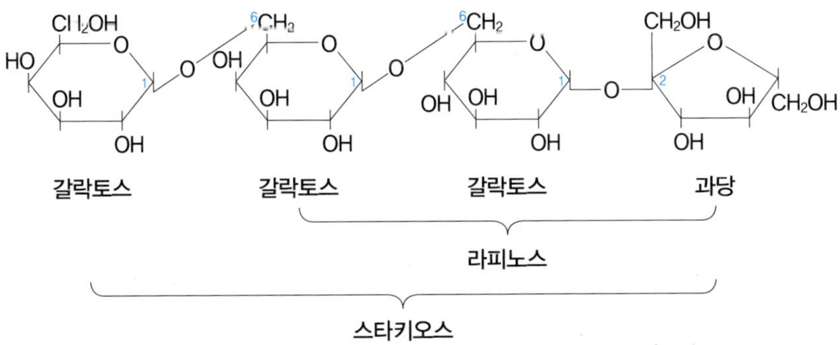

그림 3-19 | 라피노스와 스타키오스

③ 올리고당

단당류가 3~10개의 당을 올리고당oligpsaccharide이라 하며, 최근 조리에 올리고당을 활용하여 다양한 맛을 내고 있다. 이들 조리에 활용되는 올리고당은 전분분해의 중간 산물로 다당류를 효소나 산으로 분해시켜 제조하고 있다.

올리고당인 말토올리고당, 프럭토올리고당 등은 다른 당과는 달리 열량이 적고 장내에서 프로바이오틱스의 기능을 하므로 최근 건강기능적 면에서 많이 활용되고 있다.

3) 다당류의 화학적 구조 및 특성

탄수화물의 대부분은 다당류로 이루어져 있고 이들을 인간이 섭취하면 인체 내 소화효소에 의해 소당류, 이당류를 거쳐 단당류로 되어 에너지원으로 이용된다.

수많은 다당류 또는 그 유도체가 결합하여 생성된 물질로 그 분자량이 매우 크며, 그 구성당이 어떻게 이루어져 있는가에 따라 단순다당류, 복합다당류로 분류한다.

단순다당류는 한 가지 종류의 단당류로 이루어진 물질로 전분, 식이섬유, 글리코겐 등이 있으며, 복합다당류는 두 가지 이상의 다른 다당류로 이루어지고 펙틴, 헤미셀룰로스 등이 속한다. 한편으로는 그 근원물질에 따라 동물성 다당류와 식물성 다당류로 분류하기도 한다.

(1) 전분

대표적 식물성 저장탄수화물인 전분은 수백 개 이상의 포도당이 결합하여 이루어진 물질로, 녹색식물의 광합성에 의하여 만들어져 뿌리나 종실에 저장되어 에너지원으로 이용된다.

물에 녹였을 경우 가라앉는다 하여 전분澱粉이라 하고 녹말이라고 부르기도 한다. 그 용어에서 알 수 있듯이 전분은 물에 녹지 않으며 물보다 비중이 크고, 물과 함께 가열 시 물을 함유하며 팽윤하여 풀이 되어(호화) 점성을 갖게 된다.

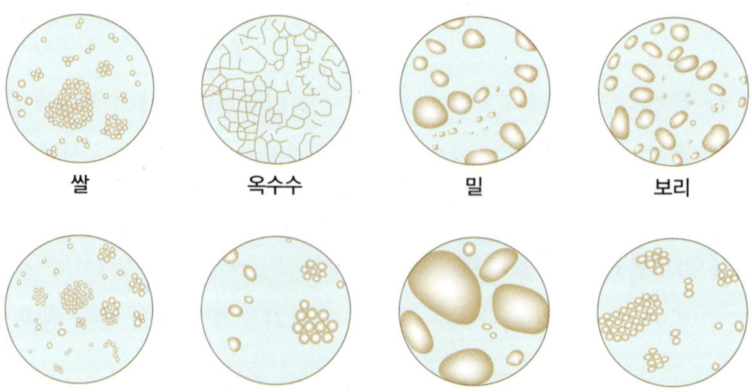

그림 3-20 | 전분 입자의 형태

식물체에 따라 아밀로스와 아밀로펙틴이 α-1,4결합하여 형성된 전분은 그 구조와 크기가 다양하며, 호화·노화·호정화 등의 특성이 있다.

전분 입자를 X선으로 조사하면 다양한 형태를 나타내는데 이를 X선 회절도라고 한다. A, B, C 세 가지 유형으로 나타나며 곡류 전분은 주로 A형을, 감자와 옥수수 등은 B형을 나타내며, 콩과 고구마전분은 C형을 나타내는 것으로 일반적으로 알려져 있다.

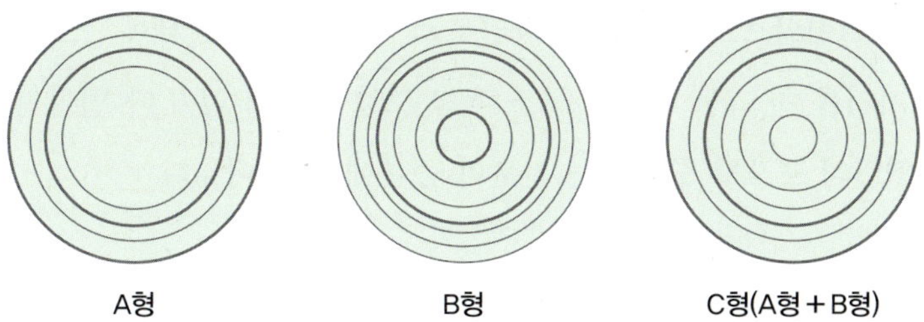

그림 3-21 | 전분 입자의 X선 회절도

① 아밀로스

포도당이 α-1,4결합으로 이루어진 직선상의 쇠사슬 모양으로 중합한 고분자 물질

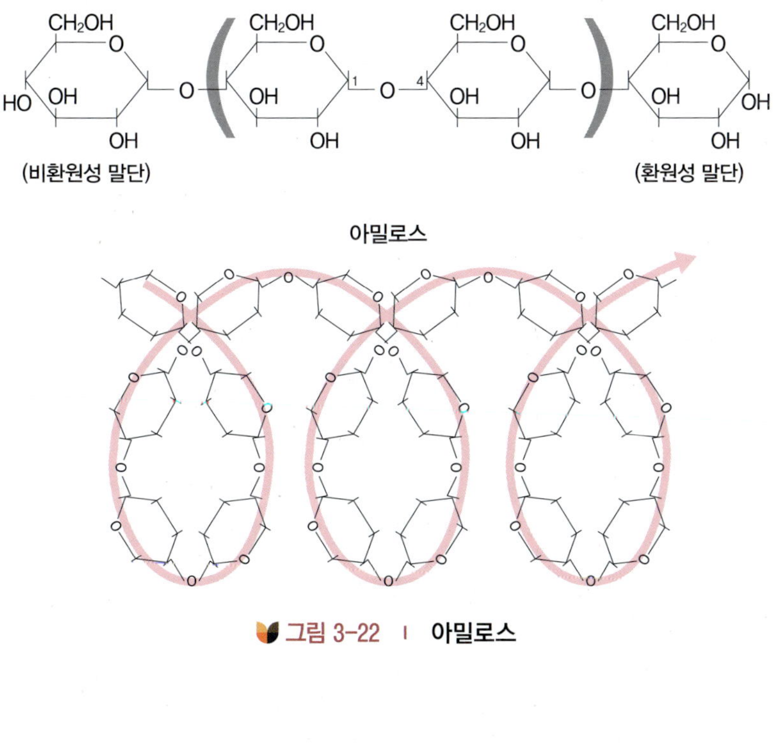

그림 3-22 | 아밀로스

이다.

포도당은 대개 6~8분자마다 한 번씩 회전하여 나선 구조를 이루며, 이로 인하여 나선상(α-helical 구조)의 내부 공간에 요오드 등 분자가 들어가 포접화합물을 형성하여 특유의 정색반응을 나타내는데 이는 찹쌀과 멥쌀을 확인하는 중요한 특성이 된다.

② 아밀로펙틴

포도당이 α-1,4결합으로 이루어진 아밀로스 사슬의 군데군데에 포도당이 α-1,6결합에 의하여 가지를 친 그물 모양의 구조로 그 모양이 마치 잎이 다 떨어진 나뭇가지와 같다. 아밀로펙틴의 포도당 중합도는 전분의 종류에 따라 다르다.

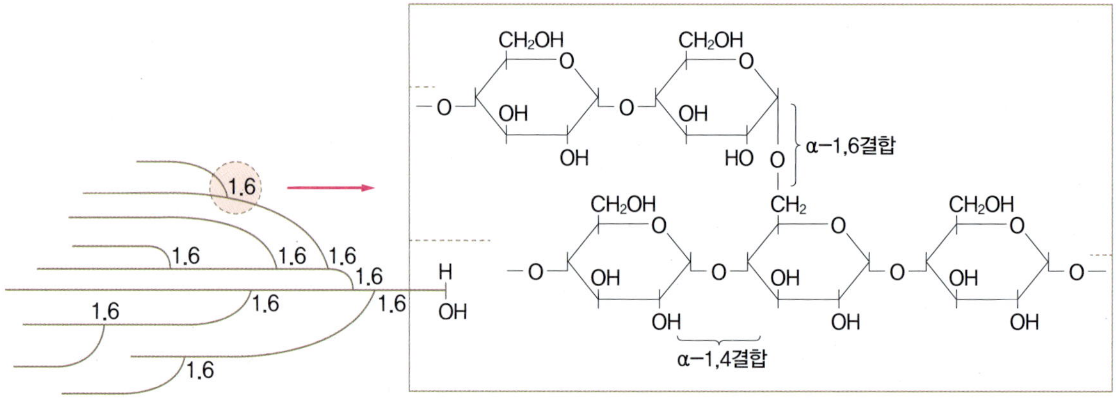

(1,6 : α−1,6결합, 그 외에는 α−1,4결합)

그림 3-23 | 아밀로펙틴

③ 전분의 특성

전분은 효소에 의해 가수분해되며, 물과 열에 의해 호화된다거나 온도가 낮아지면 다시 원래의 상태로 되어 노화되기도 한다. 한편으로는 물없이 열만 처리할 경우 호정화라는 독특한 특성을 갖기도 한다.

최근 산업계에서는 전분의 특성을 변성시켜 만든 개량전분(변성전분)을 국수, 소스류, 소시지 제조 등에 다양하게 활용하고 있다.

가. 효소에 의한 가수분해

전분은 효소에 의해 가수분해되어 포도당으로 나뉘며 이는 소화·흡수 단계로 설명할 수 있다.

어떤 효소가 작용하는가에 따라 인체 내에서 소화·흡수되어 에너지를 생산하기도 하고 식혜 및 각종 주류 등을 제조할 수도 있다. 각각의 전분분해효소의 주 작용은 표 3-2와 같다.

◇ 표 3-2 | 전분분해효소의 종류와 작용

효소	작용
α-아밀라아제	• 전분의 α-1,4결합을 무작위로 가수분해함 • 타액, 췌장액, 발아 종자, 미생물 등에 존재함 • 아밀로펙틴에서 α-아밀라아제가 작용하지 못하고 남은 부분을 α-아밀라아제 한계 덱스트린limit dextrin이라고 함 • 전분을 가수분해하여 용액상태로 만드므로 액화효소라고 함
β-아밀라아제	• 전분액 α-1,4결합을 맥아당 단위로 말단에서부터 가수분해함 • 감자, 곡류, 콩류, 엿기름, 타액에 존재함 • 아밀로펙틴에서 β-아밀라아제가 작용하지 못하고 남은 부분을 β-아밀라아제 한계 덱스트린이라고 함 • 전분을 가수분해하여 맥아당과 포도당의 합성을 증가시켜 단맛을 높이므로 당화효소라고 함
글루코아밀라아제	• 전분의 α-1,4결합과 α-1,6결합을 말단에서부터 포도당 단위로 가수분해함 • γ-아밀라아제라고도 함 • 동물의 간조직과 미생물에 존재함 • α-1,4결합만으로 구성된 아밀로스는 모두 분해하며, 아밀로펙틴은 80~90% 분해함 • 고순도의 결정포도당을 생산하는 데 이용됨

나. 호화

전분 입자는 분자 간에 서로 강하게 결합되어 규칙적인 구조(미셀micelle)를 갖고 있다. 이 상태를 생전분이라 하며 이 생전분을 물과 함께 가열하면, 종류에 따라 온도가 다르기는 하나 일반적으로 60~80℃에서 전분의 규칙적 미셀 구조가 흐트러지는데 이를 전분의 호화gelatinization라 하며 이 상태의 전분을 호화전분(α-전분)이라고 한다.

전분의 호화는 아밀로스와 아밀로펙틴 분자 사이에 물이 침투하여 부피가 증가하는 수화hydration, 전분 입자가 풀어지기 시작하는 팽윤swelling, 미셀구조가 깨져 전분 입

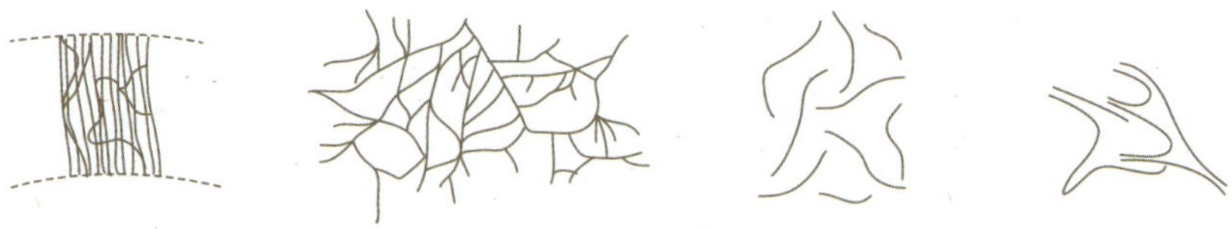

그림 3-24 ı 전분의 호화

자가 붕괴되고 호화온도에 도달하여 풀(교질colloid 용액)이 형성되는 3단계를 거친다.

전분의 종류, 수분 함량, pH, 온도, 그 외 염류 등에 의해 전분의 호화는 영향을 받는다.

다. 노화

호화되었던 전분 입자들이 낮은 온도에서 입자 간 다시 규칙적인 미셀 구조를 형성하는 과정을 노화retrogradation 또는 β화라 하며, 노화된 전분을 노화전분 또는 β전분이라 한다. 전분이 노화될 때는 호화 시 흡수되었던 수분이 밖으로 용출되는 이액현상syneresis이 발생한다.

노화에 영향을 미치는 요인을 살펴보면 호화에 영향을 미치는 요인과 같이 전분의 종류, 수분 함량, pH, 온도, 염류에 의해 영향을 받는다.

노화를 억제하려면 호화된 상태를 보온온도(80℃) 이상에서 보관하거나 수분 함량을 15% 이하로 하거나 -20~-30℃로 냉동시키거나 설탕 또는 다량의 당을 첨가하면 노화가 억제된다. 이외에도 유화제를 이용하여 노화를 억제할 수도 있으며, 냉장고 보관온도인 0~5℃에서는 노화가 가장 잘 일어난다. 수소이온이 있는 경우에는 노화가

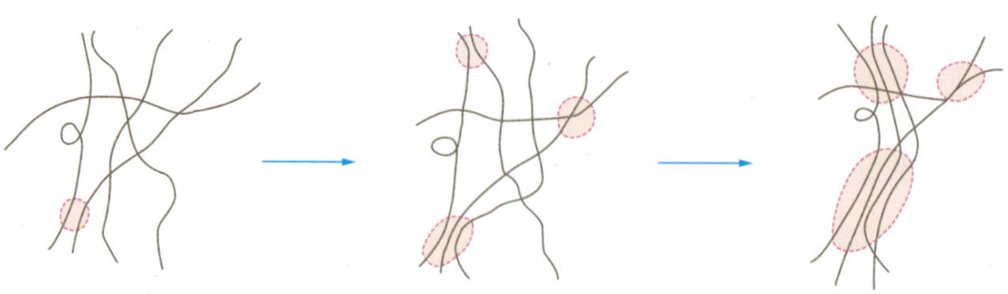

그림 3-25 ı 전분의 노화

오히려 촉진된다.

라. 호정화

빵을 구울 때, 뻥튀기 등과 같은 식품은 전분을 수분 첨가 없이 고온(150~190℃)에서 가열시키면 전분분자의 가수분해 또는 열분해가 일어나 가용성 전분 분해가 일어나고 더 나아가 덱스트린이 생성되는데 이 과정을 호정화dextrinization라 하며 생성된 덱스트린은 물에 잘 녹고 효소작용을 받기 쉬워 소화가 잘 된다. 뻥튀기가 호정화의 대표 제품이며 팽화곡류도 호정화 제품의 일종이다.

(2) 덱스트린

전분이 분해되는 중간분해산물로, 전분을 가수분해하면 여러 단계를 거쳐 맥아당이 되고 다시 분해되어 포도당이 된다. 이때 가수분해 도중에 분해를 정지시키면 가수분해 중간산물이 생성되는데 이를 덱스트린이라 한다.

덱스트린은 전분처럼 젤을 형성하지는 않으며 물에 잘 녹고 단맛을 띠며, 그 용도는 아주 다양하여 주로 제과류나 분말제품의 기능성식품 등에 많이 활용되고 있다. 또한 사무용 풀이나 약품의 부형제 등으로 산업계에서 특히 많이 활용하고 있다.

요오드 정색반응에 의해 그 분해 정도를 알 수 있으며 말토덱스트린, 에리트로덱스트린 등으로 분자량이 감소된다.

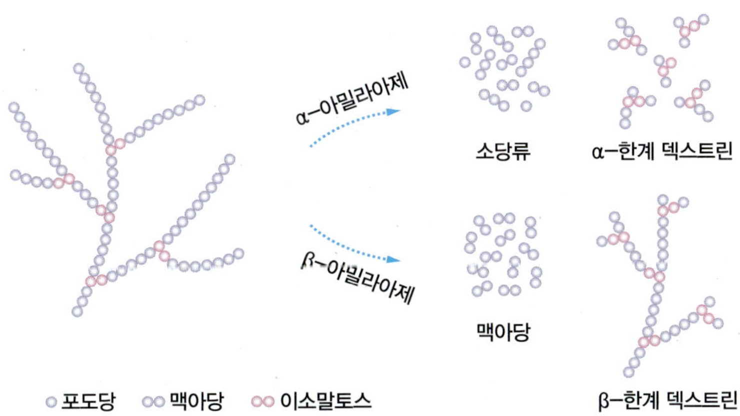

그림 3-26 | 덱스트린

(3) 글리코겐

동물체 내에 저장되는 다당류로 동물성 전분이라고도 하며 약 9,000개 이상의 포도당으로 구성되어 있고, 간과 근육에 저장되었다가 필요 시 포도당으로 분해되어 사용된다. 굴에 그 함량이 높다.

글리코겐은 무미, 무취로 냉수에도 녹아 콜로이드 용액을 형성하며 호화, 노화의 특성이 없는 것이 또 다른 특징이다.

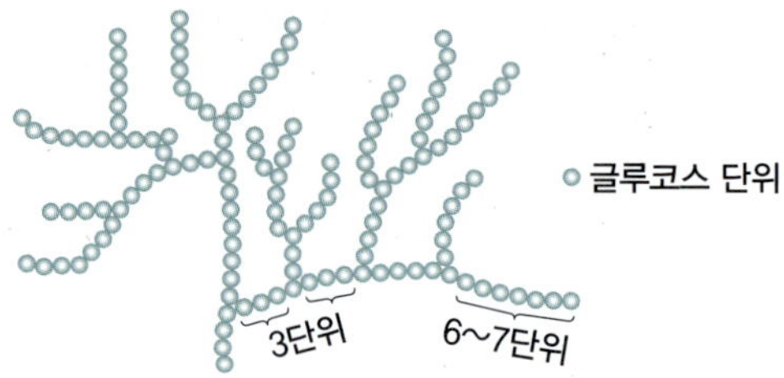

그림 3-27 | 글리코겐

(4) 섬유소

자연계에 가장 널리 분포되어 있는 섬유소(셀룰로스cellulose)는 식물의 세포벽 구성성분으로 그 함량은 식물의 종류에 따라 다르다.

섬유소는 전분과는 달리 포도당이 β-1,4결합으로 연결된 긴 직쇄상의 분자구조이다. 사람은 인체 내에 섬유소 분해효소인 셀룰라아제cellulase가 없어 소화되지 않아 영양적 가치는 없으나 장을 자극하여 변을 잘 보게 하여 비만에 도움을 주고, 혈관 내 콜레스테롤을 낮추는 등 최근 건강식품으로 많이 이용되고 있다.

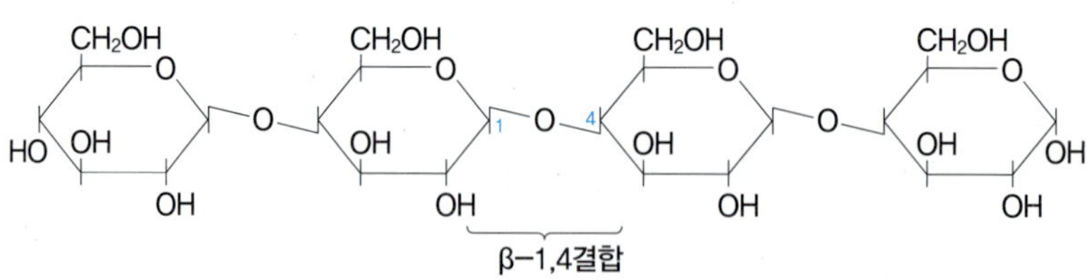

그림 3-28 | 셀룰로스

(5) 베타글루칸(β-글루칸)

베타글루칸은 포도당이 β-1,4결합과 β-1,3결합으로 이루어진 포도당의 중합체로 보리, 버섯류 등에 많이 들어 있으며, 혈당을 낮추어 콜레스테롤 수치 저하 및 면역력 증강 효과가 있다고 알려지면서 최근 식품시장에서 건강기능성 성분으로 활용도가 높아졌다.

(6) 이눌린

과당이 β-1,2결합으로 이루어진 저장다당류로 돼지감자, 백합뿌리 등에 주로 많이 들어 있다.

인체 내 소화효소에 의해 분해되지 않으므로 혈당 상승 억제 및 콜레스테롤 저하 효과가 알려지며 최근 건강기능성이 특히 주목받고 있다.

(7) 펙틴질

식물체의 세포벽이나 세포와 세포 사이를 연결해 주는 세포간질에 주로 많이 존재하는 다당류인 펙틴질은 세포를 서로 결착시켜 주는 시멘트와 같은 역할을 하는 기능성 물질로 저장 중 과일과 채소류의 조직감과 신선도에 영향을 미치기도 한다. 그 기본단위는 갈락투론산으로 과일이 숙성함에 따라 프로토펙틴, 펙틴산, 펙트산, 펙틴으로 그 형태가 변화된다.

미숙과에 많은 프로토펙틴은 과일이 익어감에 따라 효소에 의해 분해되어 수용성 펙틴산과 불용성 다당체로 분리되고, 수용성 펙틴산은 갈락투론산이 α-1,4결합된 중간물질로 펙틴에 알칼리나 효소 처리를 하여 메틸에스터기를 가수분해한 카복실기가

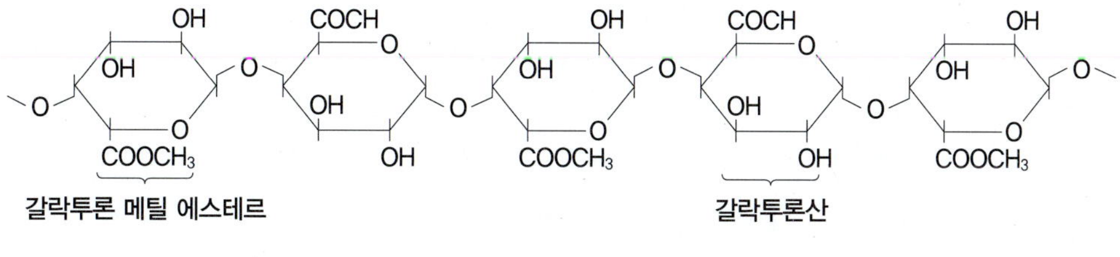

그림 3-29 | 펙틴

없는 폴리갈락투론산의 에스터물질이다.

(8) 검류

수용성 다당체인 검gum은 증점제로 주로 활용되는데 최근 해조 검류의 기능성이 알려지면서 산업계에서 그 활동도가 높아진 물질이다.

대표적으로 갈조류인 다시마, 미역의 추출물인 알긴산, 홍조류 추출물인 한천, 카라기난 등을 주로 많이 활용하고 있다. 한편 갈락토스와 만노스가 결합하여 이루어진 갈락토만난인 구아검 등도 검류로서 그 활용도가 높다.

4) 당알코올 및 포도당 유도체

단당류의 알데하이드기(-CHO)가 환원되어 알코올기로 변환된 화합물인 당알코올은 식물, 해조 등과 천연에 많이 존재하나 현대에서는 기능성 감미료의 주재료로 활용되며 각광을 받고 있다. 그 종류로는 잘 알려진 솔비톨, 자일리톨, 만니톨 등이 있다 그림 3-30.

당알코올이 기능성 감미료로 인기가 높은 이유는 열량은 적으면서 감미도는 설탕과 비교하여 몇 백 배에서 몇 만 배에 이르고 있어 당뇨환자용 식품원료 및 다이어트용 식품의 원료로 식품 가공분야에서 활발히 이용되고 있을 뿐만 아니라 충치 예방 및 혈당 상승 억제 등의 기능으로 의학용으로도 많이 활용되고 있기 때문이다.

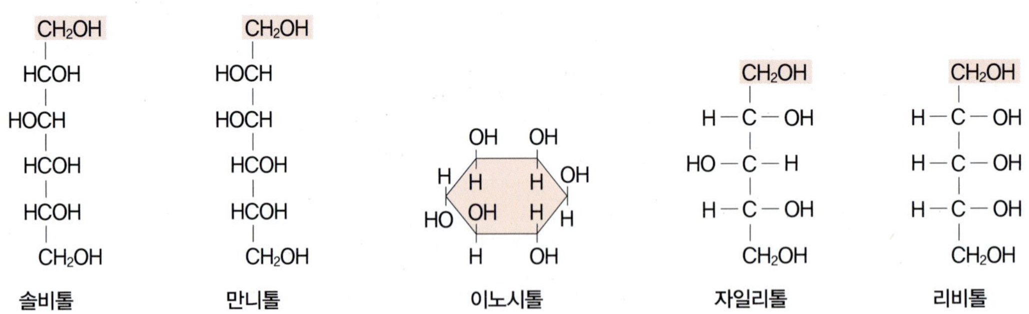

그림 3-30 | 당알코올의 구조

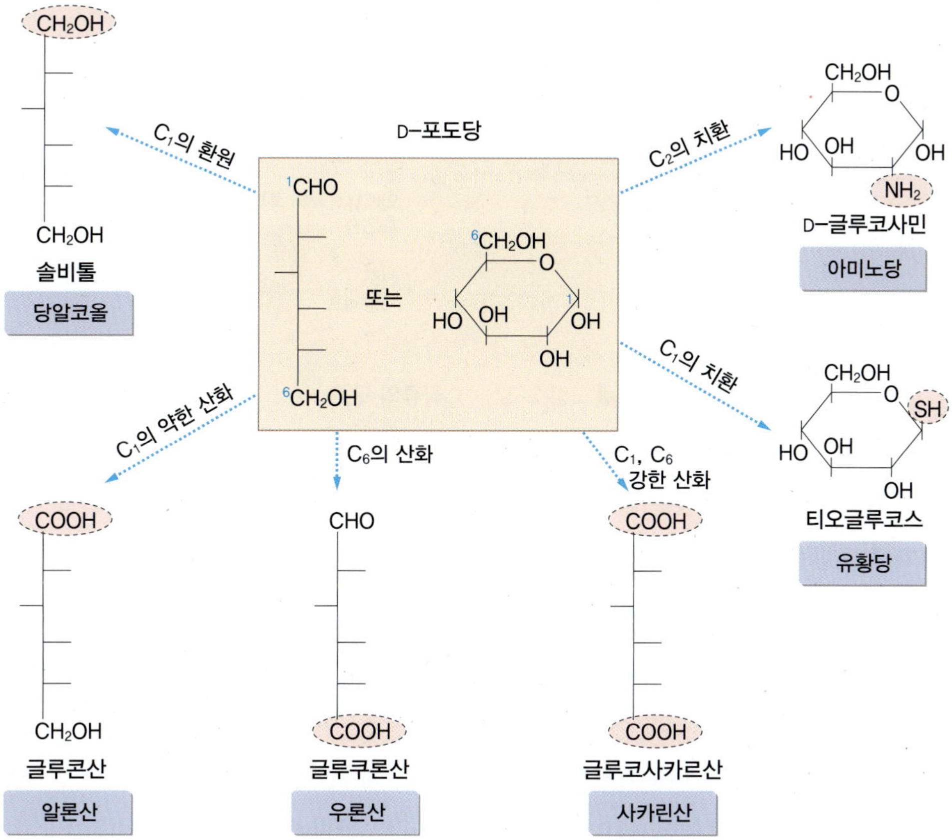

그림 3-31 | 다양한 포도당의 유도체

3. 대표적 탄수화물 식품

1) 곡류

일반적으로 탄수화물은 대부분 식물성 식품에 많이 함유되어 있으며, 식물성 식품은 곡류, 콩류, 서류, 과채류, 해조류와 버섯류 등으로 분류할 수 있다. 이 중 콩류, 서류, 과채류, 해소류와 버섯류는 시질, 비타민 및 무기질 부분에서 자세히 다루므로 이 장에서는 주로 곡류에 대해 알아보고 일부 콩류와 서류를 함께 살펴보기로 한다.

곡류는 대표적 탄수화물 식품으로 인류의 대부분이 주식으로 이용하고 있으며 가장 값싼 에너지원이다.

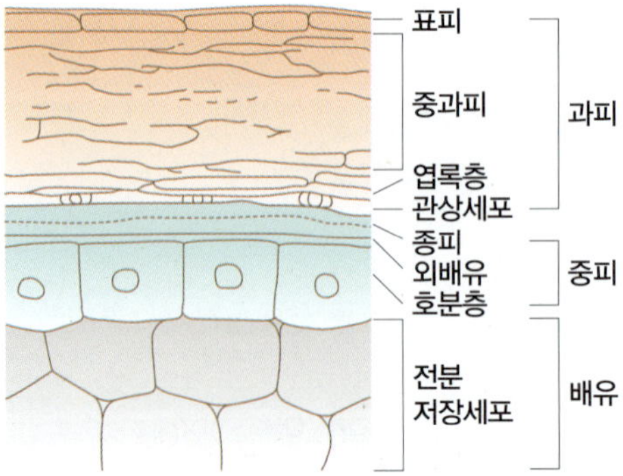

그림 3-32 | 곡류의 구조

곡류는 뾰족하고 긴 잎을 가진 화본과에 속하며 낟알 자체로 이용하기도 하고 때로는 가루도 만들어 이용하기도 한다. 곡류에는 쌀, 보리, 밀, 귀리, 수수, 조 등이 있다.

기본적 구조는 껍질부(외피)와 알맹이(배유, 배아)로 구분할 수 있으며, 주로 알맹이 부분인 배유부를 식용으로 활용한다. 씨눈 부분인 배아는 단백질, 무기질, 지질이 많이 들어 있으나 대부분 도정 시 제거되어 제대로 이용되지 못한다. 그러나 최근 씨눈인 배아에 대한 기능성이 대두되면서 배아만을 따로 활용하거나 씨눈과 겨층을 그대로 두고 식용하는 경향이 늘고 있으며 이에 대한 연구도 활발히 이루어지고 있다.

벼

현미

백미

(1) 쌀

쌀rice은 벼에서 얻을 수 있는 식량원으로, 그 근본인 벼는 일년생 화본과식물로 밀, 옥수수와 더불어 세계 3대 곡물에 속하며 우리나라를 비롯한 아시아에서는 가루 형태보다는 쌀알 그대로의 형태로 주로 활용한다.

그 구조를 살펴보면 그림 3-33과 같이 외피인 왕겨 부분과 쌀겨층, 배유, 배아로 이루어져 있다. 벼에서 왕겨가 차지하는 비율은 20%로, 현미는 벼 전체에서 80%를 차지하고 겨층은 현미 무게의 8%이다. 이 겨층을 얼마나 깎아내는가(도정)에 따라 도정도가 결정되고, 도정 정도에 따라 겨층을 전혀 제거하지 않은 현미부터 겨층의 일부를 제거한 5분도미, 7분도미, 겨층을 완전히 제거한 10분도미(백미)로 나뉘며 배아가 남아 있는 채로 도정한 배아미도 있다.

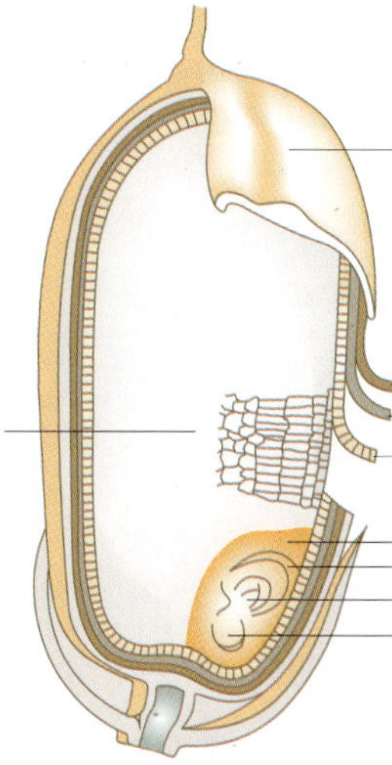

그림 3-33 | 벼의 구조

그림 3-34 | 도정도별 쌀의 모습

표 3-3 | 쌀의 종류

분류 기준	분류 특징	종류
형태	쌀의 형태에 따른 분류	일본형, 인도형, 자바형
도정도	벼의 종피를 제거한 정도에 따른 분류	현미, 5분도미, 7분도미, 9분도미, 백미(10분도미)
전분 조성	아밀로스와 아밀로펙틴 함량에 따른 분류	멥쌀, 찹쌀
색	쌀의 색에 따른 분류	흑미, 적미, 녹미
태양 가공	쌀에 버섯균을 배양한 쌀	상황버섯쌀, 동충하초쌀, 홍국쌀
첨가 및 코팅 가공	쌀에 기능성 성분을 첨가하거나 코팅한 쌀	카로틴쌀, 칼슘쌀 철분쌀, 인삼쌀, 한약재쌀, 녹차쌀, 홍화쌀, 강화미
인조미	쌀가루에 기능 성분을 배합하여 다시 쌀 모양으로 성형한 쌀	다시마인조미, 곤약쌀
발아 가공	현미를 싹을 틔워 발아시킨 쌀	발아현미
용도밀	아밀로펙틴 함량을 높여 밥이 식어도 부드러운 김밥용 쌀	백진주
	아밀로스가 5~15%로 적어 찰기가 많은 떡·한과용 쌀	백올찰
	아밀로스 함량이 높은 국수·빵용 쌀	고아미
	향기가 있는 식혜용 쌀	향찰미, 향미
	하얀 멥쌀로 발효 적성이 좋은 술용 쌀	설갱
	고식이섬유 다이어트 쌀	고아미2호
	유아·이유식용 고라이신(lysine) 쌀	영한벼
세척 가공	도정한 후 쌀 표면에 부착되어 있는 유리깅과 이물질을 제거하고 색채 선별기로 사미, 병충해립 등 이색립을 제거하여 물로 씻지 않고 밥을 지어 먹을 수 있는 쌀	청결미

출처 : 조경련 외, 2015

◇ 표 3-4 | 쌀겨층의 도정도와 박리 정도

도정도	박리 정도
현미	벼에서 왕겨만 제거한 것
5분도미	현미의 쌀겨층을 50% 제거한 것으로 측면부의 겨층이 어느 정도 벗겨진 쌀
7분도미	쌀겨층의 70%를 제거한 것으로 배부 겨층이 완전히 벗겨진 쌀
9분도미	쌀겨층의 90%를 제거한 것으로 등부와 상단부의 겨층이 완전히 벗겨진 쌀
10분도미	쌀겨층의 100%를 제거한 백미로 고랑의 겨층까지 완전히 벗겨진 쌀

출처 : 조경련 외, 2015

곤약쌀(성형미)

흑미

쌀은 형태에 따라 일본형과 인도형으로 나눌 수 있으며, 일본형은 쌀알이 작고 단단하며 윤기가 흐르고 쌀알이 투명하며 끈끈한 정도가 알맞아 한국인에게 있어 밥맛 좋은 쌀로 알려져 있고, 인도형의 경우 생산량은 많으나 한국인에게 있어 윤기가 흐르는 쌀과는 다르게 밥알이 윤기도 적고 쌀알이 길고 가늘어 밥을 지었을 때 밥알이 흐트러지는 특징이 있다. 1980년대 한국인들에게 곡식 혁명을 가져왔던 통일벼는 일본형과 인도형을 교배하여 만들어진 품종으로 배고픈 한국인들에게 배를 불려주었으나, 품질이 그리 좋지 않아 경기가 좋아진 현대에는 그 모습을 찾아보기 힘들다.

벼는 수확시기에 따라 분류하며 그 품종에 따라 산물인 쌀의 특성이 달라지고 이에 따라 밥맛도 현저히 달라진다. 한국인에게 있어 쌀은 곡식 그 자체의 의미 이상의 것으로 유난히 밥맛에 민감하다.

쌀은 전분의 구성 성분의 비율에 따라 아밀로펙틴 외에 아밀로스 함량이 20% 정도 들어 있는 멥쌀과 주로 아밀로펙틴으로 이루어진 찹쌀로 나눌 수 있다. 찹쌀의 경우

◇ 표 3-5 | 도정도에 따른 쌀의 영양 성분

(가식부 100 g 기준)

종류	에너지 (kcal)	수분 (g)	단백질 (g)	지질 (g)	회분 (g)	총당류 (g)	총식이섬유 (g)	무기질					비타민		
								칼슘 (mg)	철 (mg)	인 (mg)	칼륨 (mg)	나트륨 (mg)	B_1 (mg)	B_2 (mg)	니아신 (mg)
현미	354	12.5	9.0	1.0	1.3	76.2	-	10	1.7	248	289	12	0.35	0.06	1.2
7분도미	368	12.3	6.9	1.1	0.6	79.1	-	24	0.9	179	170	2	0.19	0.05	2.7
백미	372	11.5	7.7	1.0	0.5	79.3	-	12	1.1	95	114	11	0.19	0.03	0.9

- 표시는 수치가 애매하거나 측정되지 않음

출처 : 농촌진흥청 국립농업과학원, 2016

멥쌀에 비해 아밀로펙틴이 함량이 크며 끈기가 크다.

쌀알 그대로의 형태로 이용하는 밥 외에도 쌀은 가루를 내어 떡으로 활용할 수도 있고, 과자, 국수류 등으로 활용하며 그밖에도 주류의 원료로도 이용되고 있다. 그러나 쌀의 소비량은 매년 줄고 있어 정부에서는 쌀의 이용을 늘리기 위한 방법을 다양하게 제안하고 있다.

야생흑미

최근에는 외국산 슈퍼곡물이라 하여 유색미가 인기를 끌고 있다. 우리나라의 흑미와 유사하나 쌀알의 길이가 더 긴 야생미wild rice가 기능성 쌀로 인기를 끌고 있으며 좁쌀과 유사한 퀴노아 등도 있다.

쌀의 영양 성분은 도정의 정도에 따라 그 함량이 현저히 다르다.

(2) 보리

보리

보리(대맥barly)는 가장 오랫동안 재배되어 온 곡류의 하나로 동남아시아로부터 유래된 곡물로 줄기 끝에 있는 곡립의 열수에 따라 2줄보리, 6줄보리로 구분된다. 또한 다 자란 후 낟알에 밀착한 껍질의 분리 여부에 따라 쌀보리(분리되는 것)와 겉보리(분리되지 않는 것)로 나눈다. 겉보리는 겉껍질이 보리알에 밀착되어 있어 도정하기 어려우나 쌀보리는 쉽게 분리되어 도정하기 쉽다.

찰보리와 메보리로 분류하기도 하며, 메보리는 따로 삶은 후 밥을 지어야 하나 찰보리는 그럴 필요가 없어 이용하기 쉽다. 그러나 일반적으로 보리는 섬유소가 많아 소화가 잘 안되는 특징이 있으나 최근에는 이를 개선하여 밥하기도 수월하고 소화도 잘 되게 가공한 눌린보리나 보리알을 두 개로 나눈 할맥이 있다.

혈중 콜레스테롤 감소 효과가 있으며, 변비 해소에 좋다고 알려진 베타글루칸을 함유하고 있어 기능성 식품으로 새롭게 조명되고 있다. 맥주의 원료로도 이용되며 식혜 등 음료와 과자의 원료로도 이용되고 있다.

(3) 밀

밀

세계 3대 곡물의 하나로 쌀 다음으로 소비가 많은 곡류인 밀(소맥wheat)은 밀알의 단단한 정도에 따라 연질밀과 중간질밀, 경질밀로 나눌 수도 있고, 듀럼밀이라 하여 경질

밀의 일종으로 입자 크기가 큰 세몰리나로 제분하여 스파게티용으로 활용되는 품종도 있다. 주로 스파게티용으로 사용되는 듀럼밀은 단백질 함량이 높고 카로티노이드계 색소가 많아 노란색을 띠는 것도 특징이다. 또한 그 파종시기와 수확시기에 따라 가을에 파종하여 봄에 수확하는 겨울밀과 봄에 파종하여 여름에 수확하는 봄밀로 나누기도 한다.

밀은 다른 곡류와는 달리 입자 상태 그대로 활용되기보다는 입자 구조상의 특징으로 인하여 가루로 더 많이 이용되며, 가루로 이용할 경우 소화·흡수율도 통밀이 90%인데 비하여 97%로 상승한다.

밀가루를 만드는 과정을 제분이라 하며 정선, 조질, 조쇄, 분쇄, 순화 및 사별의 공정을 거쳐 가정에서 주로 사용되는 작은 용량의 밀가루로 포장되어 이용된다.

밀가루에 함유된 단백질의 함량에 따라 강력분, 중력분, 박력분으로 분류하며, 회분의 함량에 의해 그 등급을 나누기도 한다(강력 1등급, 강력 2등급, 강력 3등급 등).

밀단백질은 물로 반죽하면 점성과 탄성을 동시에 갖는 특징(점탄성)을 갖는 글루텐gluten으로, 글루텐 함량이 강력분은 13% 이상, 중력분은 10~13%, 박력분은 10% 이하이다. 일반적으로 강력분으로는 주로 식빵 등 빵의 원료로 이용되며, 박력분은 글루텐 함량이 적어 쉽게 부풀지 않으므로 과자용으로, 중력분은 여러 가지 용도로 다양하게 이용되어 다목적용 밀가루라 부르기도 하며 주로 국수용으로 활용된다.

(4) 옥수수

옥수수

멕시코에서 유래되어 전 북미대륙은 물론 아시아, 아프리카 등 전 세계에서 재배되고 있으며 우리나라에서는 주로 강원도 지역에서 재배되고 있는 옥수수corn는 유럽에서는 maize라 부른다.

옥수수는 일반 옥수수(아밀로스 함량 약 27%), 찰옥수수(아밀로펙틴으로 구성), 고아밀로스 옥수수(아밀로스 함량 60% 이상)가 있다. 우리나라에서 생산되는 옥수수는 주로 식용으로 이용되고 있으며, 수입 옥수수를 전분 및 전분당으로 건식 도정하여 스낵용 옥수수 분말인 호미니hominy와 그릿츠grits로 가공하여 사용하고 있다.

옥수수는 마치종dent corn, 경질flint corn, 단옥수수sweet corn, 팝옥수수pop corn, 연

질soft corn 등이 있으나, 일반적으로 식품산업에서 옥수수 가공식품을 생산하거나 전분 제조용 옥수수는 다수확 품종인 마치종이 이용되고 있는데, 거의 전량 수입에 의존하며, 팝옥수수를 이용하여서는 팝콘을 제조한다.

옥수수의 성분은 주로 탄수화물이며 소량의 단백질과 지질, 섬유소로 구성되어 있다. 현재 대부분의 감미료 원료가 옥수수전분이다.

(5) 메밀

최근 기능성 식품시장에서 새롭게 주목받고 있는 메밀buckwheat은 생육기간이 다른 곡류에 비해 짧고 병충해도 적어 쉽게 재배가 가능한 식물로 우리나라의 강원도에서 주로 재배되고 있으며, 그 꽃은 하얗고 줄기는 붉으며, 잎은 초록색이나 뿌리는 노란색을 띤다. 열매는 검은색으로 다섯 가지 색을 다 가지고 있어 우리나라에서는 조화로운 곡물로 여겨졌다.

메밀

다른 곡류의 입자 모양과 달리 메밀은 삼각형을 이루고 있으며 단백질 함량이 10~12% 정도로 높고, 곡류에 부족하기 쉬운 아미노산인 라이신, 트립토판이 풍부하다. 또한 식이섬유를 다량 함유하고 있고 특히 혈류를 좋게 하여 고혈압이나 동맥경화 등 생활습관병인 혈관계통에 좋은 식품으로 알려져 혈관계질환 치료에 도움을 주는 기능성 식품으로 주로 이용된다. 그러나 글루텐 성분이 없어 반죽이 쉽지 않으므로 그 자체로 면을 만들기보다는 밀가루 혹은 전분 등과 혼합하여 면으로 활용되고 있다. 우리나라에서는 주로 전의 재료로 쓰인다.

(6) 귀리

귀리oat는 다른 곡류에 비하여 단백질 함량이 높고(평균 13% 함유), 지질 함량이 3~4%이며 이 중 리놀레산 등 불포화지방산이 약 75%를 차지하고 있어 기능성식품으로 주목받고 있다.

귀리

혈중 콜레스테롤을 낮추어 혈관계통의 질환을 개선하는 데 도움을 주는 베타글루칸을 함유하고 있으며, 식이섬유도 많이 함유하고 있어 최근에는 일상 식용보다는 기능성 작물로 활용되는 경향이 더 높은 곡물이다.

아마란스

퀴노아

적퀴노아

팥

(7) 이외 다양한 곡물

수수, 호밀 등 다양한 곡물과 함께 최근 소비자들에게 인기 있는 수입산 곡물로 수퍼푸드라 알려진 퀴노아, 아마란스 등이 있다.

퀴노아quinoa는 남아메리카의 에콰도르, 페루, 볼리비아 등 안데스산맥의 고원지역이 주산지로 쌀보다 조금 작은 둥근 모양의 곡물로 우리나라의 조와 유사한 모양이다. 조리가 쉽고 단백질, 비타민, 무기질이 풍부해 현재 유럽, 미국 등에서 건강식품으로 인기를 얻고 있는 퀴노아는 곡물 중 식이섬유도 풍부해 비만치료에도 도움을 준다.

2) 전분성 콩류

(1) 팥

팥azuki bean은 아시아 지역에 근원을 두고 있으며 콩 다음으로 활용이 높은 콩류이다. 팥은 모양이 둥근 사각형으로 적갈색으로 단단한 껍질로 되어 있어서 삶기 전에 반드시 불린 후에 사용하여야 한다. 껍질에는 사포닌 성분이 있어서 처음 삶은 물은 버려서 사포닌을 제거한 후에 다시 삶는 것이 좋고, 팥에서 아린맛은 사이아니딘cyanidin 배당체 때문이다.

팥의 성분을 살펴보면 당의 성분이 많이 함유되어 있는데, 팥의 성분 중 약 54%가 당질로 이 중 35% 정도가 전분이다. 단백질은 대략 20% 정도이며, 라이신lysine, 트립토판tryptophan이 비교적 많은 반면에 아르기닌arginine, 시스틴cystine의 함량은 적다.

칼륨의 성분이 풍부하며, 마그네슘, 인, 아연, 구리 등을 함유하고 있고, 철, 티아민 등을 미량 함유하고 있다

강낭콩

(2) 강낭콩

강낭콩kidney bean에는 여러 종류가 있는데 덩쿨이 있는 것과 덩쿨이 없는 것의 왜색종, 그리고 완숙한 종자를 이용하는 강낭콩으로 구별한다. 주성분은 전분이며, 단백질은 10% 정도이고 지방은 적게 함유되어 있다. 어린 꼬투리는 비타민 A·B_1·B_2·C가 풍부하다. 청산 배당체를 함유하고 있지만 함유된 양도 적을 뿐만 아니라 조리과정에

서 무독화가 된다.

3) 서류

(1) 고구마

고구마

원산지가 멕시코 남부지역인 열대성 식품 고구마sweet patato는 오래전부터 식용이나 당면 제조의 원료, 전분 또는 주정 원료로 이용되어 왔으나 저장성이 약하다. 최근 비건vegan식과 고구마를 이용한 다이어트 샐러드 등에 활용되고 있다.

고구마의 성분 조성은 수분 60~76%, 전분 18~25%, 단백질 1~2%, 지방질 0.2~0.5%, 섬유질 0.2~2%, 회분 0.2~2%이다.

모양이 고르고, 파인 부분에 토사가 없는 것이 좋다.

(2) 감자

감자

가지과에 속하는 고랭지 작물인 감자patato는 식용으로도 활용되나, 현대인에게 많은 인기를 얻고 있는 감자스낵 등으로 활용되고, 전분을 추출하여 감자전분 자체로 제품화하거나 주류 제조의 가공원료로 사용되기도 한다.

감자의 성분 조성은 탄수화물 14% 이상이며, 단백질 함량이 높고 필수아미노산을 골고루 함유하고 있다. 비타민 C도 풍부하나 싹이 트면 솔라닌solanine이라는 자연독 성분이 형성되므로 싹 난 감자는 식용하지 않는 것이 좋다.

또한 감자는 껍질을 벗겨 놓으면 갈변하는데 이는 감자의 갈변효소인 티로시나아제tyrosinase의 작용에 의한 현상이다.

(3) 돼지감자

돼지감자

북아메리카가 원산지인 돼지감자*Helianthus tuberosus*는 이눌린을 주 탄수화물로 하고 있으며 식용하기에는 아주 적합하지는 않아 주로 주정 등의 원료로 가공된다.

단원정리

1. 탄수화물은 값싸게 구할 수 있고 인류가 가장 오래 에너지원으로 이용해온 식물 단당류, 이당류 및 소당류, 다당류, 당알코올 및 단당류 유도체 등이 있다.
2. 단당류에는 포도당, 과당, 갈락토스가 있으며, 이당류에는 맥아당, 서당, 유당이 있다.
3. 그 외 소당류에는 라피노스와 스타키오스가 있다.
4. 단당류는 분자구조 내의 알코올기의 위치에 따라 α형, β형, D형, L형으로 불리며, 그 형식을 나타내는 방식으로는 쇄상(피셔식), 환상(하워스식) 구조가 있고, 탄소 골격만을 표시하는 로사노프식도 있다.
5. 단당류 중 분자구조는 유사하나 성질이 다른 물질을 이성체라 부르며 거울을 마주한 형태이다.
6. 단당류의 환원형인 전화당, 당알코올 및 그 유도체는 최근 감미료 시장에서 다양하게 활용된다.
7. 다당류 중 가장 분자구조가 큰 것은 전분으로 아밀로스와 아밀로펙틴으로 구성되어 있다. 그 특징으로는 호화와 노화 현상을 갖고 있다.
8. 동물성 전분이라 불리는 글리코겐은 포도당의 다당체로 동물이 근육에 저장하는 형태이다.
9. 대표적 탄수화물 식품으로 곡류를 들 수 있으며, 종류로는 동양인의 주식으로 활용되는 쌀, 서구인의 주식으로 활용되는 밀을 비롯하여 보리, 옥수수, 귀리, 메밀, 퀴노아 등이 있다.
10. 벼의 기본구조는 벼 껍질부, 과피, 종피, 호분층, 배유, 배아이며, 생산품 및 부산품은 왕겨, 현미, 백미가 있다.
11. 도정도에 따라 현미, 5분도미, 7분도미, 백미(10분도미)로 나누며, 도정도별로 그 영양 성분은 많이 다르다.
12. 베타글루칸을 함유하고 있는 보리는 대맥이라 하고, 맥아는 음료의 원료로 활용된다.
13. 밀은 구조상 특성으로 가루로 제분하여 더 많이 활용되며 함유된 단백질인 글루텐의 함량에 따라 강력분, 중력분, 박력분으로 나누며, 회분 함량에 따라 등급을 나눈다.
14. 귀리, 보리, 호밀 등은 기능성 곡물로 새롭게 조명되고 있는 우리나라 곡물이며 퀴노아, 아마란스 등의 수입산 곡물도 있다.

CHAPTER

4

단백질

1. 아미노산 | 2. 단백질 | 3. 대표적 단백질 식품

4

1. 아미노산의 구조와 분류에 따른 특성을 설명할 수 있다.
2. 필수아미노산에 대하여 설명할 수 있다.
3. 단백질의 분류와 성질을 이해할 수 있다.
4. 단백질의 구조에 대하여 설명할 수 있다.
5. 단백질의 변성에 대하여 설명할 수 있다.
6. 대표적 단백질 식품의 특성에 대하여 설명할 수 있다.

단백질protein은 탄수화물, 지질과 함께 동·식물체를 구성하는 중요한 성분으로 육류, 어류, 가금류, 달걀 등 동물성 식품에 많이 들어 있다. 단백질은 많은 아미노산이 펩티드peptide 결합으로 폴리펩티드 사슬polypeptide chain을 이룬 고분자 화합물이며, 약 20여 종의 아미노산으로 구성되어 있다. 단백질은 체내에서 아미노산으로 가수분해되어 흡수된 후 대사되어 우리 몸에 필요한 단백질로 합성되어 근육, 모발 등 생체를 구성하고, 또한 생체의 기능을 유지하기 위한 생리적 기능을 하고 있다.

단백질의 구성원소는 탄소, 수소, 산소 이외에 질소를 함유하고 있으며, 황이나 인을 함유한 것도 있다. 특히 질소의 함량은 단백질의 종류에 따라 약간의 차이는 있으나 평균 16%로, 식품 중의 단백질 양은 단백질을 분해하여 생기는 질소의 양에 6.25(질소계수 : 100/16)를 곱하여 조단백질crude protein의 함량을 계산할 수 있다.

1. 아미노산

단백질을 구성하는 아미노산amino acid은 탄소 한 분자 내에 염기성인 아미노기amino group(-NH_2)와 산성인 카복실기carboxy group(-COOH)를 가지는 양성 화합물이다 그림 4-1. 아미노기가 결합하고 있는 탄소 위치에 따라 *α*-, *β*-, *γ*-아미노산으로 부르며, 일반적으로 단백질을 구성하고 있는 아미노산은 *α*-아미노산이다 그림 4-2.

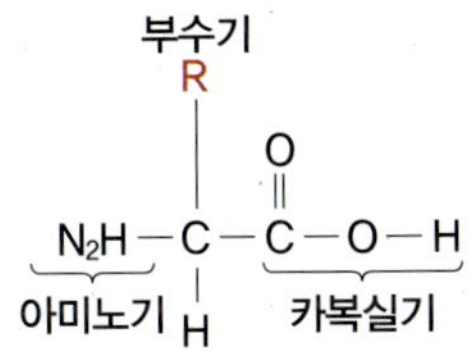

그림 4-1 I 아미노산의 구조

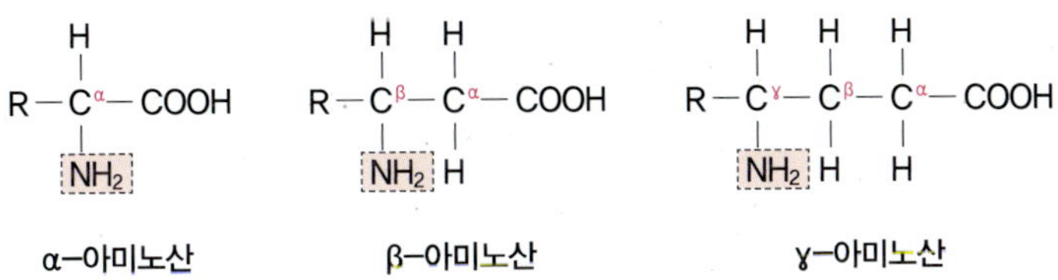

그림 4-2 I α, β, γ-아미노산

1) 아미노산의 구조

아미노산은 글라이신을 제외하고 아미노산의 α-탄소가 모두 부제탄소이므로 D형과 L형의 입체이성체가 존재한다. 즉, 카복실기(-COOH)를 위쪽에 배치했을 때 아미노기(-NH_2)가 왼쪽에 있는 것을 L형, 오른쪽에 있는 것을 D형이라고 한다 그림 4-3. α-아미노산은 L형, D형 두 종류의 입체이성체가 존재하지만 자연계에서 단백질을 구성하고 있는 아미노산은 α-L-아미노산이다.

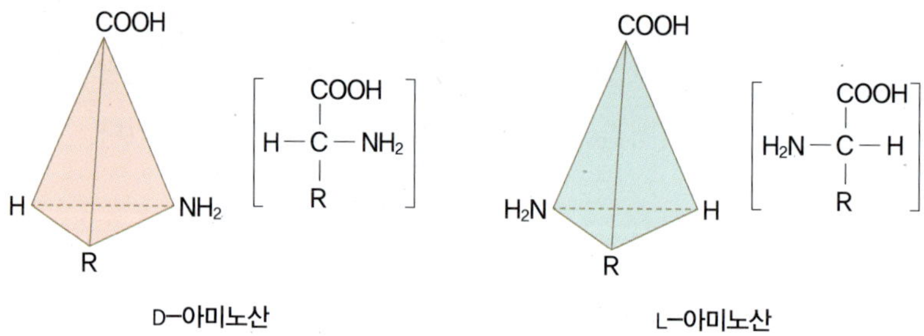

그림 4-3 ꞁ 아미노산의 구조

2) 아미노산의 분류

단백질을 구성하는 아미노산은 약 20여 종으로, 분자 중에 아미노기(-NH_2)와 카복실기(-COOH)의 수에 따라 염기성 아미노산, 산성 아미노산, 중성 아미노산으로 분류한다. 염기성 아미노산은 아미노기의 수가 카복실기의 수보다 많고 양전하를 띠며, 산성 아미노산은 카복실기의 수가 아미노기의 수보다 많고 음전하를 띤다. 중성 아미노산은 아미노기와 카복실기의 수가 같다.

또한 아미노산은 측쇄side chain인 R의 종류에 따라서 탄화수소기가 있는 지방족 아미노산, 벤젠기가 있는 방향족 아미노산, 함황 아미노산 등으로 분류한다.

중성-비극성 아미노산

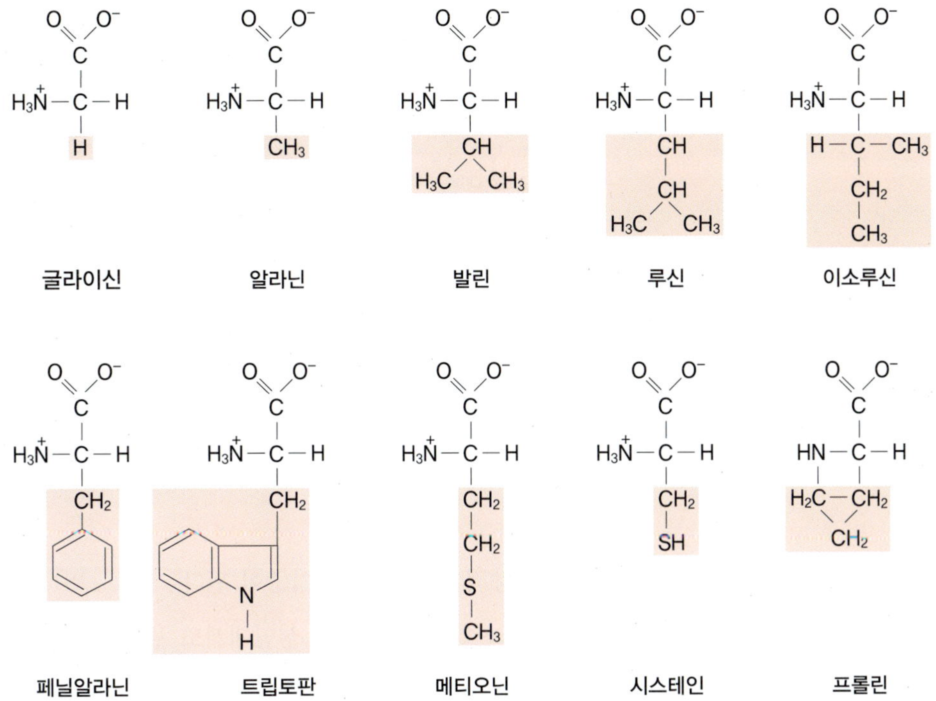

중성-극성 아미노산

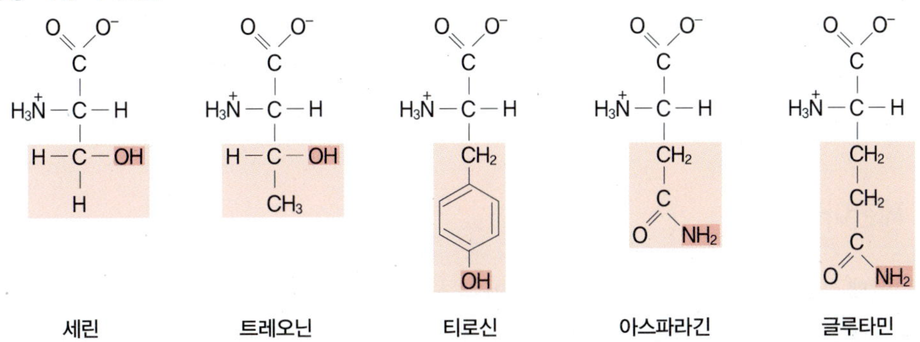

그림 4-4 | 중성-비극성 아미노산과 중성-극성 아미노산

3) 필수아미노산

단백질을 구성하는 아미노산 중 인체 내에서 거의 합성되지 않아서 식품으로 섭취해야 하는 아미노산을 필수아미노산essential amino acid이라고 한다. 따라서 식품 단백질

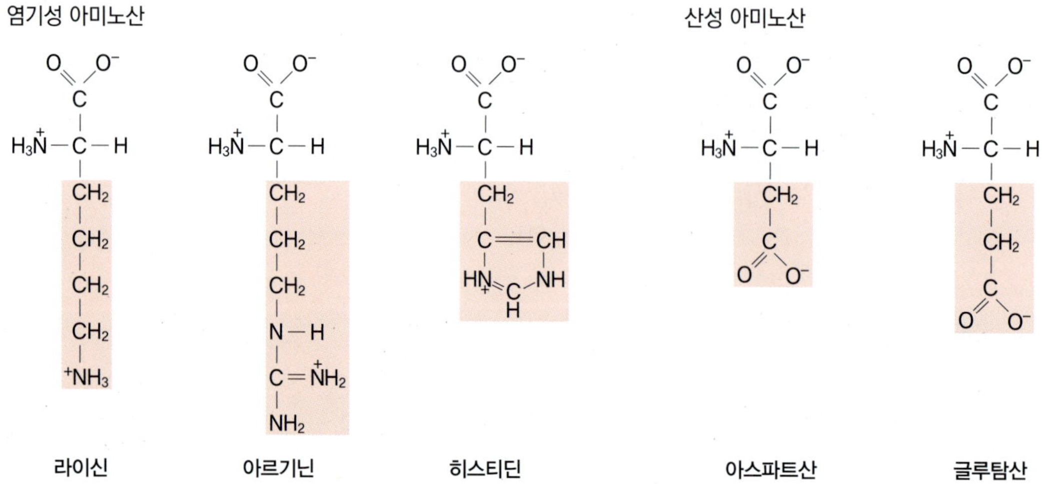

그림 4-5 ㅣ 염기성 아미노산과 산성 아미노산

중의 필수아미노산 함량은 단백질의 영양적 가치 평가의 기준이 된다.

성장기 어린이에게 추가된 필수아미노산인 히스티딘은 성인에게도 필수아미노산으로 인정되고 있다.

> **필수아미노산의 종류**
>
> 발린, 루신, 이소루신, 트레오닌, 메티오닌, 라이신, 페닐알라닌, 트립토판, 히스티딘(어린이)

4) 제한아미노산

체단백질의 합성은 필수아미노산 중 어느 하나라도 필요할 때 존재하지 않으면 일어나지 않는다. 그러므로 필수아미노산은 골고루 부족하지 않게 섭취하는 것이 필요하다.

단백질의 영양가는 함유되어 있는 각각의 필수아미노산 중에서 사람이 필요로 하는 양에 비해서 가장 부족되는 필수아미노산에 의해 결정된다 표 4-1. 즉, 사람에게 필요한 아미노산의 기준인 비교 단백질보다 적은 아미노산을 제한 아미노산limiting amino acid이라고 하며, 가장 적은 비율로 함유된 아미노산을 제1제한아미노산이라고 한다.

표 4-1 | 주요 식품 단백질의 필수아미노산 조성

식품명 \ 필수 아미노산	이소루신	루신	라이신	메티오닌	페닐알라닌	트레오닌	트립토판	발린
비교 단백질	0.27	0.31	0.27	0.27	0.18	0.18	0.09	0.27
식빵	0.22	0.39	0.12	0.182	0.27	0.16	0.067	0.26
백미	0.28	0.52	0.21	0.27	0.29	0.22	0.080	0.37
감자	0.24	0.39	0.33	0.129	0.21	0.24	0.091	0.36
대두	0.30	0.45	0.43	0.151	0.33	0.27	0.092	0.31
가다랑어	0.27	0.44	0.50	0.191	0.21	0.25	0.080	0.31
고등어	0.31	0.45	0.45	0.167	0.24	0.25	0.094	0.30
어묵	0.31	0.47	0.56	0.231	0.23	0.26	0.058	0.28
쇠고기	0.30	0.57	0.57	0.215	0.28	0.28	0.081	0.34
돼지고기	0.32	0.53	0.58	0.243	0.26	0.28	0.090	0.34
우유	0.32	0.59	0.48	0.200	0.28	0.27	0.092	0.41
달걀	0.33	0.53	0.44	0.38	0.32	0.29	0.10	0.41

출처 : 송태희 외, 2015

5) 아미노산의 성질

(1) 양성 전해질

아미노산은 한 분자 내에 알칼리성을 나타내는 아미노기(-HN_2)와 산성을 나타내는 카복실기(-COOH)를 동시에 가지고 있기 때문에 용액의 pH에 따라 산 또는 알칼리로 작용하여 양성 전해질이라 한다. 그러므로 아미노산은 산성 용액에서는 $-NH_3^+$(양이온)으로, 알칼리성 용액에서는 $-COO^-$(음이온)으로 존재한다 그림 4-6.

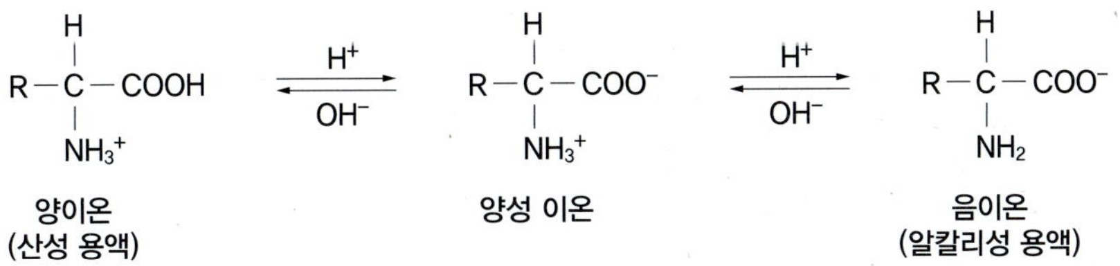

그림 4-6 | 양성 전해질로서의 아미노산

(2) 등전점

아미노산은 pH에 따라 서로 다른 전하를 띠게 되므로 산성 용액에서는 음(-)극으로, 알칼리성 용액에서는 양(+)극으로 이동한다. 그러나 어느 일정한 pH의 용액에서는 아미노산 중의 양이온과 음이온의 수가 같아서 실제 전하가 0이 되므로, 어느 전극으로도 이동하지 않게 되는데 이때의 pH 값을 등전점isoelectric point이라고 한다.

등전점에서 아미노산은 불안정하기 때문에 침전되기 쉬우며 용해도, 삼투압, 점도, 표면장력 등은 최소가 되고 기포성, 흡착성, 탁도 등은 최대가 된다.

2. 단백질

단백질은 20여 개의 다른 아미노산이 펩티드 결합으로 중합된 고분자 화합물로서 유전자 정보에 의하여 아미노산의 배열 순서 및 길이가 결정되며 수많은 단백질이 존재한다.

단백질은 조성에 따라 단순단백질·복합단백질·유도단백질로, 단백질의 구조적 특징에 따라 섬유상 단백질과 구상 단백질로, 출처에 따라 식물성 단백질과 동물성 단백질로 분류될 수 있다.

1) 단백질의 분류

(1) 조성에 따른 분류

단백질은 조성에 따라 단순단백질, 복합단백질, 유도단백질로 분류된다.

① 단순단백질

단순단백질simple protein은 가수분해했을 때 아미노산만 생성되는 단백질로 비교적 구조가 간단한 단백질이다. 단순단백질은 표 4-2와 같이 분류된다.

표 4-2 | 단순단백질의 종류

단백질	특성	예
알부민albumin	물, 묽은 염에 녹음 가열 응고	혈청 알부민serum albumin : 혈청 락토알부민lactoalbumin : 우유 오브알부민ovalbumin : 달걀 흰자 미오겐myogen : 근육
글로불린globulin	물에 불용 묽은 염에 녹음 가열 응고	혈청 글로불린serum globulin : 혈청 락토글로불린lactoglobulin : 우유 미오신myosin : 근육 오보글로불린ovoglobulin : 단백 글리시닌glycinin : 콩
글루텔린glutelin	묽은 산 또는 알칼리에 녹음 알코올에 불용 가열 응고	글리아딘gliadin : 밀 오리제닌oryzenin : 쌀 호르데인hordein : 보리
프롤라민prolamins	70~80% 알코올에 녹음 물과 염류에 불용	글루테닌glutenin : 밀 제인zein : 옥수수 호르데인hordein : 보리
알부미노이드albuminoids	모든 용매에 녹음 효소 분해 안 됨	콜라겐collagen : 연골 케라틴keratin : 손톱, 머리카락 엘라스틴elastin : 힘줄
프로타민protamins	물에 녹고 가열로 응고 안 됨 생선의 정자에 함유	살몬salmon : 연어 클루페인clupein : 청어
히스톤histone	강염기성 단백질에 함유 물에 녹고 가열로 응고 염기성 단백질	히스톤histone : 흉선, 간장 어패류의 정자핵

출처 : 김주현 외, 2012

② 복합단백질

복합단백질conjugated protein은 단순단백질에 비단백성 물질(인산, 지질, 당질, 색소, 금속 등)이 결합한 단백질이다. 생체 세포 내에 함유되어 있으며, 결합된 비단백성 물질의 종류에 따라 표 4-3과 같이 분류된다.

③ 유도단백질

유도단백질derived protein은 천연단백질이 열, 자외선 등의 물리적 작용이나 효소의 작용 또는 산, 알칼리, 알코올 등의 화학적 작용에 의해 분해 및 변성 등의 변화를 받은

◇ 표 4-3 | 복합단백질의 종류

단백질	특성	소재
인단백질 phosphoprotein	단백질＋인산	카세인casein : 우유 비텔린vitellin : 난황
핵단백질nucleoprotein	단백질＋핵산(DNA, RNA)	동식물 세포핵의 주성분 뉴클레오히스톤nucleohistone
당단백질glycoprotein	단백질＋다당류	뮤신mucin : 동물의 점액, 소화액 뮤코이드mucoid : 혈청 결체조직 아비딘avidin : 달걀
금속단백질 metalloprotein	단백질＋금속(철, 구리, 아연 등)	페리틴ferritin : 철단백질 인슐린insulin : 아연단백질
지단백질lipoprotein	단백질＋지질	리포비텔린lipovitellin : 달걀노른자 리포비텔레닌lipovitellenin : 달걀노른자
색소단백질 chromoprotein	단백질＋색소	헤모글로빈hemoglobin, 미오글로빈myoglobin, 아스타잔틴astaxanthin : 갑각류

출처 : 김주현 외, 2012

단백질로, 변화된 정도에 따라 1차 유도단백질과 2차 유도단백질로 분류된다 표 4-4.

1차 유도단백질은 천연단백질이 물리적·화학적·효소적 변화를 약간 받은 단백질로, 분자 골격은 변화가 없으나 성질이 달라져서 변성단백질이라고도 한다. 2차 유도단백질은 1차 유도단백질보다 변성이 더 진행된 것으로서 단백질이 아미노산까지 가수분해 될 때의 모든 중간 생성물들이며, 분해단백질이라고도 한다.

◇ 표 4-4 | 유도단백질의 종류

단백질	특성	종류
제1차 유도단백질 (변성단백질)	천연단백질이 산, 알칼리, 효소, 열 등의 작용을 받아 변성된 것 골격은 대부분 그대로 또는 약간 성질 변화	콜라겐 $\xrightarrow{\text{가열}}$ 젤라틴 프로틴(수용성, 불용성) 메타프로테인(산, 알칼리성 변성)
제2차 유도단백질 (분해단백질)	1차 유도단백질보다 분해가 더 진행된 것	프로테오스(단백질에서 아미노산의 중간산물) 펩톤(프로테오스에서 분해 진행된 것) 펩티드(펩톤에서 작은 분자로 된 상태)

출처 : 김주현 외, 2012

(2) 구조에 의한 분류

단백질의 구조에 의한 분류는 가장 오래되고 간단한 분류법으로, 단백질의 구조와 형태에 따라 섬유상 단백질fibrous protein과 구상 단백질globular protein로 분류된다 표 4-5.

섬유상 단백질은 섬유 모양의 긴 사슬로 연결되어 다발을 이루는 구조로 젤라틴, 케라틴, 콜라겐, 피브로인 등이며, 구상 단백질은 폴리펩티드 사슬이 구부러져 구상을 하고 있는 것으로 알부민, 글로불린, 효소단백질 등이다.

표 4-5 | 섬유상 단백질과 구상 단백질의 비교

	섬유상 단백질	구상 단백질
형태	•지그재그 모양의 β구조가 축에 나란히 달리면서 묶어 다발(micelle)을 이룸	•α-나선구조가 구부러지고 겹쳐서 전체로는 구상을 이룸
이화학적 성질	•안정성이 있으나 물에 불용 •용액은 점도가 높음 •가수분해 어렵고 결정성임	•불안정하며 일반적으로 물에 가용 변성을 쉽게 일으킴 •분자 내에 다량의 물을 함유
생활기능 및 생명현상 관계	•직접 관계가 없음 •뼈를 형성 •표피 보강 및 배설물	•활성물질로 분비되어 생활기능에 직접 관계함 •생물학적으로 중요 •생명현상과 밀접한 관계가 있음
분포 상태	•견사 : 피브로인fibroin •털 : 케라틴keratin, 젤라틴gelatin •건 : 콜라겐collagen •근육 : 미오신myosin	•단순단백질(알부민, 글로불린 등) •복합단백질(카세인, 헤모글로빈 등) •핵단백질 등 원형질의 주성분 난백, 우유 등

출처 : 송태희 외, 2015

(3) 출처에 의한 분류

단백질은 그 출처에 따라 식물성 단백질과 동물성 단백질로 분류된다.

① 식물성 단백질 : 곡류 단백질, 콩류 단백질 등

② 동물성 단백질 : 육류 단백질, 어류 단백질, 난류 단백질, 우유 단백질 등

2) 단백질의 구조

단백질은 여러 종류의 아미노산들이 펩티드 결합을 한 고분자화합물이다. 펩티드 결합이란 한 아미노산의 카복실기와 다른 아미노산의 아미노기가 반응하여 물 한 분자를 잃고 축합하여 아미드amide(-CO-NH-) 형태로 결합한 것이다 그림 4-7.

아미노산이 펩티드 결합을 한 화합물을 펩티드라고 한다. 아미노산 2개가 결합한 것을 디펩티드dipeptide, 3개의 아미노산이 결합한 것을 트리펩티드tripeptide라고 하며, 10개 이하의 아미노산이 결합한 것을 올리고펩티드oligopeptide라 하고, 그 이상의 아미노산이 결합한 것을 폴리펩티드polypeptide라고 한다. 단백질은 일반적으로 수십 개의 아미노산이 중합되어 약 10,000 이상의 큰 폴리펩티드이다.

단백질의 구조는 1차, 2차, 3차, 4차 구조로 나누어진다.

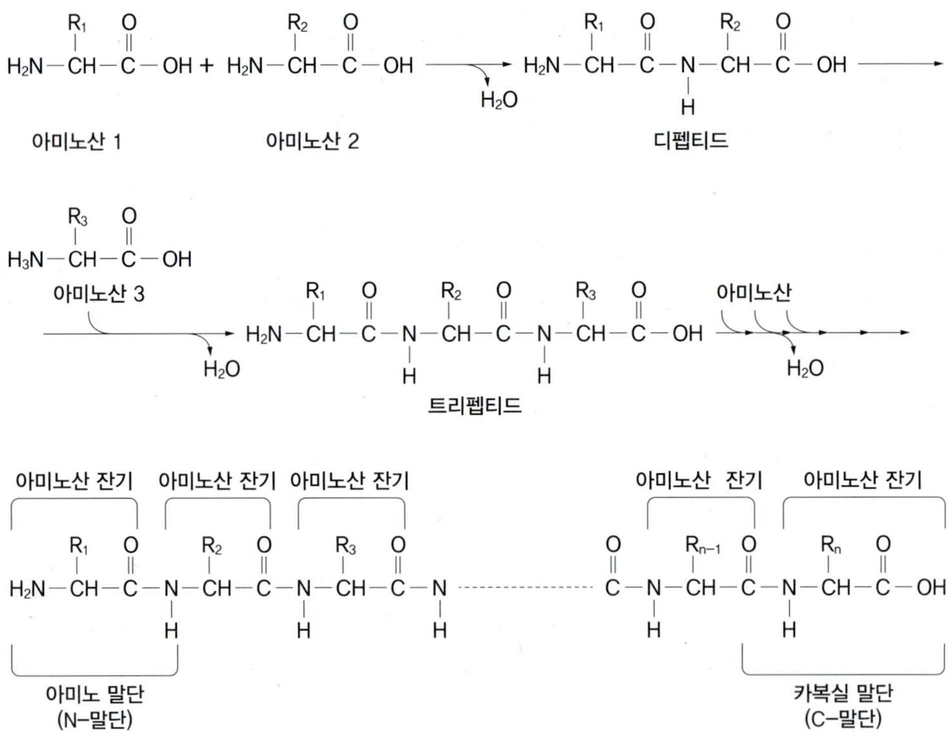

그림 4-7 | 펩티드 결합

(1) 1차 구조

단백질의 특성은 펩티드 결합을 하고 있는 아미노산의 배열 순서에 따라 나타나며 이는 단백질의 종류에 따라 각각 다르다. 단백질의 1차 구조는 펩티드 결합을 하고 있는 아미노산의 배열 순서만을 고려한 구조이다. 즉, 아미노산의 폴리펩티드 사슬이며, 아미노산의 종류와 양 및 결합 순서를 알 수 있다. 그림 4-8은 α-락토알부민의 1차 구조로 N-말단은 글루탐산, C-말단은 루신으로, 123개의 아미노산으로 이루어져 있음을 알 수 있다.

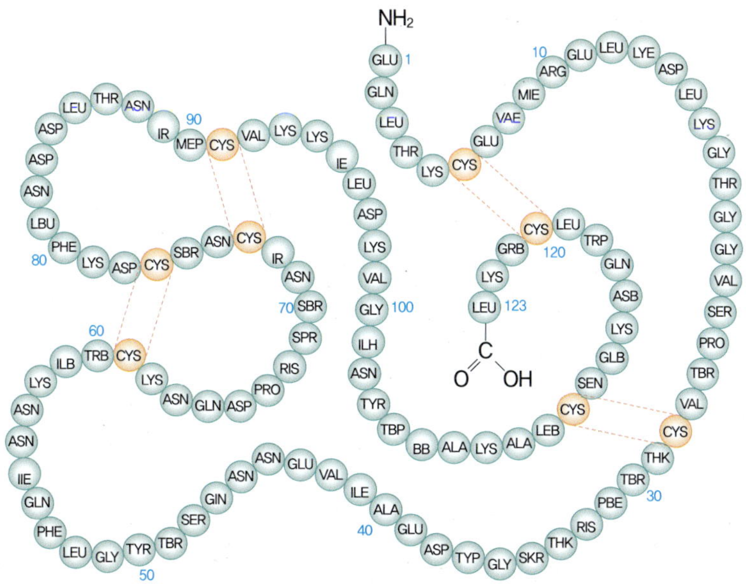

그림 4-8 ı 우유 단백질인 α-락토알부민의 1차 구조

(2) 2차 구조

단백질의 폴리펩티드 사슬은 직선으로 있는 것이 아니라 구성 아미노산끼리 상호작용(수소결합 등)에 의해 입체 구조를 형성하며 이를 단백질의 2차 구조라고 한다. 2차 구조에는 코일 모양으로 회전하는 α-나선α-helix 구조, β-병풍β-pleated sheet 구조, 불규칙 코일random coil 구조 등이 있다 그림 4-9.

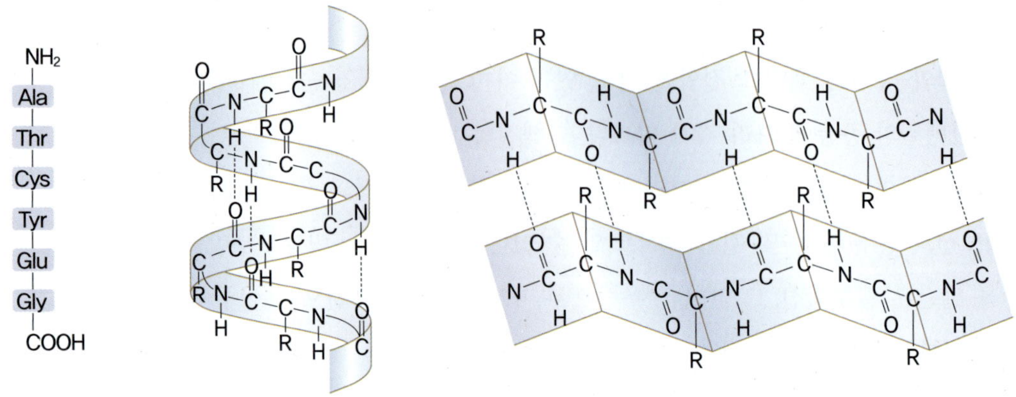

1차 구조 : 아미노산　　　　2차 구조 : 인접한 카복실기와 아미노기 사이의 소수결합(왼쪽 : α-나선 구조, 오른쪽 : β-병풍 구조)

그림 4-9 | 단백질의 1차, 2차 구조

α-나선 구조는 한 펩티드 내에서 규칙적으로 >C=O의 산소와 >NH의 수소가 수소결합을 하여 주사슬이 오른쪽으로 나선 모양으로 회전하는 구조를 갖게 된 것으로 주로 생체기능 단백질 등에 존재한다. *β*-병풍 구조는 병풍을 친 것과 같은 모양으로 *β*-배열이라는 늘어진 형태를 하고 있으며, 주로 명주실에서 볼 수 있는 섬유상 단백질이다.

(3) 3차 구조

2차 구조의 폴리펩티드 사슬이 구성아미노산 잔기의 특성에 따라 꺾이고 구부러져서 단백질 특유의 입체 구조를 이루어 안정화된 것을 단백질의 3차 구조라고 한다. 3차 구조를 유지하는 힘은 수소결합, 소수성결합, 이온결합, 이황화결합(S-S결합) 등이며, 3차 구조에 의해 단백질의 형태가 정해지며 섬유상 단백질과 구상 단백질로 나누어진다.

(4) 4차 구조

3차 구조를 이루고 있는 2개 이상의 폴리펩티드 사슬들이 모여서 하나의 기능을 갖는 집합체를 이룬 것을 단백질의 4차 구조라고 하며 그림 4-10, 이 4차 구조를 구성하는

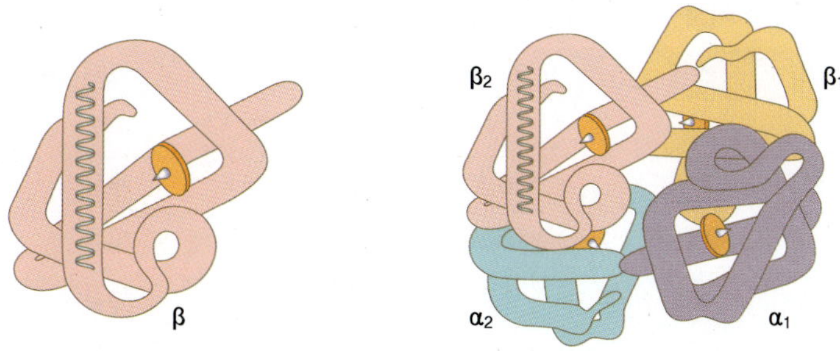

3차 구조
(β-사슬의 헤모글로빈)
아미노기의 R기끼리 상호작용으로
인한 폴리펩티드 사슬의 접힘

4차 구조
폴리펩티드 사슬과 또 다른
폴리펩티드 사슬, 보결분자단과
결합으로 합성된 단백질 구조

그림 4-10 | 단백질의 3차, 4차 구조

폴리펩티드를 소단위subunit라고 한다.

3) 단백질의 성질

(1) 용해성

단백질은 고분자 화합물로서 케라틴keratin과 같이 불용성인 것과 알부민albumin과 같이 수용성인 것이 있으며, 물에 녹으면 교질(콜로이드) 용액을 형성한다. 단백질은 종류에 따라 물, 묽은 산·알칼리·중성 염류 용액, 알코올, 암모니아수 등에 대한 용해성이 달라지며, 이 성질은 단백질의 특성으로 조리와 가공에 이용된다.

대부분의 단백질은 저농도의 중성염류 용액에서는 용해도가 증가하나, 고농도의 중성염을 첨가하면 용해도는 감소되어 침전(염석salting-out)이 일어나며 단백질의 분리와 정제에 이용된다. 두부를 만들 때 간수($MgCl_2 \cdot CaSO_4$)를 사용하는 것은 염석의 한 예이다.

(2) 양성 전해질 및 등전점

단백질은 분자 안에 유리된 아미노기($-NH_2$)와 카복실기($-COOH$)를 가지기 때문에 아미노산과 같이 양성 전해질 성질을 나타내며 각각의 단백질은 등전점isoelectric point

◇ 표 4-6 | 각종 식품 단백질의 등전점

단백질	소재	등전점	단백질	소재	등전점
글리아딘	밀	6.5	락트알부민	우유	5.1
미오겐	육류	6.3	카세인	우유	4.6
제인	옥수수	5.8	락토글로불린	우유	4.5~5.5
미오신	육류	5.4	달걀 알부민	달걀	4.5~4.7
글루테닌	밀	5.2~5.4	글리시닌	콩	4~5

을 갖는다 표 4-6.

일반적으로 단백질은 산성 아미노산이 많으면 산성 쪽으로, 염기성 아미노산이 많으면 알칼리성 쪽으로 등전점을 가지며, 단백질은 등전점에서 용해도가 가장 낮아 쉽게 침전되므로 단백질의 분리 및 정제에 이용된다. 등전점에서 단백질은 용해도, 팽윤력, 점도, 보수성은 가장 낮고 기포성, 흡착성, 침전 등은 최대가 된다. 대부분 식품 중의 단백질 등전점은 pH 4~6이다.

(3) 응고성

단백질은 여러 가지 요인에 의하여 응고된다. 이를 분류하면 다음과 같다.

① 열 응고 : 단백질은 보통 60~70℃에서 응고하나 젤라틴, 프로타민 등은 응고하지 않는다.

② 알코올 응고 : 일반적으로 단백질은 에탄올을 많이 가하면 침전하고, 곧 물을 다시 가하면 용해된다. 그러나 오랫동안 방치하면 물을 가하여도 용해하지 않는다.

③ 산에 의한 응고 : 대부분의 단백질은 염산, 황산, 질산을 가하면 응고한다.

④ 효소에 의한 응고 : 단백질 중 우유 단백질인 카세인은 레닌에 의하여 응고한다.

(4) 자외선 흡수 스펙트럼

대부분의 단백질은 280 nm에서 자외선을 최대로 흡수한다. 이는 페닐알라닌, 티로신, 트립토판의 잔기를 이루고 있는 방향족 아미노산 측쇄 사슬에 의한 것이다.

(5) 정색반응

단백질은 구성하는 아미노산의 종류와 그 속에 포함된 물질의 화학적 성질에 따라 여러 가지 정색반응을 한다. 대표적 정색반응인 뷰렛biuret 반응은 단백질에 강한 알칼리 용액과 황산동을 반응시키면 적자색~청자색을 나타내며, 이는 3개 이상의 펩티드 결합이 있는 단백질에서 일어난다. 또한 닌히드린ninhydrin 반응은 단백질의 아미노기와 α-아미노산과 반응하므로 아미노산 정량에 사용된다.

4) 단백질의 변화

천연단백질은 비교적 약한 비공유결합(수소결합, 소수성결합, 이온결합)과 쉽게 환원되는 공유결합인 이황화결합(S-S결합)을 가지고 있는 특유의 고차 구조(입체 구조)이다. 그러므로 단백질이 물리적 자극(열, 동결, 초음파, 압력, 기계적 교반, 자외선 등)이나 화학적 자극(산, 알칼리, 염류, 유기용매, 중금속 등)과 효소작용 등에 의해 고차 구조가 붕괴되는 것을 변성denaturation이라고 한다. 변성단백질은 용해도가 감소하며 효소와 항체는 생리활성이 소실되고 단백질분해효소에 의해 소화되기 쉽게 된다. 즉, 변성단백질은 단백질의 1차 구조는 변화를 받지 않고 2차 및 3차 구조가 파괴되는 현상이며, 단백질의 분해는 아미노산 배열인 1차 구조가 끊어지는 것이다.

(1) 단백질의 변성

단백질의 변화 중 가장 중요한 것이 변성이며 단백질 식품의 조리, 가공, 저장 과정 중에 많이 일어난다. 단백질이 변성하면 단백질은 원래의 형태를 잃고 모양, 색, 점도, 맛이 달라지며, 소화율도 높아지나 지나치게 변성된 것은 오히려 소화율이 떨어진다.

① 열에 의한 변성

단백질의 열에 의한 변성은 응고 형태로 나타나며 이는 단백질 분자가 변성한 후 분자 상호 간의 결합에 의해 일어난다. 그러나 불용성 단백질인 콜라겐은 가열함으로써 변성되어 가용성인 젤라틴이 되는 경우도 있다. 단백질의 열에 의한 변성에 영향을 주는 인자로는 온도, 수분, 전해질, 수소이온 농도 등이다.

대부분의 단백질은 대개 60~70℃에서 변성되어 응고되며, 단백질 주위에 수분이 많으면 낮은 온도에서, 수분이 적으면 고온에서 변성한다. 또한 염화물, 황산염, 인산염, 젖산염 등의 전해질이 존재하면 변성온도가 낮아지고 변성속도도 빨라진다. 등전점에서 가장 쉽게 응고하며 단백질에 포도당이나 설탕을 넣고 가열하면 응고온도가 높아지고, 설탕의 양이 많아질수록 응고온도는 상승한다.

단백질의 열에 의한 변성을 이용한 식품은 삶은 달걀, 두부, 갈비, 어묵 등이 있다.

② 동결에 의한 변성

육류와 생선을 동결하여 장기간 보관하면 변성이 일어나서 질겨지고 수분을 잃게 된다. 어육류를 동결하면 분산매인 물이 먼저 얼음 결정으로 석출되어 단백질 입자가 접근하여 결합되고, 나머지 액 중의 염류 농도가 높아지므로 단백질 분자가 서로 결합하여 염석이 되어 변성한다.

육류는 대개 -3~-1℃에서, 어육은 -5~-1℃(최대얼음결정생성대)에서 가장 변성이 심하게 일어난다. 그러므로 어육류는 얼음 결정을 최소화하고 변성속도를 단축시키기 위하여 급속동결방법이 이용된다.

단백질의 동결에 의한 변성을 이용한 식품으로는 동결두부이다. 두부를 동결하여 3주간 저장하면 두부 단백질은 변성하여 보수성을 잃게 되며 이를 건식 해동하여 만든 것이다.

③ 건조에 의한 변성

단백질은 건조에 의해 육섬유를 형성하고 있는 직쇄상의 폴리펩티드 사슬 사이의 수분이 제거되고 인접한 폴리펩티드 사슬이 상호 접근하여 결합을 이루어 견고한 구조를 형성한다.

북어 등 건조한 어육은 염석, 응집 등에 의한 단백질의 변성으로 물에 담가도 흡수성이 적으며 생육과는 다른 질감의 식품이 된다. 건조에 의해 단백질이 변성하면 식품의 외관, 수분 함량, 경도, 맛 등이 달라진다.

단백질의 건조에 의한 변성을 이용한 식품에는 북어, 건오징어 등 건어물이 있다.

④ 표면장력에 의한 변성

단백질이 단일 분자막의 형태로 얇은 막상을 형성하게 되면 불용성이 되는 현상을 표면장력에 의한 변성이라고 한다. 달걀 흰자를 세게 저어서 단단한 거품을 만들거나 제빵 공정에서 글루텐이 변성하여 강한 막을 형성하는 경우이다.

⑤ 산, 알칼리에 의한 변성

단백질 용액에 산 또는 알칼리를 가하면 (+), (−)전하가 변하여 등전점에 이르게 되어 단백질이 변성된다.

요구르트나 치즈의 제조는 우유에 젖산균을 생육시켜서 pH가 낮아지면 카세인의 등전점(pH 4.6)에 이르게 되어 카세인이 변성, 응고하는 원리를 이용한 것이다. 살이 연한 생선을 조리할 때 식초의 사용이나, 달걀의 흰자 거품을 단단하게 할 때 식초의 이용 등은 단백질의 산에 의한 변성을 이용한 식품 조리법이다.

⑥ 효소에 의한 변성

단백질은 효소작용에 의해 변성하고 가수분해된다. 우유단백질인 카세인에 레닌 rennin 효소를 작용시키면 수용성의 파라카세인을 만들며, 이는 우유 중의 Ca^{2+}과 결합하여 불용성의 칼슘 파라카세인이 되어 응고한다. 이 변성을 이용하여 치즈 등을 제조한다.

⑦ 금속이온에 의한 변성

단백질은 일반적으로 +2, +3가의 금속이온이 있을 때 변성이 일어난다. 칼슘(Ca)이나 마그네슘(Mg) 이온은 단백질의 카복실기와 결합하여 가교cross-linkage를 만들어 응집한다.

두부는 간수에 있는 Ca^{2+}이나 Mg^{2+}에 의해 두유의 단백질인 글로불린을 응고시켜서 만든 것이며, 과일이나 채소의 설탕절임 시에 백반을 넣는 이유도 백반의 Al^{3+}이 단백질을 응고시켜서 원형을 유지하기 위함이다.

이렇듯 단백질 식품에 변성현상을 이용한 경우가 많다. 예를 들면, 삶은 달걀(열 변성), 콩으로 두부 제조(염류에 의한 변성), 동결두부의 제조(동결에 의한 변성), 도살 후 고기의 숙성(효소에 의한 변성), 치즈 제조(산, 효소, 염류에 의한 변성), 생선 건어물(건조에 의한 변성), 초절임식품(산에 의한 변성), 염장식품(염류에 의한 변성) 등이 있다.

(2) 단백질의 분해

① 광선에 의한 분해

단백질과 아미노산 중에는 빛에 의해 분해를 일으키는 것이 있다. 트립토판은 빛에 대단히 불안정하여 그 용액에 햇빛을 비추면 갈색으로 착색되는 갈변현상의 원인이 되며, 자외선을 쪼이면 광분해되어 알라닌, 아스파르트산, 하이드록시안스라닐린산 hydroxyanthranilic acid을 생성한다. 카세인 용액은 형광물질의 존재하에 햇빛을 쬐면 카세인 중의 트립토판이 광분해되어 영양가가 떨어진다. 달걀흰자의 알부민 용액에 자외선을 조사하면 표면장력이 감소한다.

② 단백질의 자기소화

식품이 자신이 가지고 있는 효소에 의해 자체의 성분이 분해되는 현상을 자기소화 autolysis라고 한다. 육류는 신선한 것보다 어느 정도 시간이 지나면 자신이 가지고 있는 단백질분해효소인 프로테아제protease에 의해 자기소화가 일어나 가수분해되어 수용성 질소화합물이 증가하고 육질이 연해지며 맛이 좋아지는데 이러한 변화를 숙성 aging이라고 한다. 그러나 자기소화된 단백질은 미생물이 번식하기 쉬워서 부패가 빨리 일어난다.

(3) 단백질 식품의 부패

식품은 부패세균의 증식에 의해서 변질된다. 단백질 식품이 부패될 때 생성된 아미노산이 탈탄산되어 프토마인ptomaine이라는 유독 아민을 생성하여 알레르기성 식중독을 일으킨다.

특히 라이신으로부터 카다베린cadaverine, 아르기닌으로부터 아그마틴agmatine의 부패독 생성은 중독의 원인이 된다. 또한 티로신으로부터 생성되는 티라민tyramine과 히스티딘으로부터 생성되는 히스타민histamine은 강한 생리작용을 가지고 있다.

5) 식품 중의 단백질

단백질은 모든 생물체의 세포를 구성하는 성분이므로 동·식물성 식품에 존재한다. 특히 어육류, 가금류, 어패류, 달걀 등은 단백질이 주성분인 식품이며 쌀, 보리, 옥수수와 같은 곡류식품도 단백질을 함유하고 있다. 특히 식물성 식품 중에서 콩, 땅콩 등은 단백질 함량이 풍부하다. 주요 식품의 단백질 함량은 표 4-7과 같다.

표 4-7 | 식품 중의 단백질량

식품	함량(%)	식품	함량(%)
백미	6.8	쇠고기(등심)	19.5
찹쌀	4.2	돼지고기(어깨살)	19.3
밀	10.5	닭고기(다리)	20.7
보리	10.0	달걀	12.5
대두	35.3	오징어	17.0
두부	6.8	고등어	19.8
땅콩	25.4	우유	2.9
감자	2.0	치즈	22.7
당근	1.2	바지락	8.3

출처 : 김정숙 외, 2010

3. 대표적 단백질 식품

1) 육류

육류는 소, 돼지, 양, 염소 등의 수육류獸肉類와 닭, 오리, 꿩, 칠면조 등의 조육류鳥肉類로 크게 나눌 수 있다. 육류는 종류에 따라 맛, 영양, 질감이 다를 뿐만 아니라 고기의 부위, 사료, 연령, 조리법 등에 따라서도 맛과 질감 등이 다르다.

(1) 근육의 구조

근육은 근섬유의 기능 및 성상에 따라 횡문근straited muscle, 내장의 근육조직인 평활근smooth muscle 및 심근cardiac muscle으로 나눌 수 있으며, 식용으로 주로 이용되는 것은 골격근skeietal muscle(골격과 힘줄로 연결된 횡문근)이다.

골격근은 근섬유muscle fiber로 이루어져 있다. 각각의 근섬유는 그림 4-11과 같이 근섬유막이 싸고 있으며, 여러 개의 근섬유 다발을 근속막이 둘러싸고 있다. 근속막에는 혈관과 신경이 묻혀 있으며, 모세혈관과 신경섬유는 근섬유막을 따라 근육 내부에 존재한다. 결합조직은 근육막, 근속막, 근섬유막, 지방조직 등이 포함된다. 결합조직과 지방조직은 육류의 질과 맛에 영향을 준다.

근섬유는 1,000~2,000개의 근원섬유로 구성되어 있으며, 근원섬유는 근장이라는 세포질 속에 있다. 근원섬유에는 미오신myosin 단백질로 이루어진 굵은 미오신 필라멘

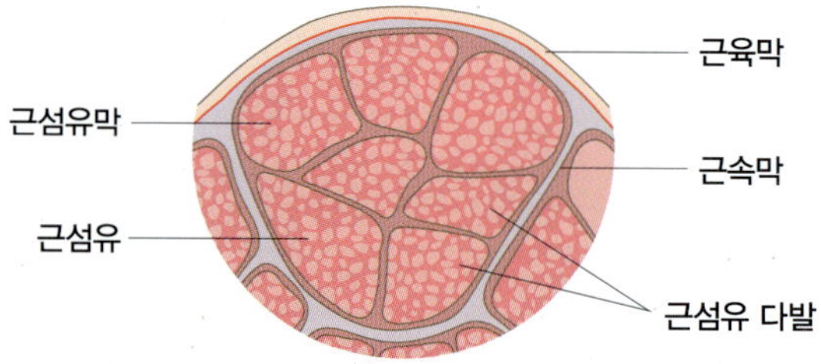

그림 4-11 | 근육 단면의 구조

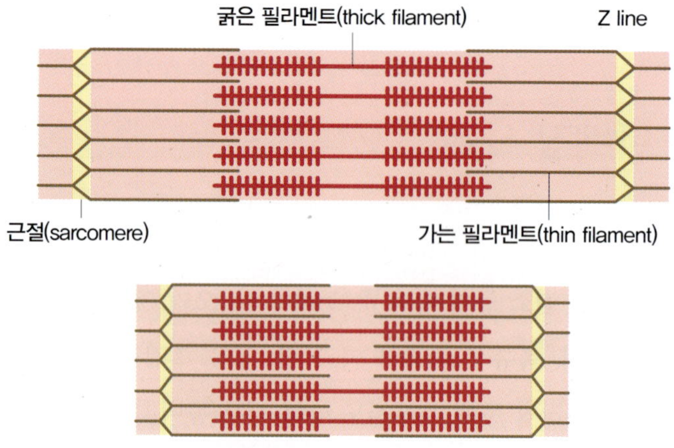

그림 4-12 | 근육의 수축

트와 액틴atcin 단백질로 이루어진 가는 액틴 필라멘트가 있다. 근육이 수축할 때 미오신 사이로 액틴이 들어가서 겹쳐져 액토미오신actomyosin이라는 복합체를 형성한다 그림 4-12. 이 액토미오신은 근육의 수축과 이완, 사후강직에 관여하며, ATP가 존재하면 액토미오신은 다시 미오신과 액틴으로 되면서 근육이 이완되며, 도살 후에는 액틴과 미오신이 영구 결합되어 액토미오신이 된다.

(2) 육류의 구성 성분

육류의 구성 성분은 육류의 종류, 부위, 품종, 사료, 사육방법, 사육지역 등에 따라 다르다. 육류의 주된 구성 성분은 물, 단백질, 지질이며 그 외에 당질, 비타민, 무기질 등이 미량으로 함유되어 있다. 육류의 종류와 부위에 따른 구성 성분은 표 4-8과 같다.

① 수분

육류의 수분은 동물의 종류와 부위에 따라 차이가 있으며 보통 65~80%이다. 수분에는 많은 성분이 용해되어 있으므로 육류의 맛에 영향을 주며, 특히 수분의 함량과 지방의 축적 정도는 서로 반비례한다. 육류의 보수력은 그 자체가 고기의 품질을 결정

◇ 표 4-8 | 육류의 일반 성분

(가식부 100 g 기준)

종류	에너지 (kcal)	수분 (g)	단백질 (g)	지질 (g)	회분 (g)	탄수화물 (g)	무기질					비타민		
							칼슘 (mg)	철 (mg)	인 (mg)	칼륨 (mg)	나트륨 (mg)	B_1 (mg)	B_2 (mg)	니아신 (mg)
쇠고기, 한우 등심	278	59.2	16.9	22.8	1.1	0	51	–	134	234	43	0.14	0.29	1.6
쇠고기, 한우 양지	198	67.0	19.1	12.9	1.1	0	55	–	163	170	104	0.06	0.22	1.8
돼지고기, 삼겹살	379	50.3	13.27	35.70	0.69	0	6	0.42	143	231	55	0.49	0.16	1.19
돼지고기, 안심	123	74.4	22.21	3.15	1.17	0	3	0.78	211	373	46	0.87	0.30	3.95
돼지고기, 앞다리살	159	71.1	20.56	7.92	0.99	0	5	0.69	181	327	50	0.52	0.11	5.11
닭고기, 가슴살	107	76.2	22.97	0.97	1.13	0	4	0.28	251	371	45	0.20	0.05	10.82
어린양고기, 갈비	372	50.8	14.52	34.39	0.74	0	15	1.39	137	190	56	0.10	0.19	6.09
오리고기, 집오리	318	55.3	16.0	27.6	1.0	0.1	15	1.7	180	233	85	0.21	0.31	3.9

– 표시는 수치가 애매하거나 측정되지 않음

출처 : 농촌진흥청 국립농업과학원, 2016

할 뿐만 아니라 고기의 색, 연한 정도 등에도 영향을 미친다.

② 단백질

육류의 근육은 약 20%의 단백질을 함유하고 있으며, 근육단백질은 근원섬유단백질, 근장단백질, 결합조직단백질로 이루어져 있다.

가. 근원섬유단백질

근원섬유단백질은 섬유상 단백질이며 진한 염류 용액에 녹고 미오신과 액틴 단백질로 구성되어 있다. 미오신은 전체 근육단백질의 50~60%를 차지하며 근육이 수축할 때 ATP를 ADP와 P로 분해시켜서 수축에 필요한 에너지를 만든다. 액틴은 근육단백질의 15~30%를 차지한다. 근육 수축 시 미오신과 액틴이 결합하여 액토미오신을 형성하며, 이는 육류의 보수성과 결착성에 영향을 미친다.

나. 근장단백질

근장단백질은 수용성 단백질로서 물이나 묽은 염류 용액에 용해된다. 근장단백질에는 효소글리코겐, 미오글로빈, 지질, 염류 등이 함유되어 있다.

다. 결합조직단백질

결합조직단백질은 콜라겐, 엘라스틴, 레티쿨린 등이 있으며 물이나 염류 용액에 용해되지 않는다. 콜라겐은 근육, 내장, 혈관, 피부, 힘줄, 뼈 등을 구성하는 주요 단백질이며 전체 단백질의 20~25%를 차지한다. 트립토판과 시스틴은 거의 없고 글라이신과 프롤린을 30% 이상 함유하는 질이 낮은 아미노산 조성을 가지고 있으며, 콜라겐을 물과 함께 장시간 가열하면 젤라틴으로 되어 소화가 용이하게 된다.

엘라스틴은 기관들을 지지하거나 인대와 혈관벽에 다량 함유되어 있다. 물에 오래 끓여도 용해되지 않으며, 단백질 소화효소에도 강한 내성을 가져서 영양적 가치가 적다.

③ 지방

육류의 지방 함량은 동물의 종류, 성별, 연령, 사육방법, 부위에 따라 차이가 있다. 육류의 지방은 축적지방(피하, 근육, 간, 근육 내의 지방조직에 축적)과 조직지방(근육조직이나 장기세포 내에 분포)으로 나눌 수 있다. 축적지방은 주로 중성지방이며 동물의 연령, 부위 등에 따라 변화하고, 조직지방은 인지질, 당지질, 스테롤 등으로 구성되어 있다. 육류의 지방 축적 정도는 고기의 맛과 연한 정도에 영향을 준다. 마블링mabling은 근육 내에 미세한 지방조직이 고르게 잘 분포되어 마치 대리석 무늬를 이루고 있는 것으로, 마블링이 잘된 고기는 연하고 질감과 풍미도 우수하다.

④ 탄수화물

육류 중의 당질은 주로 글리코겐이며, 소량으로 0.02~1.0%를 함유하고 있다. 글리코겐은 도살된 후 사후강직 중에 대부분 혐기적 해당작용으로 젖산으로 분해된다. 황산콘드로이틴, 히알루론산 등의 점질 다당류를 함유하고 있으며, 소량의 포도당 6-인산, 포도당, 과당, 당 대사산물 등은 육류의 가열조리 시 갈변반응과 향미화합물을 생성한다.

⑤ 무기질

육류의 무기질 함량은 1% 정도이며 칼륨, 인, 철 등의 좋은 급원식품이다. 알루미늄, 구리, 망간, 아연, 코발트 등은 미량 함유하고 있다.

⑥ 비타민

육류는 비타민 B_1, B_2, 니아신, B_6, B_{12}의 좋은 급원식품이다. 특히 돼지고기는 비타민 B_1 함량이 풍부하여 소고기보다 5~10배 많으며 섭취 시 마늘과 함께 먹으면 알릴티아민을 되어 체내 흡수율이 향상된다.

⑦ 비단백 질소화합물

비단백 질소화합물은 주로 근장 속에 수용액 형태로 약 1.5% 정도 함유하고 있다. 육류의 맛과 밀접한 관계가 있다 표 4-9.

(3) 육류의 사후강직 및 숙성

동물이 도축된 후에는 혈액으로 산소가 공급되지 않으므로 혐기적 해당작용으로 글리코겐이 분해되어 에너지인 ATP를 공급받게 된다. 그러나 시간이 지나면 해당작용

표 4-9 | 근육의 비단백질 질소화합물

비단백질 질소화합물	함량(%)
크레아틴	0.3~0.6
뉴클레오티드(ATP, ADP, AMP, IMP 등)	–
피리미딘, 퓨린 잔기들	0.3
유리아미노산	0.1~0.3
펩티드, 안세린, 카르노신	0.3
크레아티닌	0.02~0.04

도 멈추고 ATP가 고갈되어 액틴과 미오신이 결합해 액토미오신을 형성하면 근육이 굳어버린다. 이를 사후강직rigor mortis이라고 한다. 사후강직된 상태로 조리된 육류는 매우 질기다.

사후강직된후 육류는 젖산 발효lactic acid fermentation가 일어나서 육류에 젖산이 축적되어 육류의 pH를 7.0~7.2에서 5.0~5.5로 저하시킨다. 저하된 pH에서는 단백질분해효소가 작용하여 고기를 연하게 만들고 풍미성분이 증가하며 미생물의 번식을 막을 수 있다. 이 과정을 숙성aging이라 하며, 도살 후 숙성기간을 거친 육류가 더 맛이 좋다 그림 4-13.

숙성은 0~4℃, 상대습도 70%에서 실시하며, 숙성기간은 쇠고기는 7~10일, 양고기는 3~5일이며, 돼지고기는 지방의 산패가 빠르게 일어나므로 숙성시키지 않는다.

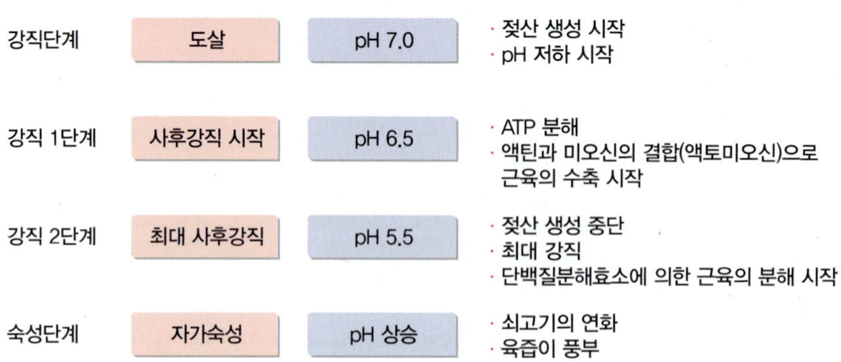

그림 4-13 | 육류의 강직과 숙성 단계에 따른 pH 변화

(4) 가열에 의한 육류의 변화

① 단백질의 변성

육류를 가열하면 근육단백질이 열변성하여 단단해진다. 가열온도가 높고, 가열시간이 길수록 근육섬유는 더 많이 수축하고 수분이 유출되어 고기의 액즙 함량이 감소한다. 또한 결합조직인 콜라겐은 물을 넣고 가열하면 젤라틴으로 변하여 고기는 부드러워진다.

② 색의 변화

신선한 육류는 미오글로빈이나 헤모글로빈 때문에 붉은색이다. 육류를 가열하면 붉은색의 옥시미오글로빈이 산화되어 메트미오글로빈으로 전환되어서 갈색이 되며, 이어서 색소단백질인 글로빈이 가열에 의해 변성되어 헤미크롬hemichrome이 되면 회갈색이 된다.

③ 향미 성분의 생성

육류의 향미 성분 생성의 중요한 역할을 하는 것은 아미노산과 환원당이 관여하는 갈변반응이다. 또한 유리 아미노산이나 단백질에서 생성된 황화수소, 알데하이드, 알킬설피드, 알킬디설피드, 케톤, 아민, 알코올 등이 향미에 관여하며 지질의 산화로 생성되는 알데하이드, 케톤, 알코올, 산 등도 가열육의 향미에 관여한다.

④ 비타민과 아미노산의 손실

육류에 함유되어 있는 니아신과 비타민 B_2는 비교적 열에 안정하나 비타민 B_1과 판토텐산은 열에 불안정하여 고온에서 장시간 가열 시 많이 손실된다. 엽산은 90%까지 손실된다. 또한 육류를 가열하면 메일러드 반응으로 히스티딘, 메티오닌, 라이신, 아르기닌 등의 아미노산이 손실되기 쉽다.

(5) 육류의 부위

① 쇠고기

우리나라에서는 쇠고기를 머리부터 꼬리까지 거의 모든 부위를 식용한다. 우리나라에서는 뼈를 먼저 발라 낸 후에 부위별로 고기를 자르며, 서양에서는 고기를 뼈와 함께 자르며 부위를 나누는 방법도 다르다 그림 4-14, 그림 4-15.

우리나라의 쇠고기 부위별 특징과 조리 용도는 표 4-10과 같다.

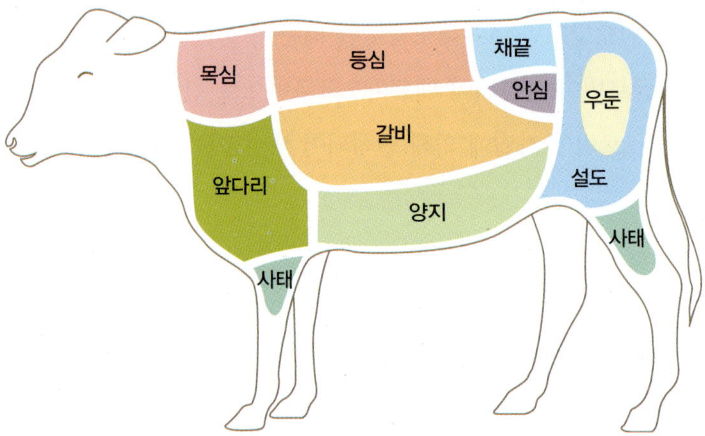

그림 4-14 | 우리나라 쇠고기의 부위별 명칭

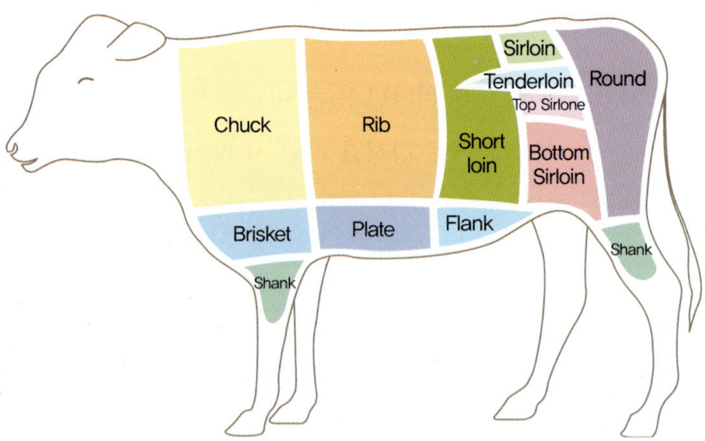

그림 4-15 | 서양식 쇠고기의 부위별 명칭

◇ 표 4-10 ㅣ **우리나라 쇠고기의 부위별 특징 및 조리 용도**

대분할 명칭	소분할 명칭	특징	조리 용도
목심	목심살	근육결이 굵고 지방이 적다. 질긴 편이다.	샤부샤부, 불고기
등심	윗등심살 꽃등심살 아래등심살 살치살	속에 대리석 무늬의 지방이 박혀 있다. 풍미가 좋으며 고기결이 가늘고 부드러워 쇠고기의 최고급 부위로 꼽힌다.	고급 스테이크, 로스구이
안심	안심살	등심 안쪽 부위로 쇠고기 가운데 가장 연하다.	고급 스테이크, 로스구이
채끝	채끝살	허리 부분의 채끝뼈를 감싸고 있는 부위. 등심보다 지방이 적고 살코기가 많다.	스테이크, 로스구이
갈비	본갈비 꽃갈비 참갈비 갈비살 마구리 토시살 안창살 제비추리	옆구리 늑골을 감싸고 있는 부위로 늑골은 양쪽으로 13대씩 있다.	구이, 찜, 탕
양지	양지머리 차돌박이 업진살 업진안살 치마양지 치마살 앞치마살	목에서 가슴에 이르는 부위. 결합조직이 많아 질긴 편이나 오래 끓이면 국물 맛이 좋다.	국거리, 분쇄육
사태	앞사태 뒷사태 뭉치사태 아롱사태 상박살	다리에 붙은 고기로 근막이 발달해 질기지만 결이 고우며 풍미가 좋다. 가장 큰 근육인 아롱사태는 육회용으로 최고이다.	육회, 탕, 찜
우둔	우둔살 홍두깨살	둥근 모양. 결이 약간 거친 편이나 근육막이 적어 육질은 연한 편이다.	산적, 육포, 불고기
설도	보섭살 설깃살 설깃머리살 도가니살 삼각살	고기질은 우둔과 비슷해 같은 용도로 많이 쓰인다.	산적, 장조림, 육포, 불고기
앞다리	꾸리살 부채살 앞다리살 갈비덧살 부채덮개살	힘줄이나 막이 많아 부분적으로 질긴 곳이 있다.	육회, 탕, 장조림

출처 : 축산물 등급판정소 www.ekape.or.kr; 김주현 외, 2012

쇠고기이력제

이 법은 소 및 쇠고기의 이력관리에 필요한 사항을 규정함으로써 방역의 효율성을 도모하고, 쇠고기의 안전성을 확보하여 소비자 이익의 보호 및 증진과 축산업 및 관련 산업의 건전한 발전에 이바지함을 목적으로 한다. 쇠고기이력제에서는 쇠고기를 다음과 같이 분류한다.

국내산 한우고기 : 한우 기준에 부합하는 쇠고기
육우고기 : 젖소 중 착유한 경험이 없는 암소, 젖소 숫소, 기타 육용 소의 고기
젖소고기 : 착유하고 있거나 착유를 위하여 사육 중인 육용 소, 젖소에서 암소로 태어난 송아지의 고기

수입산 수입 쇠고기 : 검역관이 수입 소로 인정하는 소의 고기

② 돼지고기

우리나라에서는 돼지고기를 목심, 갈비, 앞다리, 등심, 안심, 삼겹살, 뒷다리의 여섯 부위로 나눈다 그림 4-16. 돼지고기 부위별 특징과 조리 용도는 표 4-11과 같다.

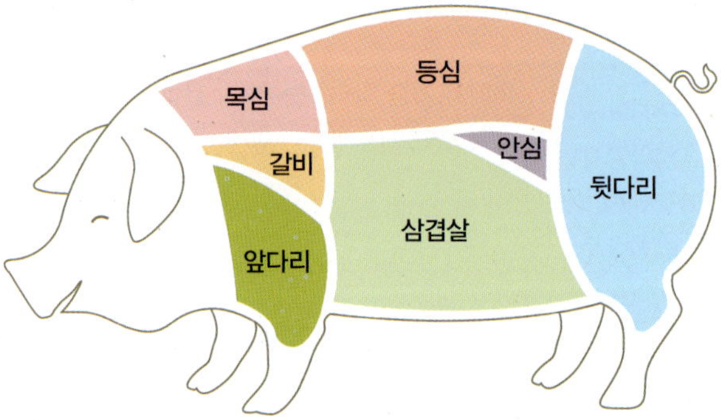

그림 4-16 | 우리나라 돼지고기 부위별 명칭

③ 닭고기

닭고기는 가슴살, 날개살, 안심, 다리살로 나눌 수 있다. 닭고기 부위별 특징과 조리 용도는 표 4-12와 같다.

표 4-11 ┃ 우리나라식 돼지고기 부위별 특징 및 조리 용도

부위별 명칭	특징	조리 용도
목심	등심에서 목쪽으로 이어지는 부위. 근육막 사이에 지방이 적당하며 풍미가 좋다.	구이
등심	표피 쪽에 두터운 지방층이 덮힌 긴 단일 근육으로 고기의 결이 고운 편이다.	폭찹, 돈가스, 스테이크
안심	허리 안쪽에 위치. 안심 주변은 약간의 지방과 밑변의 근막이 형성되어 육질은 부드럽고 연하다.	탕수육, 구이, 로스, 스테이크
갈비	옆구리 늑골 부위. 근육 내 지방이 잘 박혀 있어 풍미가 좋다.	바비큐, 불갈비, 갈비찜
앞다리	어깨 부위의 고기로서 지방이 적고 육질이 섬세하다.	불고기, 찌개, 수육(보쌈)
삼겹살	갈비를 떼어 낸 부분에서 복부까지의 납작한 부위. 근육과 지방이 삼겹의 막을 형성하여 풍미가 좋다.	구이, 베이컨
뒷다리	볼기 부위의 고기로서 살집이 두꺼우며 지방이 적은 편이다.	튀김, 불고기, 장조림

출처 : 축산물 등급판정소 www.ekape.or.kr; 김주현 외, 2012

표 4-12 ┃ 우리나라식 닭고기 부위별 특징 및 조리 용도

부위별 명칭	특징	조리 용도
가슴살	지방이 매우 적어 담백하고 근육섬유로만 되어 있다. 다이어트식이나 회복기 환자식에 적합하다.	튀김, 볶음, 조림
날개살	피부에 좋은 콜라겐 성분이 다량 들어 있다. 물에 끓이면 젤라틴 성분이 많이 나와 맛이 좋은 국물이 된다.	튀김, 볶음, 조림, 육수
안심	가슴살 안쪽의 고기로 담백하고 지방이 거의 없다.	육회, 육개장, 치킨가스
다리살	탄력이 있고 육질이 단단하고 육색이 어둡다. 지방과 단백질이 조화를 이루어 쫄깃하다.	튀김, 볶음, 조림, 구이

출처 : 축산물 등급판정소 www.ekape.or.kr; 김주현 외, 2012

2) 난류

식용 난류에는 새알, 악어알, 거북알 등이 있다. 이 중에서 새알이 가장 많이 식용되며 달걀, 메추라기알, 오리알, 칠면조알 등이 있다. 난류는 거의 완전 단백질식품이며 불포화지방, 철, 리보플라빈 등의 영양소들도 함유하고 있다. 달걀은 세계적으로 생산량이나 이용면에서 난류의 대부분을 차지한다.

(1) 달걀의 구조

달걀은 난각, 난백, 난황으로 구성되어 있다. 난각을 제거한 달걀은 난백 약 64%, 난황 약 36%로 구성되어 있다 그림 4-17.

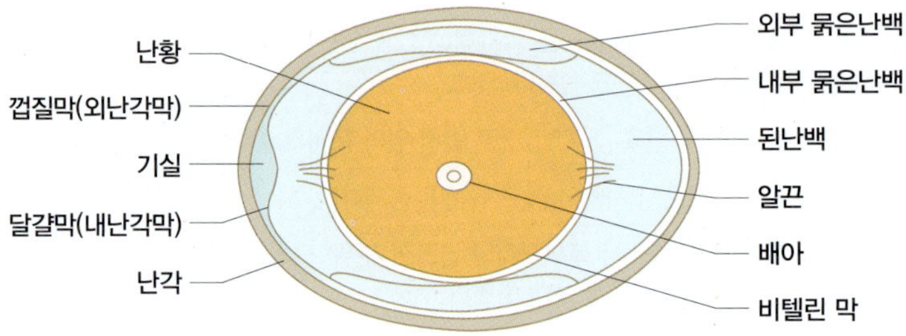

그림 4-17 | 달걀의 구조

① 난각

난각은 단백질과 탄산칼슘으로 구성되어 있다. 난각 표면에는 수많은 기공이 분포되어 있어서 이를 통해 공기의 유통과 수분 조절이 이루어진다.

신선한 달걀의 난각 표면에는 큐티클cuticle이라는 케라틴 단백질 섬유가 덮여 있어서 미생물의 침입을 막는 역할을 하므로 달걀 보관 시에는 물에 씻지 않고 보관하는 것이 좋다.

② 난각막

난각막은 난각과 난백 사이에 있는 두 겹의 막(내·외 난각막)으로 미생물이 침입하지 못하게 한다. 달걀의 저장기간이 길어지면 두 난각막 사이의 기실은 수분과 이산화탄소가 증발하여 커진다. 신선한 달걀은 3~4%의 소금물에 달걀을 담갔을 때 물 위로 뜨지 않으며 껍질이 까끌까끌하고 광택이 없는 것이다.

③ 난백

난백은 점도가 낮은 묽은난백과 점도가 높은 농후난백으로 구성되어 있다. 달걀이 신선하고 품질이 좋을수록 농후난백이 많고, 달걀의 보관 기간이 경과할수록 난백이

묽어진다. 신선한 달걀은 단단한 알끈을 가지고 있다.

④ 난황

난황은 젤라틴의 노른자막으로 싸여 알끈으로 연결되어 있다. 신선한 달걀은 난황이 중앙에 위치하고 있으며, 달걀의 보관시간이 경과할수록 난황막이 난백의 수분을 흡수하여 팽창되어서 달걀을 깨뜨렸을 때 쉽게 터진다.

(2) 달걀의 성분

달걀은 약 76%의 수분과 12%의 단백질, 8%의 지질로 구성되어 있다. 난백에는 약 88%의 수분, 10%의 단백질, 0%의 지방으로 구성되어 있으며, 난황은 약 51%의 수분, 15%의 단백질, 30%의 지질을 함유하고 있다 표 4-13.

표 4-13 | 난류의 일반 조성

(가식부 100 g 기준)

종류	에너지(kcal)	수분(g)	단백질(g)	지질(g)	회분(g)	탄수화물(g)	총식이섬유(g)
전란	138	75.9	12.44	7.37	0.88	3.41	-
난백	51	87.5	10.87	0.02	0.58	1.03	0
난황	318	50.9	14.70	23.45	1.63	9.32	-

종류	칼슘 (mg)	철 (mg)	인 (mg)	레티놀 (μg)	비타민 B_1(mg)	비타민 B_6(mg)	니아신 (mg)	비타민 C (mg)
전란	52	1.80	191	136	0.078	-	-	0
난백	5	0	11	0	0	-	-	0
난황	151	5.24	508	431	0.220	-	-	0

- 표시는 수치가 애매하거나 측정되지 않음

출처 : 농촌진흥청 국립농업과학원, 2016

① 난백단백질

난백은 40여 종의 단백질로 이루어져 있으며 구성단백질들은 난백의 기포성에 중요한 역할을 한다. 난백단백질로는 오브알부민, 콘알부민, 오보뮤코이드, 오보뮤신, 리소자임, 오보글로불린 등이 있으며 대부분 당과 결합한 당단백질glycoprotein이다 표 4-14.

표 4-14 | 난백 단백질의 종류와 특성

종류	특성
오브알부민ovalbumin	•난백단백질의 54% 차지(주요 난백 단백질) •열에 의해 응고 •산성에서 백색 침전 형성(등전점 pH 4.6~4.8) •교반에 의해 쉽게 변성하여 공기방울 표면에 막 형성(거품의 안정화) •너무 교반하면 오히려 거품이 약화됨
콘알부민conalbumin	•난백단백질의 12% 차지 •열에 의해 쉽게 응고(55~60℃) •구리(Cu^{2+}) 등의 금속이온과 결합하여 표면 변성에 안정해짐
오보뮤코이드ovomucoid	•난백단백질의 11% 차지. 소의 트립신 억제제 •열에 의해 응고되지 않음 •산성에서 백색 침전 형성(등전점 pH 4.1) •난백의 높은 점도viscosity에 기여. 낮은 온도에서 점도 증가
오보뮤신ovomucin	•난백단백질의 1.5~3.5% 차지 •열에 안정 •등전점 pH 4.5~5.0 •난백의 높은 점도에 기여. 된난백에 묽은 난백의 4배 존재 •섬유상 구조. 난백의 기포 안정성에 기여
리소자임lysozyme	•오보글로불린 G_1 •난백단백질의 3.4% 차지 •등전점 pH 10.7
오보글로불린ovoglobulon G_2, G_3	•난백단백질의 8% 차지 •등전점 pH 5.5~5.8 •거품 형성에 중요한 역할

② 난황단백질

난황단백질로는 수용성인 리베틴livetin과 리포비텔린lipovitellin, 리포비텔리닌lipo-vitellinin, 포스비틴phosvitin, 리베틴livetin 등의 지단백질lipoprotein이다.

③ 지질

달걀의 지질의 대부분은 난황에 존재하며 중성지방 66%, 인지질 28%, 콜레스테롤 5% 등으로 구성된다. 난황 무게의 약 30%를 지질이 차지하며, 대표적 난황 인지질인 레시틴lecithin은 난황단백질과 결합하여 지단백질의 형태로 존재한다. 레시틴은 친수기와 소수기를 함께 가지고 있으므로 난황은 음식 조리 시 좋은 유화제이다.

④ 탄수화물

달걀의 탄수화물은 매우 소량 함유되어 있어서 저탄수화물 식사에 많이 이용할 수 있다. 달걀의 탄수화물은 유리 상태로 존재하거나 단백질과 결합 상태로 존재한다.

⑤ 무기질 및 비타민

달걀의 난황에는 칼슘, 인, 코발트, 셀레늄, 철 등의 무기질과 비타민 A, D, K, 엽산 등의 비타민이 많이 함유되어 있으며, 비타민 D의 중요한 급원식품이 된다. 난백에는 황, 칼륨, 마그네슘 등의 무기질과 비타민 K, 니아신 등의 비타민이 많이 함유되어 있다.

달걀의 가열에 의한 난황의 녹변은 난백의 황 성분이 가열에 의해 황화수소가 되고, 이 황화수소가 난황의 철을 만나 황화제1철을 형성하여서 나타나는 현상이다 그림 4-18.

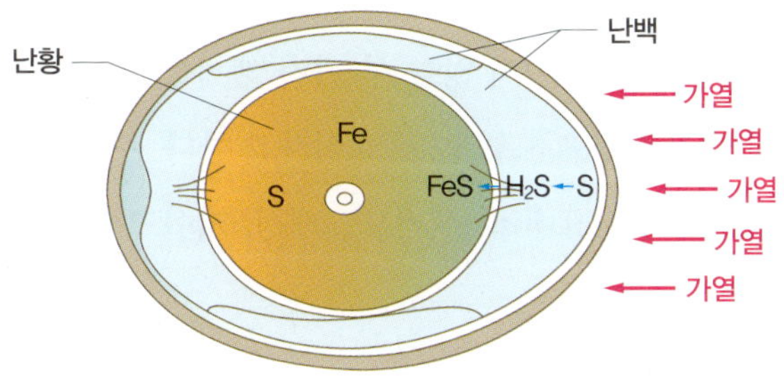

그림 4-18 ㅣ 가열에 의한 난황의 녹변

(3) 달걀의 기능적 특성

① 열응고성

달걀은 가열에 의해 단백질이 변성하여 응고된다. 난백은 60℃에서 응고되기 시작하여 62~65℃에서 유동성을 상실하고, 70℃에서는 부드럽게 응고되며, 80℃ 이상에서는 단단하게 응고된다. 난황은 65℃에서 응고되기 시작하여 70℃에서는 반숙 상태로 응고되고, 그 이상은 단단하게 응고된다.

달걀의 열응고성은 식염, 당, 산, 알칼리 등의 영향을 받는다. 달걀찜에 식염을 첨가하면 응고가 촉진되며, 달걀을 물로 희석하면 염류의 농도가 낮아져서 응고성이 감소되어 질감이 부드러워진다. 수란을 만들 때 물에 식초를 첨가하면 응고가 쉽게 되어 모양이 흐트러지지 않는다. 이와 같이 산은 달걀이 응고가 되는 온도를 낮추고 당은 응고온도를 상승시킨다.

② 기포성

난백을 강하게 저으면 난백단백질은 교반에 의해 변성하여 기포 표면막이 두껍고 탄력성이 있는 안정한 거품을 만든다. 기포는 식품의 질감을 가볍게 하고 식품을 부풀게 한다. 난백단백질 중 오보글로불린, 콘알부민의 기포성은 강하며, 기포성에 영향을 주는 요인으로는 단백질의 함량, 공기 유입 정도, 온도, 점도, pH, 달걀의 신선도, 첨가물 등이 있다.

③ 유화성

난황에는 물과 기름과 같이, 섞이지 않는 두 가지 액체를 안정하게 섞이게 하는 기능이 있는데, 이를 난황의 유화성emulsifying effect이라고 한다. 주로 인지질인 레시틴이 유화성에 중요한 역할을 하며 마요네즈, 샐러드드레싱, 케이크 반죽 등을 만들 때 이용된다.

(4) 달걀의 신선도 판정법

① 외관검사

달걀의 껍질이 까끌까끌하면서 광택이 없으며 흔들어서 흔들리는 느낌이 없으면 신선한 달걀이다.

② 비중법

식염수로 달걀의 신선도를 판정하는 방법이다. 신선란의 비중은 1.08~1.09이므로 달걀을 10% 식염수에 넣었을 때 가라앉으며, 보관날짜가 지날수록 달걀의 비중은 감소하여 위로 떠오른다 그림 4-19.

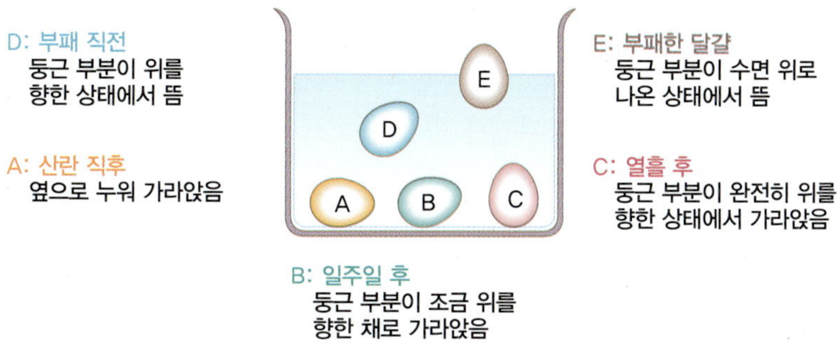

그림 4-19 | 식염수로 달걀의 신선도를 판정하는 방법(비중법)

③ 투시검사

투광기를 사용하여 기실의 크기, 노른자의 위치, 난백 및 난황의 상태, 껍질의 균열 여부 등을 조사하는 방법이다. 달걀이 오래되면 알끈이 약화되어 난황이 한쪽으로 치우치게 되며, 기실이 커지게 된다.

④ 할란검사

달걀을 깨서 평평한 유리판 위에 놓고 난백의 수양화 정도, 난황의 위치, 색, 투명도, 난백과 난황계수 등을 검사하여 품질을 판정하는 방법이다. 신선란의 난황계수는 0.36~0.44, 난백계수는 0.14~0.17, 호우단위는 56~90이며, 계산된 수치가 낮을수록 신선도가 떨어진다.

- 난황계수yolk index = 난황의 높이 / 난황의 직경
- 난백계수albumen index = 난백의 높이 / 난백의 직경
- 호우단위haugh units = $100 \times \log(H + 7.57 - 1.7W^{0.37})$ [H : 난백 높이(mm), W : 달걀 무게(g)]

3) 어패류

육류와 마찬가지로 어패류는 단백질뿐만 아니라 비타민 B군, 다양한 무기질의 훌륭한 급원식품이다. 생선은 몸에 이롭다는 믿음으로 해산물 소비는 지속적으로 증가하며 있으며, 특히 생선기름군의 불포화지방산 비율이 육류에 비하여 높아 건강에 크게

기여한다는 많은 증거가 있다. 그러나 다른 한편으로는 어패류는 우리가 먹는 음식들 중에서 박테리아와 바이러스부터 기생충, 오염물질, 독소에 이르는 즉각적 건강상의 위험요소들을 안고 있으므로 유통과정에 특히 주의를 기울여야 한다. 어패류의 소비량을 감당하기 위한 대안으로 양식의 비중이 점점 커지고 있다. 오늘날 미국에서 판매되는 모든 무지개송어와 거의 모든 메기는 지상에 건설된 저수지나 수조에서 기르고 있으며, 세계에서 소비되는 연어의 1/3 이상이 유럽과 북미 및 남미에서 길러지고 있다. 또한 전 세계 새우 어획량의 1/3 정도가 주로 아시아에서 길러지고 있으며, 전 세계적으로 약 70종가량의 물고기가 양식되고 있는 실정이다.

(1) 어패류의 분류

어패류는 생선과 부드러운 연체류 및 딱딱한 껍질을 가진 조개류와 갑각류 등으로 분류된다 표 4-15. 생선과 조개·갑각류는 많은 공통점이 있지만 구조는 전혀 다르다. 물고기는 척추동물로 등뼈가 있으며, 조개·갑각류는 뼈가 없는 무척추동물이다. 근육과 기관의 구조도 다르며 따라서 질감도 매우 다른 특징을 보인다.

표 4-15 | 상업적 규모로 양식되고 있는 어패류

분류	종류
담수어	잉어, 틸라피아메기, 송어(무지개송어), 나일농어, 장어, 줄무늬농어
해수어	연어, 농어, 철갑상어, 송어(스틸헤드송어), 곤들매기, 넙치, 마히마히, 챠노스, 방어, 부시리, 도미, 복어, 참치
연체동물	전복, 홍합, 굴, 대합, 가리비
갑각류	새우, 가재

① 어류

어류는 서식하는 물의 종류에 따라 해수어와 담수어로 구분하며, 종류, 계절, 성별 등에 따라 화학적 조성 차이가 있으며 어육의 맛도 다르다 표 4-16. 해수어는 붉은살생선(꽁치, 정어리, 고등어 등)과 흰살생선(가자미, 대구, 광어 등)으로 분류하며 표 4-17, 지방 함량이 5% 이상인 붉은살생선은 바다 표면 가까운 곳에서 활동하고 운동량이 많아 산

◇ **표 4-16** | **서식장소에 따른 분류**

분류	종류
해수어(바다물고기)	고등어, 갈치, 가자미, 꽁치, 다랑어, 가오리, 대구, 도미, 농어, 멸치, 명태, 민어, 방어, 복어, 삼치, 숭어, 아귀, 연어, 임연수어, 전어, 준치, 홍어, 취치, 청어 등
담수어(민물고기)	잉어, 붕어, 뱀장어, 빙어, 메기, 미꾸라지, 가물치, 쏘가리, 은어, 피라미 등

◇ **표 4-17** | **해수어의 분류**

분류	특징	종류
붉은살생선	•지질 함량 5~20% •육색이 갈색, 노란색, 분홍색, 회색 •운동량이 많음 •바다 표면 가까이 서식 •사후강직 시간 짧음 •단기간에 상하기 쉬움	정어리, 고등어, 참치, 꽁치 등
흰살생선	•지질 함량 5% 미만 •육색이 흰색 •운동량이 적음 •바다 깊은 곳에 서식 •사후강직 시간 길 •선도 유지기간 길	조기, 광어, 가자미, 대구 등

정어리

가자미

대구

임연수어

소 공급량이 많기 때문에 미오글로빈의 양이 많다. 흰살생선은 지방 함량이 2% 이하로 수온이 낮고 주로 물이 맑고 깊은 바다에 서식하며 운동량이 적은 편이다.

어류는 머리, 몸통, 꼬리의 세 부분으로 구성되어 있으며, 가식부는 주로 근육으로 등뼈의 양쪽에 붙어 있다. 특히 등쪽과 배쪽 고기의 경계 부위에 있는 어두운 적색의 부분을 혈합육dark meat이라고 한다. 흰살생선에는 혈합육이 체표면에만 얇게 분포되어 있으며, 붉은살생선에는 많이 포함되어 있다. 혈합육은 백색육에 비하여 수분, 총 질소, 비단백태질소가 적은 반면 지질의 함량이 높은 편이다.

바지락

굴

② 패류, 갑각류 및 연체동물

패류(조개류)에는 바지락, 대합, 꼬막, 굴, 홍합, 재첩, 모시조개, 전복, 소라, 올갱이 등이 있으며, 갑각류에는 게, 새우, 가재 등이 속한다. 연체동물로는 문어, 오징어, 꼴뚜기, 낙지, 한치, 주꾸미, 해삼, 멍게, 미더덕 등이 있다.

전복

게

(2) 어패류의 성분 조성

어패류의 성분 조성은 종류, 어종, 부위, 계절, 연령 등에 따라 많은 차이가 있지만 일반적으로 수분 70~80%, 단백질 15~20%, 지방질 1~10%, 탄수화물 0.1~1%, 무기질 1~2% 정도 함유하고 있다 표 4-18.

① 수분

어패류는 수조육류보다 수분을 많이 함유하고 있어 어류의 경우 75% 정도이며, 연체동물(오징어, 낙지, 문어 등), 갑각류(새우, 게 등) 및 패류(굴, 바지락 등)는 85% 정도의 수분을 함유하고 있다.

② 단백질

어류는 육류 단백질에 비하여 근원섬유단백질의 함량이 높고 결합조직단백질의 함량이 낮아 연하고 부드러우며 소화가 잘된다. 결합조직층들은 등뼈에서 껍질로 이어져 있는 콜라겐 섬유로 된 느슨한 그물망 구조를 이루고 있어, 육류의 콜라겐은 끓는

표 4-18 | 어패류의 일반 성분 조성

(가식부 100 g 기준)

종류	에너지 (kcal)	수분 (g)	단백질 (g)	지질 (g)	탄수화물 (g)	칼슘 (mg)	인 (mg)	칼륨 (mg)	나트륨 (mg)	니아신 (mg)
고등어	210	64.8	21.06	13.34	0	12	290	329	25	2.3
갈치	147	72.7	18.5	7.5	0.1	46	191	260	100	2.1
명태	81	80.3	17.5	0.7	0	109	202	293	132	2.3
연어	106	75.8	20.6	1.9	0.2	24	243	330	95	7.5
꼬막	63	82.9	12.6	0.3	1.6	83	136	-	-	3.4
전복	90	77.2	15.0	0.7	5.1	49	141	-	-	3.5
굴	81	80.3	9.66	2.19	5.27	428	159	322	480	-
바지락	73	80.4	12.27	0.93	3.20	70	129	121	383	-
오징어	94	78.3	18.84	1.44	0.16	11	270	351	199	-
낙지	59	82.3	12.99	0.43	-	26	166	237	479	-
주꾸미	53	86.8	10.8	0.5	0.5	19	129	-	-	1.6

- 표시는 수치가 애매하거나 측정되지 않음

출처 : 농촌진흥청 국립농업과학원, 2016

점 가까이에서 상당시간 가열해야만 젤라틴으로 용해되지만 어류 콜라겐은 50~55℃에서 용해된다. 어류 단백질의 대부분은 약 75%를 차지하는 근원섬유단백질인 액틴과 미오신이 차지하고 있으며, 이들 단백질은 염용성 단백질로 약 2~6%의 소금물에서 용출되어 서로 결합하여 액토미오신을 형성한 후 굳어져 겔을 형성하여 어묵의 제조가 가능하게 한다. 그 외에 단백질분해효소 등을 구성하는 근장단백질이 있다. 어패류는 필수아미노산이 풍부한데, 특히 라이신이 많아 곡류와 함께 먹으면 영양적으로 상호 보완효과가 있다. 일반적으로 어류의 단백질은 약 17~25%, 패류는 7~10%, 낙지와 오징어는 11~20% 함유하고 있다.

③ 지질

어류는 육류에 비하여 대체적으로 생육환경의 온도가 낮으며, 생육온도가 낮은 환경일수록 이곳에서 적응하기 위하여 액상을 유지하는 고도로 불포화된 지방산의 함량이 높은 편이다. 어류의 근육에서 지방의 비중은 대구를 비롯한 흰살생선의 경우 약 0.5%, 청어는 약 20% 정도로 큰 편차를 보이고 있으며, 주로 껍질 아래에 독립된 층과 결합조직 막에 주로 분포하고 있다. 전체적으로는 복부 부위에 가장 많고, 근육 부위 내에서는 등과 꼬리 쪽으로 갈수록 지방이 적다. 세부적으로는 어류의 종류, 연령, 성별, 산란기와 부위 등에 따라 지방 함량이 다르며, 대부분 중성지방이다. 불포화지방산의 함량이 높아 대부분 상온에서 액체 상태인 어유는 포화지방산은 팔미트산이 대부분이고, 불포화지방산은 올레산, 리놀레산, 리놀렌산 및 다량의 아라키돈산 등으로 구성되어 있다. 특히 등푸른생선(고등어, 꽁치, 정어리, 참치 등)에는 고도 불포화지방산인 에이코사펜타엔산EPA과 도코사헥사엔산DHA이 많아 심근경색, 고혈압, 동맥경화 등에 예방효과가 있으나, 가공 또는 저장하는 동안에 산화되기 쉬우므로 취급 시 유의해야 한다.

어패류의 지질 함량에 따른 분류는 **표 4-19**와 같다.

④ 탄수화물

어육은 소량의 글리코겐(약 0.2~1.0%)을 함유하고 있으나 포획된 직후부터 분해되기 시작하여 판매될 때는 거의 존재하지 않는다. 상대적으로 조개류의 글리코겐 함량은 3~5%로 높아 효소작용에 의해 포도당으로 전환되어 단맛에 기여한다. 또한 어패

◇ 표 4-19 | 지질 함량에 따른 분류

지방 함량	종류
저지방 어류(0.5~3%)	대구, 도다리, 큰넙치, 아귀, 볼락, 홍어, 도미, 참치(꽃도미 옐로핀, 가다랑어), 넙치
중지방 어류(3~7%)	멸치, 게르치, 메기, 연어(핑크, 은연어), 상어, 스멜트(방어의 일종), 가자미(도버), 줄무늬농어 9잡종), 철갑상어, 황새치, 틸라피아, 송어, 참치(블루핀, 앨버코어), 화이트피시
고지방 어류(8~20%)	북극민물송어arctic char, 잉어, 칠레바다농어(파카고니아 투스피시), 장어, 청어, 고등어, 전갱이, 은대구, 연어(대서양연어, 왕연어, 붉은연어), 샤드(청어의 일종)

류, 특히 조개류의 근육에는 호박산succinic acid이 함유되어 있어 감칠맛을 제공한다.

⑤ 무기질과 비타민

어패류의 무기질은 약 1~2% 정도로 나트륨, 칼륨, 마그네슘 및 인이 많고, 칼슘, 알루미늄, 철, 구리 등도 들어 있다. 해수어의 경우 요오드와 인의 함량이 높으나 철의 함량은 비교적 낮으며, 조개류는 어류에 비하여 상대적으로 철, 구리, 칼슘이 많다. 지용성 비타민인 비타민 A와 D는 크고 산란기에 가까울수록 많으며, 비타민 B군은 수조육류보다 적게 함유되어 있다.

(3) 맛 성분

해산물은 육류나 담수어에 비해 맛이 풍부한데, 이는 바다생물들이 바닷물 염도와 균형을 잡기 위해 아미노산을 축적하기 때문이다. 바닷물고기는 소고기에 비하여 유리아미노산 함량이 3~10배에 이르며, 특히 단맛이 나는 글라이신과 감칠맛을 주는 글루탐산염이 많다. 특히 조개, 갑각류, 상어, 가오리, 청어과와 고등어과 물고기 등에 풍부하다. 그 외에 간접적으로 맛에 영향을 주는 성분에는 ATP의 분해산물 중 하나인 이노신산 1인산IMP이 글루탐산염과 비슷한 감칠맛에 기여한다. 하지만 IMP는 생선이 죽은 뒤 일시적으로 증가하다가 소멸된다.

어패류의 맛에 기여하는 추출물은 일반적으로 어육에는 2~5%, 연체동물은 5~7%, 갑각류는 10~12% 정도이다 표 4-20.

- 유리아미노산 : 오징어, 낙지 등의 연체동물과 새우, 게 등의 갑각류는 유리아미노산 함량이 높다. 특히 글라이신, 알라닌, 프롤린, 아르기닌, 글루탐산 등의 함량이

◇ 표 4-20 | 어패류의 맛 화합물

종류	아미노산 (단맛, 감칠맛)	소금 (염분)	IMP (감칠맛)	TMA (비린내)	브로모페놀 (갯내)	암모니아	제오스민, 보르네올 (진흙 냄새)
육지동물	+	+	+	-	-	-	-
담수어	+	+	+	-	-	-	+
해수어	+++	+	+++	+++	+	-	-
상어, 가오리	+++	++	++	+++	+	+++	-
연체동물	+++	+++	+	++	+	-	-
갑각류	++++	+++	+	+	+	-	-

높으며, 비단백아미노산인 타우린도 함유되어 있다.

- 베타인betaine : 대사산물인 베타인은 단맛과 구수한 맛을 주며, 연체동물과 갑각류의 조직에 많다. 어육의 경우 0.1%로 낮지만, 오징어와 낙지, 새우에는 많으며, 특히 새우류 추출물의 경우 5~11% 정도 함유되어 있다.
- 뉴클레오티드 : 어육의 뉴클레오티드는 약 90% 이상이 ATP가 주된 형태인 아데닌 뉴클레오티드이다. ATP는 에너지로 쓰이고 나면 작은 분자들로 변형되는데, 이 중 하나가 IMP로 구수한 맛에 기여한다. 또 다른 분해산물인 하이포잔틴hypoxanthine은 쓴맛을 낸다. 글루탐산과 함께 AMP, IMP, 이노신inosine이 존재하면 감칠맛이 상승한다.

(4) 냄새 성분

어류의 비린내는 생선의 종류와 선도에 따라 다르다. 어류가 신선할 때 해수어는 비린내가 약하지만 담수어는 상내적으로 강하다. 해수어의 비린내는 약간의 단맛을 가지며, 생체 내에서 암모니아의 해독물질 또는 요소와 함께 삼투압 조절물질로 작용하는 트리메틸아민옥시드trymethyl amine oxide, TMAO가 환원세균이나 글루타티온glutathione에 의해 쉽게 환원되어 트리메틸아민trymethyl amine, TMA으로 전환, 발생한다. 홍어, 가오리, 상어 등은 체내에 다량 함유되어 있는 요소가 분해되어 암모니아를 생성하여 냄새를 발생시킨다. 반면에 담수어는 라이신lysine에서 생성된 피페리딘piperidine과 아세트알데하이드acetaldehyde가 축합되어 비린내의 원인인 아미노발레르알데하이드aminovaler aldehyde와 썩은 냄새의 원인인 아미노발레르산aminovaleric acid이 생성된다.

(5) 색소 성분

대부분의 날생선 근육은 흰색 또는 황백색이며, 빛을 산란시키는 결합조직과 지방세포들로 둘러싸여 약간 반투명해 보인다. 반투명한 물고기 근육을 가열하면 열에 의해 변성된 근육단백질들이 서로 결합하여 빛을 산란시키는 큰 덩어리를 형성하여 불투명하게 된다.

참치의 살은 산소 저장색소인 미오글로빈 때문으로 선도가 떨어지면 쉽게 산화되어 갈색의 메트미오글로빈이 된다. 미오글로빈은 -30℃까지 산화되므로 색 보존을 위해서는 더 낮은 온도에서 보관해야 한다. 연어의 독특한 색은 카로틴색소인 아스타잔틴astaxanthin에 기인하며, 이는 연어들이 즐겨먹는 작은 갑각류(새우 등)에서 온 것이다. 양식 연어와 송어는 야생갑각류를 먹을 기회가 없기 때문에 인공사료에 이것을 타지 않는 한 색이 연할 수밖에 없다. 따라서 갑각류 껍질에서 얻은 부산물이나 산업적으로 칸타잔틴을 생산하여 사료에 섞어 사용한다.

어류의 표피나 오징어의 먹물에 멜라닌이 존재하며, 오징어와 낙지의 표피색소는 오모크롬ommochrome이 있다. 살아 있는 오징어의 표피에는 갈색의 색소포가 존재하지만 죽으면 색소포가 수축되어 흰색이 되고, 선도가 떨어지면 체액이 약알칼리성으로 변하여 오모크롬이 붉게 변한다. 갈치는 구아닌과 요산이 섞인 침전물이 빛을 반사하여 은색을 띤다.

(6) 건강상의 위험요소

생선과 조개·갑각류를 오염시키는 위험물질들은 대체로 세 가지 종류가 있다. 산업독소, 생물학적 독소, 그리고 질병 유발 미생물 및 기생충이 그것이다.

공기 중의 화학오염물질들이 강과 바다로 흘러들어가 결국 어패류의 몸속에 축적될 수 있다. 이들 위험물질 가운데 가장 중요한 것은 중금속, 다이옥신 및 폴리염화비페닐PCB이다. 화학 독소들은 익혀도 제거되지 않아 위험성이 크다고 할 수 있으므로 조심하여야 하며, 미생물로 인한 식중독도 조심하여야 한다. 일반적으로 해산물은 60℃까지 익히면 박테리아와 기생충 감염은 방지할 수 있으나, 일부 바이러스는 82℃ 이상으로 익혀야 제거될 수 있다.

한편으로 동물 자체가 가지고 있는 자연독에 의한 식중독도 조심하여야 하는데, 잘 알려진 어류 독으로는 복어의 테트로도톡신tetrodotoxin, 조개류의 삭시톡신saxitoxin 등이 있다. 우리가 어류를 먹다보면 어류 기생충이 발견되는 경우도 있어 조심하여야 하며 가능한 익혀 먹도록 한다.

(7) 어패류의 사후경직

어패류는 사후 산소의 공급이 중단되면 해당과정glycolysis에 의해 글리코겐이 분해되어 젖산이 생성되고, pH가 낮아져 사후경직이 일어난다. 사후경직은 근섬유가 다른 근섬유들이나 결합조직 막에서 분리되기 시작하는 몇 시간 또는 며칠 후에야 풀리기 때문에 사후경직에 들어가기 전에 조리해서 먹는 물고기가 사후경직을 거친 물고기보다 쫄깃쫄깃한 질감을 갖는다. 사후경직이 발생하는 시간은 어종에 따라 다른데, 일반적으로 운동량이 많은 어종이 운동량이 적은 어종에 비하여 사후경직이 빨리 시작된다. 어류의 사후경직은 죽은 뒤 1~7시간 내에 시작되어 5~22시간 정도 지속된다. 어류를 사후경직 후에도 방치하면 근육조직 중의 효소에 의해 단백질이 분해되는 자기소화autolysis가 진행되는데 수조육류와는 달리 풍미가 감소하는 경우가 많다. 대부분의 물고기는 포획한 직후 사후경직이 발생하기 전에 곧바로 얼음으로 덮어 아이싱하면 사후경직을 지연시켜 질감과 맛이 떨어지는 것을 늦출 수 있다.

4) 우유류

우유는 인류가 섭취하는 대부분의 음식들과 달리 오랫동안 완전하고 기초적인 영양분을 제공하는 음식으로서 이용되고 있다. 우유는 기본적으로 삶을 시작하는 새끼들의 유일한 음식으로서 성장하는 데 필수적인 영양분, 특히 단백질, 지방, 비타민, 칼슘, 당 등이 풍부하게 함유되어 있다. 우유 이외의 거의 모든 동물들의 젖에는 영양소들의 비율이 다를 뿐 유사한 영양소가 함유되어 있다. 일반적으로 빠르게 성장하는 동물들의 경우 단백질과 무기질 비중이 상대적으로 높은 편이지만, 반추동물의 젖은 주요 영양소 가운데 철과 비타민 C의 비중이 심각하게 낮다.

동물의 종류별 젖의 주요 성분 조성은 표 4-21과 같다.

◇ 표 4-21 ㅣ 동물의 종류별 젖의 주요 성분 조성

(단위 : %)

동물 \ 조성	수분	단백질	지질	무기질	유당
사람	88	1.1	4.0	0.2	6.8
소(홀스타인)	87	3.4	3.7	0.7	4.8
물소	83	3.8	6.9	0.8	5.1
야크	82	5.8	6.5	0.8	4.6
염소	88	3.4	4.0	0.8	4.5
양	80	6.0	7.5	1.0	4.8
낙타	87	3.9	2.9	0.8	5.4
순록	68	11	17	1.5	2.8
말	90	2.0	1.2	0.3	6.3
긴수염고래	43	12	42	1.4	1.3

(1) 우유의 성상과 성분 조성

① 성상

우유는 카세인 입자와 지방구가 콜로이드 용액으로 분산된 것이 빛에 의해 반사되어 형성되는 유백색의 불투명한 액체로서 유백색 이외의 황색은 카르티노이드 색소에 기인한다. 원유에서 지방을 분리한 것을 크림cream, 나머지를 탈지유skim milk라고 하며, 크림을 분리하지 않은 것을 전유whole milk라고 한다. 지방을 분리한 크림으로는 버터butter를 만들 수 있으며, 버터 제조과정 중에 부산물로 버터밀크butter milk 또는 유청milk plasma이 분리된다. 또한 전유 또는 탈지유에 효소나 산을 처리하여 커드를 형성시

켜 치즈를 제조하며, 치즈 제조과정 중에 커드를 분리하고 남은 유청milk serum 또는 훼이whey가 생성된다. 우유의 구성성분들을 요약하여 그림 4-20에 나타내었다.

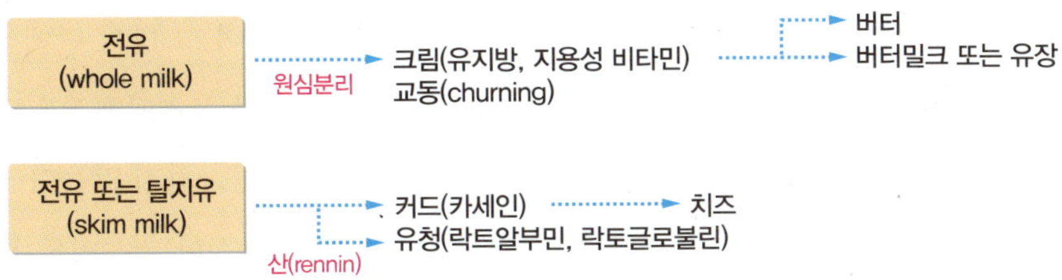

그림 4-20 ㅣ 우유의 구성 성분들의 분류

② 성분 조성

우유의 성분 중에서 가장 많은 것은 수분으로 87~88%이며, 총 고형분 함량은 12~13%이다. 고형분 중에서 지방은 3~4%, 단백질 3~4%, 유당 4~5% 및 무기질 1% 정도를 차지하고 있으며, 그림 4-21에 요약하여 나타내었다.

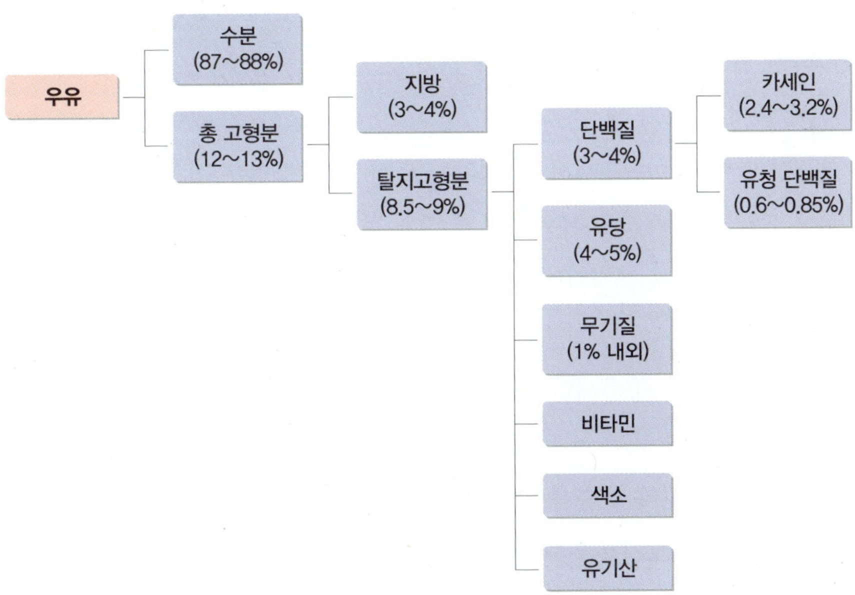

그림 4-21 ㅣ 우유의 성분 조성

가. 단백질

우유의 단백질은 성장에 필요한 적절한 양의 필수아미노산을 함유하고 있는 완전단백질이다. 우유단백질은 산에 대한 반응으로 구분할 수 있는데, 카세인casein이라 부르는 커드 단백질들은 산성에서 응고되어 단단한 덩어리를 형성하며 그 밖의 단백질들은 모두 유청단백질로 산성액 상태에서도 침전되지 않는다. 카세인과 유청단백질은 약 4:1의 비율로 둘 다 열에 강한 성질을 보여 보통의 조리온도에서는 응고하지 않는다.

- 카세인 : 카세인casein은 칼슘과 인이 결합된 복합체로서 안정한 콜로이드 형태를 나타내며, 우유 단백질의 약 80%를 차지하고 있다. 카세인계열 단백질에는 네 가지 종류가 미셀micelle이라 부르는 미세한 크기의 구조로 뭉쳐서 존재한다. 카세인 미셀 하나에는 수천 개의 단백질 분자가 들어 있으며, 지방 입자의 약 1/50 크기로 대략 100 nm 정도이다. 대부분의 칼슘이 카세인 미셀 안에 존재하여 단백질 분자들을 결속시키는 역할을 수행한다. 카세인 미셀들은 pH 5.5까지 산성화되면 외부에 노출된 카세인의 음전하가 중화되어 미셀들이 더 이상 서로 반발력에 의해 멀어지지 않게 되어 느슨한 덩어리로 뭉쳐지며, 접착제 역할을 하는 칼슘도 용해되어 개별 단백질들로 흩어진다. pH가 4.6 정도로 더욱 낮아지면 흩어졌던 카세인 단백질들이 음전하를 잃고 다시 서로 달라붙어 연속적인 미세한 망상구조물을 형성하여 우유가 굳게 되어 커드가 생성된다.

  카세인 단백질이 우유에서 분리되는 또 한 가지 방법은 치즈 제조 시 사용되는 응유효소인 레닌rennin을 이용하는 것이다. 즉, 교질 현탁액으로 존재하는 카파-카세인이 레닌에 의해 분리되면 안정성이 없는 파라-카세인으로 전환되어 응고물인 커드를 형성한다.

- 유청단백질 : 네 가지 카세인 단백질(α-, β-, κ-, γ-)을 제외한 나머지 모든 유단백질을 말하며, 가장 많은 비율로 락토글로불린lactoglobulin(약 80%)이 있다. 카세인 단백질은 아미노산과 칼슘을 공급하는 반면에, 유청단백질은 방어단백질, 다른 영양소에 결합하여 그것들을 운반하는 단백질, 효소들이 포함된다. 락토글로불린은 열을 가하면 쉽게 성질이 변하며 약 78℃에서 변성이 일어나지만, pH 4.6의 산성에서 침전되지 않는다. 락토글로불린이 변성되어 안에 들어 있는 황 원자들이 주

변 액체에 노출되면 수소이온과 반응하여 황화수소 가스를 생성하여 익힌 우유의 독특한 맛에 기여한다. 우유를 끓이면 변성되어 풀린 구조를 갖는 락토글로불린은 흩어져 있는 카세인 미셀의 표면 카세인에 달라 붙어 응고되지 않지만, 산성에서 변성되면 작은 덩어리로 응고되어 리코타치즈와 같은 유청치즈를 만들 수 있다. 이외에 유청단백질로 락트알부민lactalbumin이 있으며, 락토글로불린과 마찬가지로 산성에서 응고하지 않는다. 미량으로 면역글로불린immunoglobulin, 라이소자임lysozyme, 혈청알부민serum albumin 등이 있다.

나. 지질

우유의 지질은 3~4% 정도로 풍미나 입안의 촉감, 우유의 안정성 등에 관여하며, 지방구의 형태로 분산되어 수중유적형의 에멀전emulsion을 형성한다. 유지방은 대부분 중성지질로 지방산의 60~70%가 포화지방산으로 구성되어 있으며, 탄소수 4~10개의 저급지방산과 중급지방산이 비교적 많아 소화·흡수가 잘 되지만, 리파아제lipase의 작용으로 유리지방산이 생성되면 이취, 즉 저급지방산의 불쾌한 냄새를 일으켜 품질을 저하시키는 원인이 된다. 인지질은 레시틴lecithin과 세팔린cephalin으로 지방구의 피막을 형성하지만, 가공할 때 레시틴 분자 중의 콜린choline이 산화되어 트리메틸아민trimethylamin을 생성하여 산화 변패를 일으키는 원인이기도 하다.

다. 탄수화물

우유에 함유되어 있는 주요 당질은 유당lactose으로 약 4~5% 함유(모유 5~8%)되어 있으며, 미량으로 포도당과 갈락토스가 들어 있다. 우유의 독특한 단맛은 상대감미도가 약 30인 유당에 기인하며, 유산균의 증식을 왕성하게 하여 정장작용을 하는 중요한 성분이다. 유아기가 지나면 거의 우유를 먹지 않는 동양인이나 아프리카의 흑인에게는 장내에서 유당분해효소가 후천적으로 퇴화되어 유당을 소화시키지 못하고 복통이나 설사를 일으키는 유당불내증lactose intolerance과 유당이 전혀 분해되지 않고 소변으로 배출되는 유당뇨증lactourea 등을 일으키는 원인이 된다.

라. 무기질

우유에 존재하는 주요 무기질은 칼슘이며, 이외에 칼륨, 인, 염소, 나트륨, 마그네슘 등도 많으나 철과 구리는 부족하다. 뿐만 아니라 칼슘에 대한 인의 몰비율이 거의 1:1로 체내 이용률이 뛰어나다.

마. 비타민

우유의 비타민은 분산된 지방구들에 용해되어 있는 지용성 비타민 A, D, E, K와 유청 중에 용해되어 있는 수용성 비타민 B복합체와 비타민 C 등이 있다. 특히 비타민 A는 카로틴carotene의 형태로 우유의 색에 영향을 주며, 사료 중의 카로틴 함량에 따라 영향을 많이 받는다. 비타민 B_2(리보플라빈)는 상대적으로 다량 함유하고 있으나 빛에 의해 파괴되기 쉬우며, 유청이 엷은 녹황색을 띠는 원인이 된다.

③ 향미

우유의 순하고 기분 좋은 향은 대개 부티르산butyric acid(낙산)과 카프르산capric acid을 비롯한 짧은 사슬의 지방산들에서 비롯되며, 그 외의 방향 성분으로는 아세톤acetone, 아세트알데하이드acetaldehyde, 디메틸설피드dimethyl sulfide 등이 있다. 우유를 끓이면 불쾌한 냄새가 나는 것은 락트알부민 중 황화수소가 발생하기 때문이다.

우유의 맛은 균형 잡혀 있고 미묘하다. 유당에 의해 독특한 단맛이 나고, 무기질 때문에 약간의 짠맛이 나며, 유기산염에 의해 아주 살짝 신맛이 있다.

(2) 우유의 처리

우유는 기본적 음식물들 중에서 가장 표준화된 식품으로 영양분이 골고루 함유되어 있어 미생물이 번식하기 쉬운 식품이기도 하다. 또한 유당, 단백질, 지방, 무기질, 비타민 등의 영양소들은 물을 용매로 분산되어 일부는 진용액, 교질용액 및 유화액 상태로 존재한다. 이러한 우유의 기본적인 특성상 위생학적 안전성과 분산 상태의 안정성 확보를 위하여 일련의 살균 및 균질화 공정이 필요하다.

① 살균처리

결핵균, 브루셀라균 등의 병원성미생물들은 모두 파괴되지만, 살균 정도에 따라 비병원성미생물은 일부 생존한다. 또한 살균처리 과정 중에 효소, 특히 지방분해효소들이 활성을 상실하여 우유의 보존기간을 늘릴 수 있게 한다. 우유의 살균처리는 처리조건에 따라 저온장시간살균법low temperature long time pasteurization, LTLT, 고온단시간살균법high temperature short time pasteurization, HTST 및 초고온살균법ultra high temperature, UHT으로 나뉜다. 살균이 충분히 진행되었는지를 확인하기 위해 알칼린 포스파타아제alkaline phosphatase의 활성도를 측정하며, 살균한 우유는 저온에서 보관하는 것이 바람직하다. 살균 조건 및 특징은 표 4-23과 같다. 저온 장시간 살균처리한 우유는 맛에 비교적 적은 영향을 받는데 비하여 고온 단시간 살균처리한 우유는 유청단백질의 10% 정도가 변성되며, 강한 냄새를 풍기는 황화수소 가스가 발생되어 구운 맛이 생성된다. 초고온 살균처리한 우유는 상대적으로 우유에 탄내와 약한 갈색을 띠게 하는 특징이 있다.

◇ 표 4-22 ｜ 우유 살균법의 종류와 특징

살균방법	처리조건	특징
저온장시간살균법	62~65℃ 30~35분	• 가장 간단한 방법 • 모든 병원성미생물 및 대장균군 사멸 • 비병원성미생물 가장 많이 생존 • 유산 일부 생존
고온단시간살균법	72~75℃ 15~20초	• 열교환기에 통과시켜 처리 • 모든 병원성미생물 및 대장균군 외에 대부분의 유산균 사멸
초고온살균법	130~150℃ 1~3초	• 열교환기에 통과시켜 처리 • 모든 미생물이 사멸 • 살균효과 최대화, 영양소 파괴 최소화

② 균질처리

다양한 영양분들을 함유한 액체 시스템의 우유가 물리적으로 안정성을 유지하도록 하는 처리가 균질화homogenization이다. 균질처리는 유화 상태가 깨져 크림층이 형성되는 것을 막고 지방이 고루 퍼져 있도록 하기 위하여 1920년 무렵에 프랑스에서 개발되었다. 높은 압력을 이용하여 뜨거운 우유를 미세한 노즐에 통과시키면 지방구들의 직경이 1~4 μm 크기로 더 작은 방울들로 나뉘며, 이때 표면에 카세인 입자들이 달라붙어 (우유에 존재하는 카세인의 약 1/3 정도) 지방구의 무게를 증가시키고 뭉침현상을 방해하게 된다. 균질처리는 맛 성분들이 새로운 지방 방울 표면에 달라붙기 때문에 우유맛이 좀 싱거워지지만 대부분의 이취를 방지해 준다. 또한 지방구들의 수가 증가하기 때문에 우유의 크림 맛이 한층 강화되며, 우유가 한층 뽀얗게 보이게 만드는 효과가 있다.

③ 시유city milk, market milk

착유한 생유(원유)를 살균 및 균질화하여 포장한 제품으로 환원우유(탈지분유 + 무염버터, 전분유 + 수분), 저지방우유(유지방 1~2%), 강화우유(비타민, 무기질 등의 영양소 첨가), 유음료(커피우유, 초콜릿우유, 과실우유 등)이 있다.

(3) 우유 가공품

① 연유

연유condensed milk는 우유의 수분을 증발시켜 1/2~1/3으로 농축시켜 유고형분의 함량을 증가시킨 농축유로 무당연유와 가당연유로 분류한다.

가. 무당연유

우유를 50~55℃의 진공 상태에서 약 50~60%의 수분을 증발시켜 농축하여 제조한 것으로 흔히 크림이라 한다. 조성은 유고형분 25.5% 이상, 유지방은 약 7.5% 이상으로 분리를 막기 위해 대부분 안정제를 첨가한다. 무당연유는 수분을 증발시킨 후 균질처리한 다음 용기에 담아 밀봉하고 살균처리 공정을 거치며, 이 과정 중에 약간의 갈변반응이 일어나 특유의 황갈색을 띠고 캐러멜 맛이 나게 된다.

나. 가당연유

가당연유는 먼저 수분을 증발시켜 우유를 1/3 정도로 농축시킨 설탕을 첨가한 것으로 최종 당 함량이 약 40~50% 정도가 된다. 조성은 유고형분 28% 이상, 유지방 8.0% 이상으로, 제조과정 중 교반은 유당이 결정으로 석출되는 것을 방지하기 위함이다. 당 첨가로 삼투압이 증가하여 미생물이 증식할 수가 없어 살균처리할 필요가 없으나, 병원성미생물의 살균과 리파아제lipase의 불활성화를 위해 가열처리하기도 한다. 무당연유에 비해 맛이 순하며 끓인 맛이 덜 나고 색깔이 밝으며 진한 시럽 정도의 질감을 나타낸다.

② 분유

일반적으로 우유의 수분을 분무건조 방식으로 제거하여 수분 함량 5% 이하의 분말로 만든 것으로 부피가 작고 가벼우며 다루기 좋고 보존성이 크다. 건조과정 중에 병원균이 모두 사멸되지 않으므로 건조 전에 저온살균처리가 필요하며, 유지방의 유무에 따라 전지분유와 탈지분유로 나뉜다. 전지분유(고형분 95% 이상, 유지방 25% 이상)는 유지방이 그대로 존재하므로 지방, 비타민 A·C 등의 산화 방지를 위해 분무건조 후 질소를 충전하여 포장한다. 이에 반하여 탈지분유는 상대적인 산화 안정성으로 각종 가공식품의 원료로 많이 이용되고 있다. 이외에 수분을 제거하고 우유 성분 중 부족한 부분을 강화하여 제조한 조제분유가 있다.

③ 크림

우유의 유화 상태가 파괴되어 지방구가 분리되어 떠오른 것을 분리한 것이 크림으로, 보통 균질화하지 않은 우유를 이용한다. 크림은 지방 함량이 18% 이상으로 그 함량에 따라 커피크림coffee cream, 휘핑크림whipping cream, 플라스틱크림으로 분류한다 표 4-24. 크림은 수중유적형의 유화액이지만, 온도가 높거나 교반을 지나치게 하면 유중수적형으로 바뀌면서 지방과 유청이 분리된다.

④ 아이스크림

크림에 설탕, 향료, 유화제, 안정제 및 색소 등을 섞어 넣어 동결시킨 것으로, 조직을 부드럽게 하기 위하여 공기를 균일하게 혼입하여 제조한다. 일반적으로 아이스크림의 조직을 부드럽게 하고 부피를 늘려 주기 위하여 유지방을 15% 정도까지 첨가하며, 감미료로는 주로 설탕을 12~18% 사용하여 총 고형분량의 약 50%를 차지한다. 또한 안정제와 유화제는 저장 중 얼음결정의 형성 및 녹는 현상을 억제시키는 역할에 기여한다. 안정제로는 젤라틴, 알긴산염sodium alginate, 구아검, CMC 소듐염 등이 사용되고 있다.

⑤ 버터

크림을 교동churning하여 유지방구 막을 파괴시켜 지방이 콩알 크기로 결착된 버터

◇ 표 4-23 ｜ 크림의 종류 및 용도

미국식 이름	유럽식 이름	유지방(%)	용도
하프 앤 하프		12(10.5~18)	커피, 붓기
	크렘 레제	12~30	커피, 붓기, 소스, 수프, 농후화, 휘핑
	싱글 크림	18+	커피, 붓기
라이트크림 (커피크림, 테이블크림)		20(18~30)	커피, 붓기
라이트 휘핑크림		30~36	붓기, 농후화, 휘핑
	크렘 프레슈 '플루렛' 혹은 '에페'	30~40	붓기, 농후화, 휘핑(기름지면 스프레딩)
휘핑크림		35+	붓기, 농후화, 휘핑
헤비 휘팅크림		38(36+)	붓기, 농후화, 휘핑
	더블 크림	48+	스프레딩
	응고 크림	55+	스프레딩
플라스틱크림		65~85	스프레딩, 아이스크림
사우어크림(발효크림)		18	소스, 제과·제빵

*레제 : 가벼운, 플루렛 : 액체, 에페 : 박테리아 배양으로 진한, 프레슈 : 신선한, 찬

입자를 모아 이겨서 남아 있는 물을 분산시켜 큰 덩어리로 만든 것으로, 유지방 80% 이상, 수분 16% 이하의 유중수적형의 고형화된 유화액이다. 발효 숙성 여부에 따라 발효크림버터와 감성버터로, 소금 첨가 유무에 따라 가염버터와 무염버터로 분류된다.

⑥ 발효유

미생물을 이용한 발효유는 대부분 서아시아, 동유럽 및 스칸디나비아에서 유래하여 이민자들에 의해 전 세계로 확산되었다. 그 종류는 동물 젖, 미생물, 온도 등에 따라 다양하며, 유해균과 병원균의 생육이 억제되어 보존성이 우수하다.

일반적으로 우유나 탈지유에 설탕을 넣고 저온 살균 후 유산균을 첨가하여 발효시켜 만든 음료로 크게 액상발효유와 농후발효유로 구분한다. 그 외에 효모를 혼합 배양하여 약간의 알코올을 함유한 우유와 양유를 이용한 케피어kefir와 마유를 이용한 쿠미스koumis가 있다 표 4-25.

◇ 표 4-24 | 전통적인 발효유와 크림

산물	지역	미생물	발효조건	산도	특징
요구르트	중동에서 인도까지	*Streptococcus thermophilus*, *Lactobacillus bulgaricus*	41~45℃ 2~5시간	1~4%	시크함, 반고형, 고른 질감
쿠미스	중앙아시아	*Lactobacillus*와 효모(*Torula*) 혼합	27℃ 2~5시간 및 차가운 숙성	0.5~1%	마유 사용, 약간 시큼함, 걸쭉함, 알코올(0.7~2.5%)
케피어	중앙아시아	*Lactococcus*, *Lactobacillus*, *Acetobacter*, 효모	20℃ 2~5시간	1%	우유/양유 사용, 시큼함, 걸쭉함, 알코올(1%)
사우어크림	유럽	*Lactococcus lactis*, *Leuconostoc mesenteroides*	22℃ 16시간	0.8%	약간 시큼함, 반고형, 버터향

⑦ 치즈

우유에 레닛rennet(응유효소 함유) 또는 젖산균을 작용시켜 우유 중의 카세인을 지방과 함께 응고시켜 유청을 제거한 응고물(커드)물로 그냥 덩이를 만들거나 가열·가압 후 세균, 곰팡이 등에 의해 발효(숙성)시켜 제조한 것이다. 대부분의 치즈는 소금을 첨가하고, 특정 모양의 성형틀에서 성형되어 다양한 방법으로 일정 기간 동안 숙성되어 이용되는데, 이는 결국 다양한 향미 부여와 식용 가능한 기한을 연장하기 위한 것이다. 치즈에 따라 카세인을 응고시키는 방법과 응고물 생성 후 숙성의 유무에 따라 그 종류가 다양하다. 보통 산으로 응고물을 만드는 치즈는 숙성시키지 않으며, 수분 함량이 80% 이상으로 부드럽고 색과 향이 온화하다. 코티즈 치즈, 크림치즈, 모차렐라 치즈 등이 있다.

다양한 치즈들

단원정리

1. 아미노산은 글라이신을 제외하고 아미노산의 α-탄소가 모두 부제탄소 원자를 가지고 있으므로 D형과 L형의 입체이성체가 존재한다.
2. 단백질을 구성하는 아미노산은 약 20여 종으로, 분자 중에 아미노기(-NH_2)와 카복실기(-COOH)의 수에 따라 염기성 아미노산, 산성 아미노산, 중성 아미노산으로 분류한다. 염기성 아미노산은 양전하를 띠며 산성 아미노산은 음전하를 띤다.
3. 필수아미노산은 단백질을 구성하는 아미노산 중 인체 내에서 거의 합성되지 않아서 식품으로 섭취해야 하는 아미노산이다.
4. 단백질은 조성에 따라 단순단백질, 복합단백질, 유도단백질로 분류되며, 단백질의 구조와 형태에 따라 섬유상 단백질과 구상 단백질로 분류된다. 또한 단백질은 출처에 따라 식물성 단백질과 동물성 단백질로 분류된다.
5. 단백질은 여러 종류의 아미노산들이 펩티드 결합을 한 고분자 화합물이다.
6. 단백질의 1차 구조는 펩티드 결합을 하고 있는 아미노산의 배열 순서만을 고려한 구조이며, 단백질의 2차 구조는 구성 아미노산끼리 상호작용(수소결합 등)에 의해 입체 구조를 형성한 것이다.
7. 단백질의 3차 구조는 2차 구조의 폴리펩티드 사슬이 구성아미노산 잔기의 특성에 따라 꺾이고 구부러져서 단백질 특유의 입체 구조를 이루어 안정화된 것이며, 4차 구조는 3차 구조를 이루고 있는 2개 이상의 폴리펩티드 사슬들이 모여서 하나의 기능을 갖는 집합체를 이룬 것이다.
8. 단백질이 물리적 자극(열, 동결, 초음파, 압력, 기계적 교반, 자외선 등)이나 화학적 자극(산, 알칼리, 염류, 유기용매, 중금속 등)과 효소작용 등에 의해 고차 구조가 붕괴되는 것을 변성이라고 한다.
9. 단백질이 변성하면 단백질은 원래의 형태를 잃고 모양, 색, 점도, 맛이 달라지며 소화율도 높아지나, 지나치게 변성된 것은 오히려 소화율이 떨어진다.

CHAPTER

5

지질

1. 지방산의 분류 I 2. 지질의 분류 I 3. 지질의 성질 I 4. 지질의 기능
5. 유지의 산패 I 6. 대표적 지질 식품

5

1. 지방산의 분류를 통하여 지방산의 종류에 따른 구조적 차이에 대하여 설명할 수 있다.
2. 지질 분류를 통하여 지질의 종류를 학습하고, 지질이 갖는 특성을 이해할 수 있다.
3. 지질의 물리적·화학적 성질에 대하여 설명할 수 있다.
4. 지질이 갖는 기능을 이해할 수 있다.
5. 산패의 구분과 산패에 영향을 주는 요인들에 대하여 설명할 수 있다.

지질lipid은 식품의 맛과 풍미에 중요한 역할을 하며 생체 내의 저장 에너지원으로 식품을 구성하는 주요 성분이다. 주로 탄소, 수소, 산소로 이루어져 있으며 인, 황 등과 같은 원소도 함유하고 있다. 지질은 물과 같은 극성 용매에는 거의 녹지 않으나, 에테르, 클로로포름, 벤젠과 같은 비극성 용매에는 잘 녹으며, 인체에서 소량 합성되거나 다른 생물에 존재하는 유기물질이다.

지질은 가수분해되어 글리세롤과 카복실산으로 분리가 되는데, 이때 얻어지는 카복실산은 탄소를 가지고 있어서 유기산이라고도 하고, 지방에서 얻어진 산이라고 해서 지방산이라고 한다. 즉, 지방을 구성하는 것은 한 분자의 글리세롤과 3분자의 지방산에 의한 에스테르 결합으로 트리글리세라이드triglyceride 혹은 중성지방이라 하며, 중성지방의 성질은 구성하는 지방산의 종류에 의해서 결정이 된다.

1. 지방산의 분류

지방산은 분자 내에 카복실기carboxyl group를 함유하는 물질로 탄소를 함유하고 있으므로 유기산 혹은 카복실산이라고도 한다. 수소이온을 방출한 후 생성되는 카복실산이온carboxylate ion은 공명 구조로 안정화하므로 산의 성질을 갖는다. 또한 카복실기 내의 -OH기는 수소결합이 가능하므로 저급지방산인 경우는 물에 용해가 되지만, 탄소수가 증가할수록 물에 대한 용해도는 감소한다.

$$RCOOH + H_2O \longrightarrow RCOO^- + H_3O^+$$

공명구조

비공유전자쌍과 파이전자, 또는 파이전자와 파이전자 간의 비편재화를 공명구조라 하고, 공명안정화에너지를 가진다.

1) 탄소수에 따른 분류

지방산은 자연계에 존재하는 동·식물 지질의 구성 성분으로 지질을 가수분해하면 글리세롤과 함께 생성되어서 지방산이라고 한다. 자연계에서 생산되는 지방산은 보통 짝수 개의 탄소수를 가지고 있다. 탄소수가 5~6개까지는 저급지방산이라고 하고, 8~12개는 중급지방산, 그리고 그 이상은 고급지방산이라고 한다. 저급과 고급이라는 분류는 지방산의 질을 분류하는 것이 아니라 단순히 탄소수에 의한 것임을 명심할 필요가 있다.

2) 포화지방산과 불포화지방산

지방산은 무극성의 성질을 나타내는 알킬기(-R)와 카복실기(-COOH)로 구성되어 있는데 알킬기에 이중결합 없이 탄소와 탄소가 단일결합으로만 구성된 것을 포화지방산saturated fatty acids이라고 하고, 이중결합이 있는 것을 불포화지방산unsaturated fatty acids이라고 한다.

포화지방산의 일반식은 $CH_3(CH_2)_nCOOH$로 나타낼 수 있으며, n값이 클수록 물에 대한 용해도는 감소하고 분자량의 증가로 분자 간의 반데르발스 상호작용이 증가하므로 녹는점이 높아진다. 포화지방산 중 탄소수가 10개인 카프르산capric acid까지는 상온에서 액체이고 그 이상은 고체로 존재한다. 표 5-1에 자연에서 발견되는 탄소수가 20개까지의 포화지방산의 종류와 화학식을 나타내었다.

불포화지방산인 경우에는 시스형*cis*으로 존재하게 되므로 구조적으로는 꺾임kink 구조를 갖게 된다. 불포화지방산은 이중결합의 수에 따라서 한 개이면 단일불포화지방산, 여러 개인 경우에는 다중불포화지방산으로 구별된다. 이중결합과 이중결합 사이에는 항상 CH_2가 한 개 존재한다. 표 5-2에 불포화지방산의 종류와 성질을 나타내었다.

> **반데르발스**
>
> 네덜란드의 물리학자인 반데르발스에 의해 만들어진 기체의 압력, 용적과 온도의 관계를 말함. 일반적으로 반데르발스의 힘이라 하여 분자 사이에 서로 끌어당기는 힘의 일종임

◇ 표 5-1 ㅣ 포화지방산의 종류와 성질

지방산 이름	탄소수	녹는점(℃)	화학식	비고
아세트산	2		CH_3COOH	
부티르산	4	−7.4	$CH_3(CH_2)_2COOH$	버터
카프로산	6	−3.4	$CH_3(CH_2)_4COOH$	야자유
카프릴산	8	16.5	$CH_3(CH_2)_6COOH$	
카프르산	10	31.3	$CH_3(CH_2)_8COOH$	
라우르산	12	44.8	$CH_3(CH_2)_{10}COOH$	
미리스트산	14	54.1	$CH_3(CH_2)_{12}COOH$	
팔미트산	16	62.7	$CH_3(CH_2)_{14}COOH$	
스테아르산	18	72	$CH_3(CH_2)_{16}COOH$	쇠기름
아라키돈산	20	76.2	$CH_3(CH_2)_{18}COOH$	낙화생유

◇ 표 5-2 ㅣ 불포화지방산의 종류와 성질

지방산 이름	탄소수 (이중결합 위치)	화학식	비고
올레산	18:1(9)	$CH_3(CH_2)_7CH=CH(CH_2)_7COOH$	
리놀레산	18:2(9,12)	$CH_3(CH_2)_4(CH=CHCH_2)_2(CH_2)_6COOH$	필수지방산
α-리놀렌산	18:3(9,12,15)	$CH_3CH_2(CH=CHCH_2)_3(CH_2)_6COOH$	필수지방산
아라키돈산	20:4(5,8,11,14)	$CH_3(CH_2)_4(CH=CHCH_2)_4(CH_2)_2COOH$	
에이코사펜타에노산EPA	20:5(5,8,11,14,17)	$CH_3CH_2(CH=CHCH_2)_5(CH_2)_2COOH$	

지방산은 ':'을 사용해서 나타내기도 한다. 예를 들어 탄소수가 18개이고 1개의 이중결합이 9번 탄소에 있는 올레산oleic acid인 경우에는 $C18:1^{\Delta9}$로 쓸 수가 있다. 콜론 ':' 이후의 숫자 1은 이중결합 수를 나타내며 윗첨자로 나타낸 델타 'Δ' 옆의 숫자는 이중결합 탄소의 위치를 나타낸다.

자연에서 만들어지는 불포화지방산은 불안정한 *cis*-형을 하고 있으며, 공기 중의 산소에 의해 쉽게 산화되어 알데하이드 혹은 케톤을 생성하는데 이를 자동산화autoxidation라고 한다. 이중결합을 다수 함유하고 있는 다중불포화지방산polyunsaturated fatty acid은 산화되기 쉽고, 이중결합에 수소, 요오드 등을 첨가하는 첨가반응을 일으킨다. 불포화지방산의 이중결합에 수소가 첨가되면 포화지방산이 도니다. 예를 들면 액체상인 식용유에 수소를 첨가하면 고형화가 되어 마가린이 되는 것으로 수소 경화반응hardening이라고 한다.

이중결합은 일정 온도 이상이 되면 파이결합이 끊어지고 다시 원래 상태로 돌아갈 때는 안정한 형태인 트랜스가 만들어지므로 트랜스지방이 생성된다. 식용유의 가열로 인한 트랜스지방의 함유는 인체에 나쁜 영향을 미치므로 세계보건기구WHO에서는 하루에 섭취하는 양에 제한을 두고 있다.

3) 인체 내 합성 유무에 따른 분류

지질은 인체 내에서 합성이 이루어지는데 말로닐과 아세틸-ACP에서 아세토아세틸-ACP가 생성되고 NADPH의 환원작용으로 팔미트산palmitic acid이 만들어진다. 이후에 탄소 2개씩 증가하면서 탄소의 길이가 연장이 되기도 하고, 이중결합이 생성되면서 포화지방산과 불포화지방산이 만들어진다. 그러나 9번 이후에 이중결합을 만드는 효소가 없어서 리놀레산linoleic acid($C18:2^{\Delta 9,12}$)과 α-리놀렌산α-linolenic acid($C18:3^{\Delta 9,12,15}$)은 인체 내에서 만들어지지 않으므로 생체 외 섭취를 통해야만 한다. 이들을 필수지방산이라고 하고 그 이외는 생체 내에서 생합성이 가능하므로 비필수지방산이다.

4) 오메가(ω) 지방산

불포화지방산의 명명에서 이중결합이 시작하는 탄소에 번호를 붙일 때는 일반적으로는 카복실기의 탄소를 1번으로 시작하여 이중결합 탄소의 위치를 나타내지만 두 개 이상의 이중결합을 갖고 있는 다중불포화지방산인 경우에는 이중결합의 수와는 관계없이 이중결합이 마지막 탄소 ω인 메틸기를 1번으로 하여 처음 이중결합의 탄소가 나타나는 번호를 세는 방법으로, 이 번호의 지방산을 오메가 지방산이라고 한다. 예를 들어, α-리놀렌산은 오메가-3(ω-3) 지방산이 되고, 리놀레산linoleic acid은 ω-6 지방산이 된다.

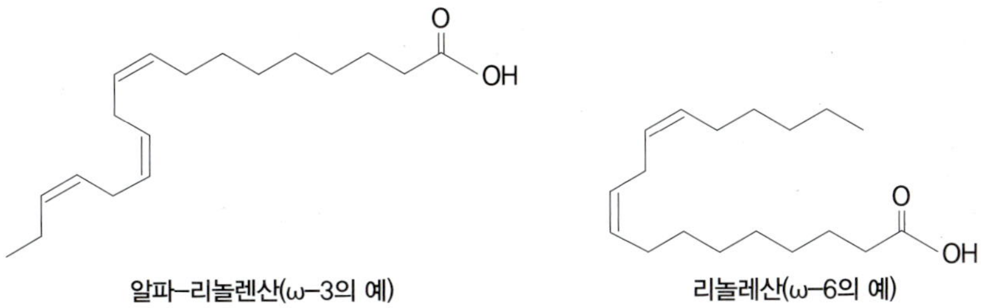

그림 5-1 | α-리놀렌산(ω-3)과 리놀레산(ω-6)

2. 지질의 분류

구조에 따라서 지질은 단순지질, 복합지질, 그리고 유도지질로 분류된다. 단순지질은 한 분자의 글리세롤에 세 분자의 지방산이 에스테르 결합을 한 중성지방triglyceride이 있고, 복합지질은 인지질, 당지질, 지단백질 등이 있으며, 유도지질은 단순지질이나 복합지질이 가수분해되어 생기는 물질로 유리지방산, 글리세롤, 고급 지방족 알코올, 스테로이드류 등이 있다.

1) 단순지질

단순지질은 지방산과 알코올이 에스테르 결합한 것으로 왁스류와 중성지방으로 나눌 수 있다. 대부분의 식품에서는 중성지방 형태로 존재한다.

표 5-3 | 지질의 분류

지질의 종류		특징
단순지질	유지(중성지방) 왁스(납)	글리세롤과 지방산의 에스테르 결합 고급 1가 알코올과 지방산의 에스테르 결합
복합지질	인지질 당지질 단백지질(아미노지질)	인산 함유 지질 스핑고신에 탄수화물이 결합된 지질 아미노기를 함유하는 지질
유도지질	고급알코올 탄화수소 지용성 단백질 스테롤	왁스류의 고급 1가 알코올 지방족 탄화수소, 테르펜류 비타민 A, D, E, K 스테로이드 함유

지방산 + 알코올(글리세롤) ⟶ 단순지질 + H_2O

(1) 왁스(납)

왁스는 고급지방산과 알코올의 탈수 축합한 에스테르ester 화합물로 물에는 전혀 녹지 않는 고형 물질이다. 인체 내에서는 소화효소가 없어서 가수분해가 되지 않으므로 영양적 가치는 없으나, 생물체 표면에서는 수분의 상실 또는 침입을 방지하고 외피를 보호하는 역할을 한다. 동물성 왁스로는 벌집의 소재가 되는 밀납wax, 식물성 왁스로

왁스의 용도

인류가 왁스를 사용한 최초는 기원전 4200년 무렵 이집트인들이 인간의 시체를 밀납으로 피복하여 미라로 보존한 것을 그 기원으로 한다. 왁스는 천연왁스, 합성왁스, 배합왁스로 분류된다. 천연왁스는 동물, 식물, 광물, 석유 등에 천연적으로 존재하는 왁스이다. 합성왁스는 여러 가지 화합물을 반응시켜 제조한다. 1946년 독일에서 Fisher Tropsch 합성반응으로 생산된 왁스가 최초의 합성왁스이다. 용도에 맞도록 여러 가지 왁스를 배합하거나 왁스에 다른 물질(Resin, oil)을 물리적으로 혼합하여 적합한 왁스로 제조하여 사용하게 되는데 이러한 왁스를 배합왁스 또는 콤파운드 왁스라 한다. 왁스는 가구, 가죽 등의 광택제로 사용되며, 화장품이나 유화제 등의 용도로 널리 활용되고 있다.

표 5-4 | 몇 가지 지질의 지방산 조성

		mp (℃)	포화지방산(%)				불포화지방산(%)		
			라우르산 (12:0)	미리스트산 (14:0)	팔미트산 (16:0)	스테아르산 (18:0)	올레산 (18:1)	리놀레산 (18:2)	리놀렌산 (18:3)
동물 지방	버터	32	2	11	29	9	27	4	-
	돼지기름	30		1	28	12	48	6	-
	인체지방	15	1	3	25	8	46	10	-
	고래비계	24	-	8	12	3	35	10	-
식물유	옥수수	20	-	1	10	3	50	34	-
	면실	-1	-	1	23	1	23	48	-
	아마인	-24	-	-	6	3	19	24	47
	올리브	-6	-	-	7	2	84	5	-
	참깨	-6	-	-	10	4	45	40	-

는 카나우바 왁스carnauba wax가 있다.

(2) 중성지방

중성지방은 일반적으로 1분자의 글리세롤에 3분자의 지방산이 에스테르 결합하여 이루어진 3가 지방(트리글리세라이드triglyceride, TG)을 일컫는다.

3가 지방(트리글리세라이드)은 구성 지방산인 R_1, R_2, R_3의 변화로 여러 종류의 지방이 되는데 R_1, R_2, R_3가 모두 같은 것을 단순 글리세라이드라 하고, R_1, R_2, R_3가 각기 다른 것을 혼합 글리세라이드라 한다. 자연에서 존재하는 대부분의 트리아실글리세롤은 혼합 트리아실글리세롤의 형태이다.

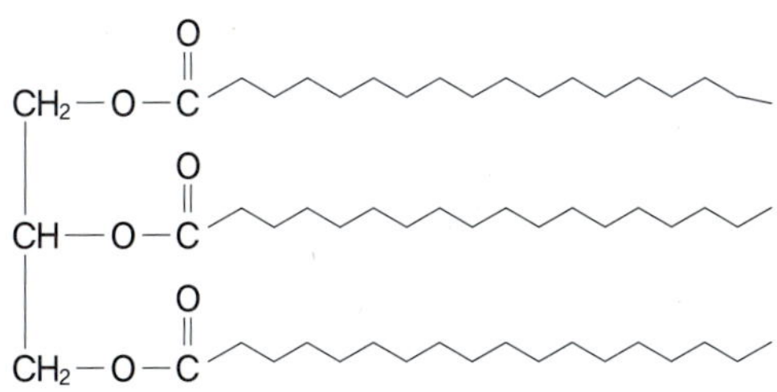

그림 5-2 | 트리글리세라이드

2) 복합지질

복합지질은 단순지질 이외에 다른 성분이 결합한 것으로 인지질, 당지질, 지단백질 등이 있다.

(1) 인지질

식물과 동물 조직에 광범위하게 존재하는 인지질phospholipid은 세포막의 50~60%를 구성하고 있다. 세포막은 이중층으로 구성되어 있으며 두께는 약 5.0 nm로 극성을 띠는 친수성기가 안과 밖으로 나와 있고, 무극성의 친유성기가 서로 마주하며 내부에 자리하고 있다. 인지질은 포스파티드산을 모체로 하는 글리세로인지질과 스핑고신을 모체로 하는 스핑고인지질이 있다.

① 글리세로인지질

글리세로인지질glycerophospholipid은 글리세롤의 1번과 2번 탄소의 알코올기에 지방산이 결합되어 있고, 세 번째 탄소에는 인산이 결합되어 있는 포스파티드산phosphatidic acid에 에탄올 아민, 콜린, 세린, 글리세롤 등의 치환체가 결합된 것이다 표 5-5. 1번 위치의 지방산은 주로 탄소 16개 또는 18개의 포화지방산이고, 2번 위치에는 탄소 16~20개 사이의 불포화지방산이 결합되어 있다.

인지질의 인산기는 pH가 7.0인 중성에서는 음이온을 띠고, 인산에 결합되어 있는 치환체도 그 종류에 따라서 양의 전하를 띠는 것(에탄올아민, 콜린), 음의 전하를 띠는 것(미오이노시톨), 양극성(세린)의 전하를 띠는 것 등이 있다. 따라서 인지질은 2개의 지방

표 5-5 | 글리세로인지질의 종류와 구조

X 치환기		인지질 이름
치환체(X)의 이름	X 구조식	
	$-H$	포스파티딜산
콜린	$-CH_2CH_2\overset{+}{N}(CH_3)_3$	포스파디딜콜린(레시틴)
에탄올아민	$-CH_2CH_2\overset{+}{N}H_3$	포스파티딜에탄올아민(세팔린)
세린	$-CH_2-CH(\overset{+}{N}H_3)COO^-$	포스파티딜세린
글리세롤	$-CH_2CH(OH)CH_2OH$	포스파티딜글리세롤
포스파티딜글리세롤	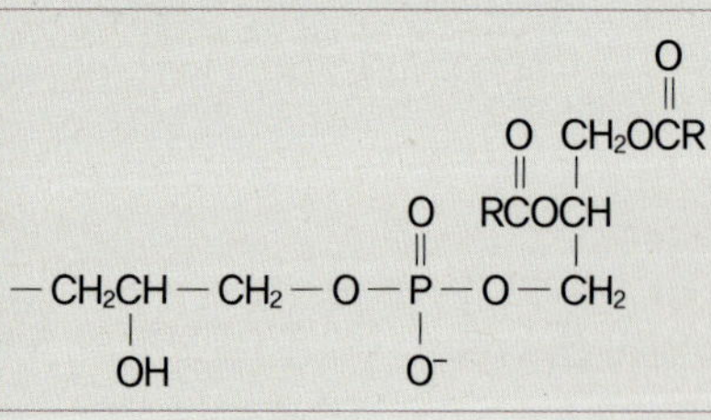	디포스파티딜글리세롤(카다오리핀)
이노시톨	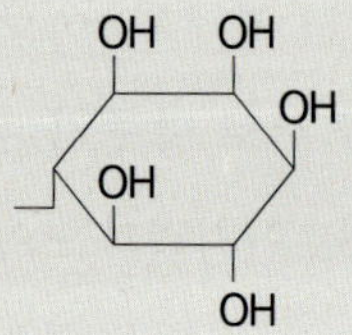	포스파티딜이노시톨

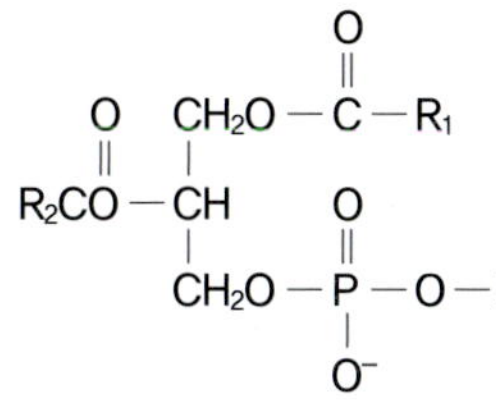

그림 5-3 | 포스파티드산

산에 탄소와 수소로 구성된 소수성의 긴 꼬리와 인산기와 인산기에 결합되어 있는 치환체가 극성을 띠어서 친수성을 갖는 양쪽성amphiphilic의 성질을 갖는다. 이러한 인지질의 양극성 성질은 인지질이 생체막의 주요한 성분이 될 수 있는 요인이다.

② 스핑고인지질

스핑고인지질sphingophospholipid은 글리세롤을 함유하고 있지 않고 스핑고신sphingosine의 2번 탄소에 있는 아미노기에 지방산이 결합되어 아미드 결합을 이룬 세라미드ceramide 골격을 갖고 있으며, 인산콜린 또는 인산에탄올아민이 결합된 스핑고마이엘린sphingomyelin이 있다. 스핑고마이엘린은 신경세포의 축삭을 둘러싸고 있으며 절연시키는 작용을 하는 마이엘린myelin에 많이 함유되어 있다.

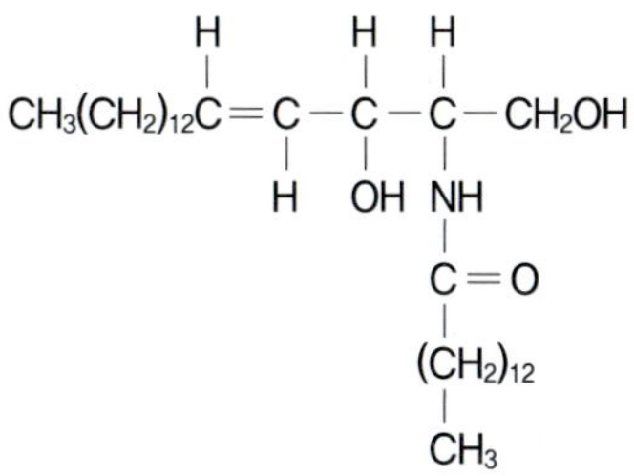

그림 5-4 | 세라미드

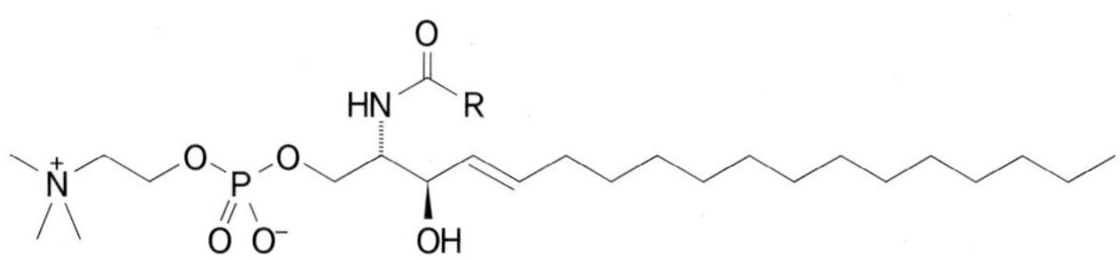

그림 5-5 | 스핑고마이엘린

(2) 당지질

당지질glycolipid에는 세라미드 골격에 당이 결합된 것으로 세레브로사이드cerebroside와 강글리오사이드ganglioside가 있다. 세레브로사이드는 1번 탄소에 β-D-

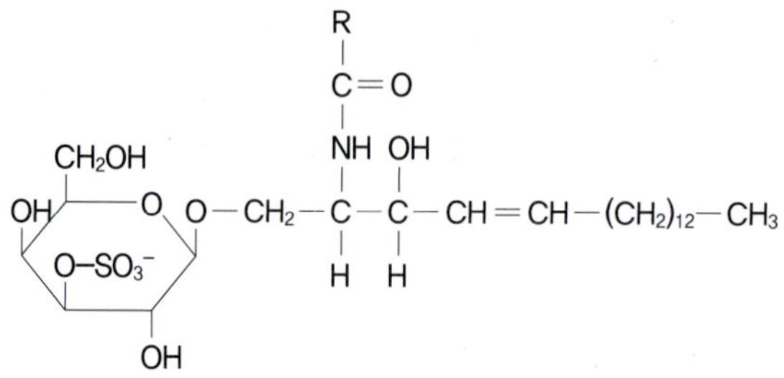

그림 5-6 | 갈락토세레브로사이드(sulfolipid)

glucose가 결합된 글루코세레브로사이드glucocerebroside와 β-D-galactose가 결합된 갈락토세레브로사이드galactocerebroside가 있다. 세레브로사이드는 주로 동물의 뇌, 신경조직에 존재하며 식물체에서는 발견되지 않는다. 강글리오사이드는 복잡한 구조로 글루코오스, 갈락토오스, *N*-아세틸-D-갈락토사민 등의 당들이 결합되어 복합당을 형성하고 그 종류도 다양해서 60개 이상이 있으며, 신경세포의 말단에서 자극 전달에 중요한 역할을 하는 것으로 알려져 있다. 척추동물의 신경세포, 세포막 등을 구성하고 있는 물질이다.

(3) 지단백질

유리형 지방산free fatty acid은 혈장 알부민에 의해 수송되지만, 다른 지질은 특수한 단백질과 결합하여 지질-단백질 복합체를 형성하는데, 이를 지단백질lipoprotein이라고 한다. 지단백질은 포유동물의 혈장에 존재하고, 혈액 속에 있는 소수성 지질의 이동수단으로서 간과 장에서 합성된다. 혈장 지질은 트리글리세라이드triglyceride, 인지질, 콜레스테롤 등으로 구성되어 있고, 소수성인 트리글리세라이드와 콜레스테롤 에스테르가 중심부에 있으며, 표면은 단층의 인지질, 유리 형태의 콜레스테롤, 그리고 아포지단백질로 이루어져 있다. 밀도에 따라서 킬로미크론chylomicron, 초저밀도 지단백질very low density lipid, 저밀도 지단백질low density lipid, 고밀도 지단백질high density lipid 등으로 나눈다.

① 킬로미크론

식이지방은 소화와 운반을 거쳐서 장에서 흡수된 후에 다시 원래 상태인 중성지방, 인지질, 콜레스테롤 에스테르로 바뀐 다음, 단백질과 결합하여 킬로미크론을 생성한다. 지단백질 중에서 중성지방이 가장 많이 함유되어 있어서 크기가 가장 크나 밀도는 상대적으로 가장 낮은 지단백질로 혈중에서는 식사 후에 증가하여 식후 3시간 이내에 최고치를 이룬다.

혈액을 통해 순환하다가 근육과 지방조직의 모세혈관 내피조직에 있는 지단백질 리파아제lipoprotein lipase, LPL의 작용으로 중성지방을 지방산과 다이글리세라이드로 분해시키므로 중성지방의 양이 감소하고 상대적으로 콜레스테롤과 콜레스테롤 에스테르의 함량이 높은 킬로미크론의 잔여물이 된다.

② 초저밀도 지단백질

VLDL은 간에서 만들어지는데, 체내에서 합성된 중성지방을 운반하는 역할을 한다. 킬로미크론과 마찬가지로 LPL에 의해서 내부의 중성지방이 분해가 되면서 부피가 감소가 되고, 일부는 중성지방의 함량이 낮고 콜레스테롤과 콜레스테롤 에스테르가 주성분인 LDL로 전환된다.

③ 저밀도 지단백질

VLDL 내의 중성지방은 LPL의 작용으로 분해되므로 결과적으로 VLDL 내의 중성지방이 감소가 되면서 중간 밀도 지단백질intermediate density lipotrotein, IDL이 되고, 이들 중 일부는 중성지방의 감소가 이어지면서 저밀도 지단백질low density lipotrotein, LDL로 전환된다. LDL은 혈액의 콜레스테롤을 말초조직으로 수송하기 때문에 '나쁜' 지단백질로 인식되고 있다.

④ 고밀도 지단백질

HDL은 조직에 있는 콜레스테롤을 간으로 수송하여 처리시키기 때문에 '좋은' 지단백질로 알려져 있다. 관상동맥이 없는 건강한 체질에서의 HDL은 60 mg/dL 이상으로 나타나고 관상동맥질환이 있으면 35 mg/dL 미만으로 나타나는데 콜레스테롤과 심장

질환의 관계는 단순히 혈액 콜레스테롤의 농도에 의해서 그 위험성이 입증되는 것이 아니라 복잡하다.

3) 유도지질

단순지질과 복합지질을 가수분해하여 얻어지는 유리지방산이나 글리세롤, 고급알코올류, 스테롤류, 탄화수소와 지용성 비타민 등이 유도지질에 포함되며 이들은 검화되지 않는 특징이 있다.

(1) 스테롤류

스테롤류는 스테로이드steroid 핵을 기본 골격으로 하는 화합물로 동물성, 식물성, 미생물성으로 나눌 수 있다. 이러한 스테롤류의 구조는 스테로이드 핵의 3번 탄소에 수산기를 갖는다. 동물성 스테롤cholesterol은 고등동물의 근육이나 뇌, 혹은 신경조직에 다량 존재하며 담즙의 구성 성분이고, 유도체인 프리콜레칼시페롤precholecalciferol은 자외선에 의해 비타민 D_3로 전환되어 프로비타민 D_3provitamin D_3라고 한다. 식물성 스테롤phytosterol은 대두유나 팜유, 야자유 등에 분포되어 있고, 옥수수 배아에 존재하는 시토스테롤이 대표적이다. 그리고 자외선에 의해서 비타민 D_2로 전환이 되어 프로비타민 D_2로 불리는 에르고스테롤ergosterol은 곰팡이나 효모, 또는 버섯 등에 많이 분포되어 있는 미생물스테롤mycosterol로 알려져 있다.

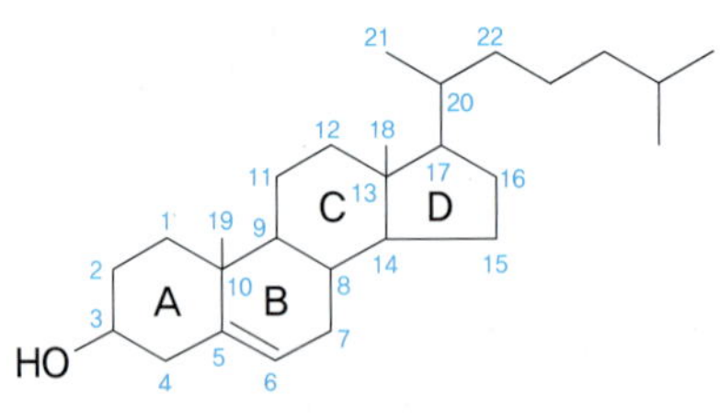

그림 5-7 | 콜레스테롤

(2) 탄화수소류

탄화수소류는 이소프렌isoprene구조를 가지며 스쿠알렌squalene이나 토코페롤과 같은 구조를 갖는다. 스쿠알렌은 콜레스테롤 합성의 전구체로 아세틸-CoA를 출발 물질로 해서 활성화된 이소프렌을 경유하여 축합 생성되는 물질이다.

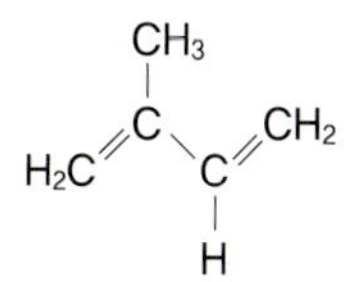

그림 5-8 | 이소프렌

3. 지질의 성질

1) 지질의 물리적 성질

(1) 비중

유지의 비중specific gravity은 물보다 가벼운 0.92~0.94(15℃)로 유지를 구성하는 지방산이 저급지방산이거나 포화지방산일수록 비중은 커진다. 또한 지방산의 산화에 의해서 저급지방산이 증가하면 비중도 증가한다.

표 5-6 | 식용유지의 비중(specific gravity, 15℃에서)

식용유지의 종류	비중	식용유지의 종류	비중
버터	0.895	낙화생유	0.924
코코넛유	0.907~0.912	참기름	0.917~0.926
옥수수유	0.921~0.918	대두유	0.924~0.927
면실유	0.915~0.920	카놀라유	0.934~0.938
올리브유	0.909~0.915		

(2) 용해성

중성지방은 에스테르 결합으로 구성되어 있어서 무극성이므로 물에 대한 용해성solubility은 거의 없다. 일반적으로 같은 용매에 있어서 탄소수가 증가할수록, 불포화도가 클수록 무극성의 성질이 증가하게 되어 물에 대한 용해성은 감소하게 된다. 반면에 유기용매인 에테르, 클로로포름, 벤젠 등에는 잘 용해된다.

(3) 굴절률

지질의 굴절률refractive index, RI은 1.45~1.47이며, 분자량과 불포화도가 클수록 굴절률은 증가한다. 따라서 수소 첨가로 요오드가가 감소하면 그 굴절률도 감소하므로 수소 첨가에 의한 불포화도의 감소를 확인하는 유용한 출처로 활용된다. 특히 굴절률은 일정한 온도에서는 재현성을 나타내므로 지질을 식별하는 데 유용한 정보로도 활용된다.

(4) 발연점, 인화점, 연소점

유지를 가열하면 유지의 표면에서 엷은 푸른 연기가 발생하는데 이 온도를 발연점smoke point이라고 한다. 유지가 발연하면 지방산은 알데하이드 등 휘발성 물질로 분해가 되고, 글리세롤은 자극적인 냄새를 주는 아크롤레인acrolein을 생성하여 유지의 맛과 품질을 저하시키므로 튀김으로 사용되는 유지는 발연점이 높은 유지를 사용하는 것이 바람직하다. 유리지방산의 함량이 낮을수록, 공기에 노출된 유지의 표면적이 적을수록 발연점은 높아진다. 대두유의 발연점은 181℃, 옥수수유는 178℃이다.

반면에 발생한 유지 증기가 공기와 혼합되어서 발화가 되는 온도를 인화점flask point이라고 하는데 발연점이 높은 유지일수록 인화점도 높다. 그리고 유지의 연소가 계속해서 지속되는 온도를 연소점fire point이라고 하는데 유지의 정제 정도, 순도, 유리지방산의 함량 등에 영향을 받는다.

2) 지질의 화학적 성질

(1) 검화가(비누화)

지질을 알칼리(NaOH, KOH)로 분해하면 글리세롤과 지방산 염이 생성되는데, 이 지방산 염을 검화(비누)라 한다. 지방산 염은 극성인 부분($-COO^-K^+$)과 무극성인 부분(R-)을 모두 갖는 양쪽성 성질로 극성인 부분은 물 층인 바깥쪽으로 무극성인 부분은 안쪽으로 정렬하면서 기름 성분과 만나면 미셀micelle구조를 형성한다. 검화가는 지질 1g을 검화시키는 데 소비된 KOH의 mg수를 검화가saponification라 하며, 지질의 분자량을 유추하는 자료로 활용된다. 검화가는 지질의 구성지방산의 분자량에 반비례하므로 검화가가 클수록 지방을 구성하는 지방산의 분자량이 작다.

$$\text{트리스테아린} + 3\text{KOH} \xrightarrow{\text{가열}} 3\text{스테아르산 칼륨} + \text{글리세롤}$$

(2) 가수분해

지질은 효소나 산 혹은 염기로 가열하면 가수분해되어 지방산과 글리세롤로 분해가 되는데 이를 가수분해hydrolysis라고 한다. 알코올과 지방산의 탈수 축합으로 진행되는 에스테르화 반응esterification의 역반응이다. 분해 생성물인 글리세롤은 정제하여 의료용도나 산업용도로 사용된다.

$$\text{트리팔미틴} + 3H_2O \xrightarrow{\text{가열}} 3\text{팔미트산} + \text{글리세롤}$$

(3) 산가

유지 1 g에 함유된 유리지방산을 중화하는 데 필요한 KOH의 mg수를 산가acid value라 한다. 유리지방산은 불충분하게 정제되거나 장기간 보관하면서 지방의 산패에 의해 생성되므로 유지의 신선도를 나타내는 지표로 활용된다.

$$\text{산가} = \frac{(V_S - V_B) \times F}{S}$$

V_S : 본시험의 0.1N KOH 용액의 적정 소비량(mL)
V_B : 바탕시험의 0.1N KOH 용액의 적정 소비량(mL)
F : 0.1N KOH 용액의 역가
S : 시료 채취량(g)

대체로 식용유의 경우는 1.0 이하의 산가를 나타낸다.

(4) 요오드가

유지 100 g에 첨가되는 요오드의 g수를 요오드가iodine value라 한다. 불포화도가 클수록 첨가되는 요오드가 많으므로 요오드가가 높고, 이는 지질 내에 불포화지방산이 많이 함유되어 있음을 나타낸다. 즉, 불포화지방산의 함량이 많을수록 요오드가가 높다. 요오드값에 따라서 유지를 분류하기도 한다. 요오드값이 100 이하는 불건성유non-drying oil, 100~130은 반건성유semidrying oil, 130 이상이면 건성유drying oil라고 한다.

(5) 수소화반응

액체상인 기름이 고체인 지방보다 불포화 성분이 더 많다. 이러한 이중결합에 수소를 첨가하면 이중결합이 단일결합으로 전환된다. 즉, 불포화지방이 포화지방으로 바뀌면서 액체상인 기름에서 고체인 지방으로 전환되는데 이를 수소화반응hydrogenation이라고 하고, 고체상으로 굳어지므로 경화반응hardening이라고도 하는데, 이 과정에서 생성된 지방을 경화유라고 한다. 주로 마가린이나 쇼트닝 제조에 이용한다.

4. 지질의 기능

1) 에너지 저장 기능

생체 내에서 지질의 주요한 기능 중 하나는 에너지를 저장하는 형태이다. 지질은 탄수화물이나 단백질에 비하여 훨씬 더 많은 에너지를 생성한다. 또한 지질은 소수성이어서 수화가 되지 않은 상태에서 저장되므로 수화된 상태로 저장되는 글리코겐에 비하면 같은 무게에서 볼 때 훨씬 많은 에너지를 저장하는 것이 된다. 지방은 1 g당 9 kcal의 열량을 내는 반면에, 탄수화물은 1 g당 4 kcal의 열량을 발생한다.

2) 생체막의 구성 성분

인지질이나 당지질과 같이 양극성의 성질을 갖는 지질은 수용액에서 미셀micelle 구조 또는 지질 이중층lipid bilayer을 형성할 수 있다. 즉, 수용성의 친수기는 외부로 노출되고, 반면에 소수성의 꼬리 부분은 내부로 향하게 된다. 인지질과 당지질은 지방산 2개가 결합되어 있어서 소수성의 꼬리 부분이 커짐으로 인하여 미셀 구조보다는 이중막을 선호하여 생체막을 형성하는 데 주요한 역할을 하게 된다.

생체막을 구성하는 주요 성분들로는 인지질이나 당지질 이외에도 단백질, 콜레스테롤 등이 있다.

3) 신호 전달기능

지질은 생리적 기능을 조절하는 에이코사노이드eicosanoid 또는 스테로이드 호르몬steroid hormone과 같은 신호 전달물질을 생성하는 전구체로도 이용된다. 호르몬과 담즙산의 전구체로 작용하는 콜레스테롤은 매일 일정량이 스테로이드계 호르몬으로 전환되고, 자외선에 의해서 비타민 D로도 전환된다.

4) 장기의 보호 및 체온 조절

지질은 열의 발산을 막는 작용을 하므로 체온을 유지시키는 역할을 한다. 추운 지역 동물들의 피하지방이 두꺼운 것은 이러한 이유 때문이다. 지질의 또 다른 역할은 복부의 장기들을 외부의 충격에서 보호하는 역할이다.

5. 유지의 산패

순수한 지방은 흰색 고체이며 기름은 황색의 액체로 냄새와 맛을 내지 않는다. 하지만 지방의 경우에는 오랫동안 방치하면 부패되면서 불쾌한 냄새와 맛을 낸다. 이를 산패rancidity라 하고, 이러한 산패 현상을 나타내는 원인으로는 가수분해, 산화 그리고 변향에 의한 산패가 있다.

1) 유지 산패의 구분

(1) 가수분해에 의한 산패hydrolytic rancidity

물, 산, 알칼리 및 효소에 의해 유지가 가수분해되면 지방산과 글리세롤로 분해가 되는데, 이때 분리된 지방산이 저급지방산이면 휘발성을 갖게 되고, 이로 인하여 비정상적인 냄새와 맛을 내면서 유지의 품질을 떨어뜨리는 원인이 되는 산패이다. 이러한 산패에 의한 변질은 수분 함량이 비교적 높고 저급지방산의 함량이 높은 유지인 경우에 해당된다. 특히 버터와 같은 분자량이 작은 낙농제품에서 일어나기 쉽다.

(2) 산화에 의한 산패oxidative rancidity

식품 혹은 유지가 공기 중의 산소와의 접촉에 의해 일어나는 산패이다. 특수한 경우를 제외하고는 공기 중의 산소와 접촉을 피하기는 어려우므로 가장 보편적인 산패현상이다. 유지 내에 함유된 불포화지방산이 공기 중의 산소에 의해 산화되면서 불쾌한 맛이나 냄새를 내거나 산소가 과산화 생성물을 형성하여 유지의 산화를 촉매하면 자동적으로 산화가 진행되기도 하므로 '자동산화'라고도 한다. 빛, 열, 금속이온 등에 의해서 이 과정은 촉진된다.

산화에 의한 산패로 또 다른 하나는 효소에 의한 산화이다. 리폭시다아제lipoxydase와 리포하이드로퍼옥시다아제lipohydroperoxidase에 의한 산화로 식물체인 콩류나 곡물

변향(flavor reversion)

일부 유지에서 산패가 일어나기 전에 뚜렷한 냄새 변화를 가져오는 현상을 변향이라고 하고 산패와는 구별하여 산패가 발생하기 이전에 발생한다. 대두유 특유의 풀 냄새grassy flavor 또는 콩비린내beany flavor를 탈취하거나 정제하여 냄새를 제거한 후에 저장하는 과정에서 다시 유사한 이취가 발생하는데 이는 산패취와는 뚜렷하게 구별이 된다.

변향을 일으키는 발생 기전은 잘 알려져 있지 않지만, α-리놀렌산의 함량이 비교적 적은 옥수수유에 인위적으로 α-리놀렌산을 첨가하면 변향이 발생하는 것으로 α-리놀렌산(18:3, ω-3)이 변향을 일으키는 유발물질로 유추되고 있다. 변향을 억제하기 위해서는 식용유지를 가능한 낮은 온도에서 저장하고 햇빛에 노출되지 않도록 하며 금속에 오염되지 않도록 한다.

류에 많이 함유되어 있다.

2) 유지 산패에 영향을 주는 요인들

일반적으로 유지의 산패를 촉진시키는 물질이나 이와 유사한 기능을 가진 요인들로써 물리적 요인에는 온도나 광선의 영향이 있고, 화학적 요인에는 유지를 구성하는 생화학적 물질의 영향, 지방산의 종류 그리고 금속 등이 있다.

(1) 물리적 요인

① 온도의 영향

유지는 저장온도의 조건에 따라 산패의 정도가 달라지는데 일반적으로 온도가 높아지면 산화속도도 높아지고, 저온(0℃ 이하)에서도 산패가 빨라진다. 이는 동결에 의하여 수분이 결정화되므로 유지와 공기와의 접촉이 더 용이해져서 자동산화가 촉진되기 때문이다.

② 광선의 영향

광선과 방사능은 유지의 산화에 큰 영향을 미친다. 광선의 파장이 짧을수록 에너지가 높고, 따라서 산화작용이 강하게 일어나는데, 자외선은 파장이 200~400 nm, 가시광선은 400~800 nm의 파장을 갖는다. 방사능은 원소의 붕괴에 따라서 방출되는 전자기파로 α-, β-, X-ray 등이 있다. 거의 모든 광선은 유지 내의 산화를 촉진시키고, 하이드로퍼옥시드hydroperoxide의 분해 촉진으로 유도기간을 단축시킨다.

③ 수분의 영향

식품의 수분 함량이 단일 분자층을 형성할 수 있는 양보다 많은 경우에는 수분이 유지와 공기 중의 산소와 접촉을 막는 역할을 하며, 또한 금속의 촉매작용을 감소시키기 때문에 유지의 산패를 억제시킨다. 그러나 식품의 수분 함량이 단일 분자층을 형성할 수 있는 양보다 적을 때에는 이런 보호막의 기능을 할 수 없기 때문에 산화가 쉽게 일어난다.

(2) 화학적 요인

① 생화학적 물질의 영향

지방산의 산화를 촉진시키는 것에는 헤모글로빈hemoglobin, 시토크롬cytochrome 등의 헴heme 화합물과 클로로필chlorophyll과 같은 감광물질 그리고 리폭시게나아제 lipoxygenase, 리포하이드로퍼옥시다아제 등의 효소가 있다. 이들 중에서 리폭시게나아제는 콩류 혹은 곡류 등의 식물계에 분포하고 있으며 상온에서 활성을 갖는 반면에, 리포하이드로퍼옥시다아제는 가열해야만 활성화되어 작용하기 시작하는 특징이 있다.

② 지방산의 종류

유지의 자동산화 속도는 유지를 구성하는 지방산의 불포화도에 큰 영향을 받는다. 즉, 불포화지방산은 포화지방산보다 더 산화되기 쉽고, 금속이온을 받아들이기 쉬우므로 요오드가가 높을수록 산화 속도는 빠르다.

③ 금속의 영향

금속은 미량이 존재하더라도 현저한 촉매작용을 하여 유지나 지방산의 자동산화를 촉진한다. 특히 코발트, 구리, 철, 망간, 니켈 등은 산화·환원 반응이 쉬운 중금속이므로 문제를 유발시킨다. 공업적으로 정제된 유지일지라도 0.2 ppm의 구리 혹은 아주 미량의 코발트, 철 등이 함유되면 유지의 산화가 촉진된다. 수분이 존재하는 가운데 금속 혹은 금속이온은 산패를 촉진한다.

6. 대표적 지질 식품

콩류Legumes는 콩과식물에 속하며 열매를 식용할 목적으로 재배하는 작물로 단백질이 풍부한 식품으로 알려져 있다. 종피가 단단하므로 장기 저장이 가능하고, 그 종류에 따라서 성분 조성이 다르지만 대두나 땅콩에는 단백질과 지방이 비교적 많이 함유되어 있으며 팥, 완두, 강낭콩 등에는 지방이 적고 당질과 단백질이 많이 함유되어 있어서 재료의 선택은 사용 목적에 따라서 결정된다. 주성분인 단백질 함량은

32~35%이며 유지는 19~22%이다.

1) 콩

콩soybean은 아시아·아프리카 등지에 분포하는 한해살이풀로서 중국의 동북부인 만주지역이 콩의 원산지라는 것이 통설이며, 이를 근원으로 하여 한국이나 일본 등지로 전파되어 재배되어 온 것으로 추정하고 있다. 우리나라에서는 함경북도 회령군의 청동기시대 유물에서 콩이 출토되었고, 현재 최대 생산국은 미국으로 세계 총 생산량의 70%를 차지하고 있다. 콩은 단백질 및 지방의 공급원으로서 매우 중요하며, 생산된 콩은 식용 및 공업용으로 널리 사용되는데, 콩기름은 다시 가공하여 인조버터의 제조원료로 사용되고, 남은 찌꺼기는 동물의 사료에 사용되고 있다. 대두유는 세계에서 가장 많이 생산되는 기름으로 비타민 E가 풍부하여 미용과 피부 및 노화 방지에 효과가 있는 것으로 알려져 있다. 우리나라에서 콩은 대두(학명 : *Glycine max*)라 부르기도 한다.

(1) 재료와 특성

콩은 알갱이의 크기가 클수록 단백질이 많고, 작을수록 지방이 많다. 일반적으로 아시아 지역의 콩은 대립으로 단백질 함량이 많아서 두부나 장류 등의 제조에 적합하고, 미국산 콩은 소립으로 지방 함량이 높아서 식용유나 콩나물용으로 사용된다. 콩에는 비타민 C가 거의 없지만 콩나물로 키운 후에는 다량의 비타민 C가 함유된다.

콩의 색과 모양은 다양한데, 단색인 흰콩, 누런콩, 푸른콩, 붉은콩, 검정콩 또는 서리태, 쥐눈이콩 등이 있다. 색소를 나타내는 콩류는 주로 껍질의 안토시아닌anthocyanin 색소와 기타 항산화성 페놀류에 의한 것이다. 적색과 흑색의 안토시아닌에 의한 것은 조리과정에서도 남아 있지만, 혼성 색의 콩의 색소는 대개 조리수에 의해서 빠져 나가므로 가능한 조리횟수를 최소로 하는 것이 영양적으로 유리하다.

콩에서 얻어지는 기름을 대두유라 하는데, 세계에서 가장 많이 이용되는 기름으로 비타민 E가 풍부하여 노화 방지에 효과가 있다.

(2) 성분

콩은 콩류 중에서 단백질 함량이 가장 높다. 콩 단백질은 필수아미노산 중에서 메티오닌methionine이나 시스틴cystine과 같은 황 함유 아미노산의 함량이 적고, 이를 제외한 모든 아미노산이 풍부하게 함유된 양질의 단백질이다. 특히 라이신lysine을 다량 함유하고 있기 때문에 곡류에 부족한 라이신을 보충하는데 좋은 재료여서 식품의 궁합적인 면에서 볼 때에 곡류와 잘 맞는 재료이다.

콩에 함유된 지질의 78%가 불포화지방산으로 구성되어 있으며, 콜레스테롤은 없고 레시틴을 함유하고 있다. 당질은 약 26% 함유되어 있지만 전분은 거의 없고 올리고oligo당, 셀룰로스cellulose, 갈락탄galactan 등의 다당류로 세포막에 존재하고 있다.

콩에 함유된 무기물로는 칼슘, 마그네슘, 철, 인, 구리 등이 함유되어 있고, 엽산을 많이 함유되어 있어서 엽산의 우수한 공급원이며, 리보플라빈, 티아민, 비타민 B_6 등도 풍부하다.

(3) 조리 및 가공

많은 양의 단백질과 지방을 함유하고 있어서 이들 성분의 중요한 급원식품으로 콩밥·콩자반·콩엿 등을 만들어 먹기도 하고, 가공하여 두부·두유·비지·된장·콩기름·식용유·콩고기·간장·콩나물 등의 제조에 사용되기도 한다. 정제한 대두유는 냄새가 없고 구수하여 식용유로 가장 많이 소비되며 튀김용이나 샐러드, 마요네즈 등에 사용된다.

마가린은 식물성 기름에 수소를 첨가하여 경화시킨 가공유지로 대표적인 수중유적형 경화유지이다. 참고로 버터는 동물성 지방을 이용하여 제조한 유중수적형 제품이다.

대두 단백질을 제조할 때 배출되는 대두 유청을 분리 및 정제를 통해서 제조되는 대두 올리고당은 라피노스raffinose, 스타키오스stachyose, 서당sucrose 등의 가용성 당류를 함유하고 있어서 음료 제조 등에 많이 이용되고 있다.

2) 녹두

(1) 재료와 특성

녹두mung bean는 팥과 비슷한 형태이지만 크기가 더 작고 일반적으로 초록색이다.

(2) 성분

녹두의 주성분은 전분이 34%로 당면의 제조에 많이 사용하던 전분이나 현재는 감자전분 또는 고구마전분이 많이 사용된다.

(3) 조리 및 가공

청포묵, 녹두죽, 빈대떡, 숙주나물, 떡고물 등의 제조에 이용되고, 싹 틔운 것을 숙주나물이라 하여 콩나물류 중에서 풍미가 좋아서 이용 가치가 높다.

3) 완두

(1) 재료와 특성

완두garden pea의 껍질이 부드러운 연협종은 풋콩이라 하며 중국요리에 많이 이용되고 있고, 껍질이 단단한 경협종은 그린피스green peas라 부르는 미숙한 종실을 수확하여 다양한 요리에 이용된다. 종피의 색은 초록색과 흰색의 두 종류가 있으며, 초록색은 클로로필의 색이다.

(2) 성분

주성분은 전분으로 단백질도 풍부하지만 지질은 2% 정도로 적으나 레시틴lecithin이 풍부하며, 풋콩은 비타민 A, B_1, C가 풍부하다.

(3) 조리 및 가공

그린피스는 주로 통조림, 병조림 등을 만드는 데 이용되며, 풋완두는 채소용으로 많이 이용되어 조리에 이용되거나 통조림 재료로 사용된다.

4) 땅콩

(1) 재료와 특성

땅콩peanuts은 낙화생이라고도 하며, 꽃이 핀 후에 씨방이 땅 속으로 들어가서 열매를 맺는다.

(2) 성분

대두와 구성 성분이 구성하지만, 단백질의 함량이 조금 적다. 지질이 45~50%, 단백질을 20~30% 함유하고 있어 영양이 풍부하다. 당질은 콩류 중에서 가장 적어 약 16% 정도 함유하고 있다. 메티오닌과 라이신의 함량은 적지만 필수지방산인 리놀레산linoleic acid이 다량 함유되어 있다.

(3) 조리 및 가공

호남 이북지역에서 재배되는 것은 소립종으로 지방의 함량이 많아서 기름을 짜거나 과자 혹은 빵으로 가공되기도 하고, 간식 또는 안주용이나 땅콩버터peanut, 땅콩크림peanut cream으로 이용된다.

5) 커피콩

(1) 재료와 특성

커피콩(생두)은 커피열매(체리)에서 과육을 제거하고 얻는 것으로 일반적으로 하나의 체리 안에 마주보는 두 개의 생두를 얻을 수 있다. 커피 생두는 그 색이 청녹색이 진하고 크기가 클수록 고급이며, 크기뿐만이 아니라 향에 의해서도 그 품질이 결정된다.

(2) 성분

수분 함량이 약 11% 정도이고 소량의 포도당과 과당, 각종 유기산, 무기질 등은 물론 알코올 등 800여 종의 휘발성 화합물에 의해 그 향이 나타나며, 특히 그 중 몇 가지에 의해 품종별 특유의 향을 드러내게 된다.

(3) 가공

커피는 맛과 함께 향을 느끼기 때문에 어떤 품종이며 로스팅 정도가 아주 중요하다. 커피 맛은 시고 떨떠름하고 달고 고소하고 쓴맛 등 오미가 나는 것이 커피의 매력이라 할 수 있으며 생산국가별로 이 중 어느 한 가지 맛이 두드러지기도 한다. 보통 아라비카종이 고급이며, 로부스타는 저급커피로 알려져 있다.

커피의 효능 중 폴리페놀 성분이 이뇨, 신경 안정 등에 영향을 준다고 알려져 있다.

6) 동물성 원료

우리가 주로 식용하는 소, 돼지 등의 가금류로부터 우지, 돈지 등의 제품을 얻기는 하나 일반적으로 많이 사용하지 않고 주로 공업적으로 사용한다.

우유로부터 지방만을 모아 연압 등의 공정을 거쳐 버터를 제조하며 버터는 대표적인 유중수적형 제품이다.

7) 기타 원료

최근에는 쌀겨로부터 미강유를 만들거나 참깨를 활용한 참기름, 옥수수 배아를 활용한 옥배유 등이 많이 이용되고 있으며, 참치 통조림의 제품을 보호하기 위해 충진하는 면실유는 목화씨에서 추출하여 제조한다. 최근 식품시장에서 새롭게 조명되며 인기를 얻었던 카카오지 등도 유지 제품으로 눈여겨 보아야 할 것이다. 식품학자들은 한편으로는 압착효모나 막상균 등을 이용하여 미생물유지를 활용하려는 시도를 지속적으로 하고 있어 미래 유지 자원으로의 미생물에 대하여도 살펴보아야 할 것이다.

단원정리

1. 지방산은 탄소수, 이중결합 유·무, ω-지방산의 개념, 생체 내 합성 유·무에 따라 나눌 수 있다.
2. 구조에 따라서 단순지질, 복합지질, 그리고 유도지질로 분류된다.
3. 단순지질은 한 분자의 글리세롤과 세 분자의 지방산이 탈수, 축합하여 생성된 중성지방으로 세 개의 에스테르 결합으로 되어 있다.
4. 복합지질은 구성하는 성분에 따라서 인지질, 당지질, 지단백질로 나눌 수 있다.
5. 인지질은 글리세롤에 인산이 결합된 포스파티드산의 골격을 갖는 글리세로인지질과 스핑고신 골격을 갖는 스핑고인지질이 있다.
6. 당지질에는 세레브로사이드, 강글리오사이드 등이 있다.
7. 검화가가 클수록 지방을 구성하는 지방산의 분자량이 작음을 나타낸다.
8. 산가는 유리된 지방산을 중화하는 데 소비된 KOH의 mg이므로 산가가 클수록 유지의 신선도가 떨어짐을 알 수 있다.
9. 지질의 기능은 에너지 저장, 생체막의 구성 성분, 신호 전달기능, 장기 보호 및 체온 조절 등이 있다.
10. 유지의 산패에는 가수분해에 의한 산패, 산화에 의한 산패, 변향에 의한 산패가 있다.
11. 유지의 산패에 영향을 주는 요인으로는 물리적 요인과 화학적 요인이 있다. 물리적 요인은 온도, 광선, 수분의 영향 등이 있고, 화학적 요인에는 생화학적 물질, 지방산의 종류, 금속의 영향 등이 있다.

CHAPTER

6

비타민 및 무기질

1. 비타민 ı 2. 무기질 ı 3. 대표적 비타민 식품과 무기질 식품

6

1. 비타민의 종류와 구조에 따른 특성과 생리적 기능을 이해한다.
2. 무기질의 종류와 구조에 따른 특성과 생리적 기능을 이해한다.
3. 대표적인 비타민과 무기질 식품의 종류와 특성을 설명할 수 있다.

1. 비타민

1) 비타민의 분류 및 특성

비타민은 우리 인체의 에너지원으로는 직접 사용되지 않지만, 정상적인 생체 대사작용을 위해서는 필수 불가결한 유기화합물이다.

비타민은 현재 13종이 인정되고 있으며, 비타민의 명칭은 발견된 순서에 따라 A, B, C, D, E, K 등의 이름을 붙이고 밝혀진 화학구조에 따르는 화학명을 함께 사용한다. 또한 용해성에 따라 지용성과 수용성으로 나뉜다.

비타민은 생체 대사반응의 조효소나 보조인자로 작용하는 유기화합물이다. 이를테면 동물이 생명을 유지하는 데는 효소, 호르몬, 비타민이라는 유기물이 반드시 촉매로 작용해야 한다.

그러나 비타민은 체내에서는 합성되지 않거나 합성되어도 충분하지 않아 식품의 형태로 섭취해야만 하는 필수영양소이다. 단, 예외적으로 비타민 중에는 장내세균에 의해 합성되어 필요량을 충족시키는 경우도 있다(비타민 B_2, B_6, B_{12}, K, 판토텐산, 엽산, 비오틴 등). 이때 장내세균의 번식을 억제하지 않도록 항생물질을 복용하지 않는 전제조건이 필요하다.

비타민은 매일 1~100 μg 정도 필요하기에 미량 영양소라고 부르는데 효소나 호르몬도 미량으로 체내 대사를 조절하는 유기화합물이지만 합성이 가능하다는 점에서 비타민과 구별된다. 무기질도 미량으로 필요하지만 유기화합물이 아니라는 점에서 비타

◇ 표 6-1 ∣ 지용성 비타민과 수용성 비타민의 비교

특성 \ 종류	지용성 비타민	수용성 비타민
용해성	유기용매에 용해됨	물에 용해됨
필요성	매일 공급할 필요는 없음	매일 공급이 필요함
전구체	있음	없음
독성	과량 섭취 시 체내에 저장되어 독성 유발함	독성이 심하지 않음
저장성	간, 지방조직에 저장됨(예외: 비타민 A, E)	필요 이상은 배설됨(예외 : 비타민 B_{12})
배설 경로	담즙으로 서서히 배설됨	소변으로 빠르게 배설됨

민과 구별된다. 또한 식품에서 전구체의 형태로 섭취하여 체내에서 쉽게 비타민으로 변화하는 화합물을 프로비타민provitamin이라 한다.

각각의 비타민은 산과 알칼리, 열, 빛, 산소에 대한 고유의 성질을 가지고 있으며 부족하면 결핍증이 나타나고, 지용성 비타민은 과잉 섭취 시 독성이 나타나기도 하므로 주의하여야 한다 표 6-1.

2) 지용성 비타민

지용성 비타민은 물에 녹지 않고 지방이나 지용성 용매에 용해되는 것으로 비타민 A, D, E, K가 있다 표 6-2.

표 6-2 | 지용성 비타민의 종류와 특성

종류 \ 특성		생리작용	성질					결핍증	과잉증	급원식품
			산	알칼리	산소	광선	열			
비타민 A	레티놀 레티날 레티노산	•성장 촉진 •시력 유지 •상피세포의 건강 유지 •세포 분화 및 증식	X	O	X	X	O	야맹증, 안구건조증, 피부각질화, 유아 성장 지연, 면역기능 약화	피부질환, 두통, 식욕 부진, 태아 기형, 탈모, 간비대	동물의 간, 장어, 난황, 시금치, 깻잎, 당근, 감
비타민 D	D_2 (에르고칼시페롤) D_3 (콜레칼시페롤)	•칼슘, 인의 흡수 촉진 및 항상성 조절 •골조직 형성	X	O	X	X	X	골연화증, 골다공증, 구루병, 유아 발육 부진	신장동맥의 석회화, 식욕 부진, 구토, 변비	등푸른생선, 장어, 표고버섯, 비타민 D 강화 마가린과 우유
비타민 E	토코페롤	•생식기능 정상화 •산화(노화) 방지 •비타민 A의 흡수 증가	X	X	X	X	X	불임증, 근위축증, 적혈구 용혈, 빈혈	두통, 피로, 근육 허약, 비타민 K의 대사 방해	식물성 기름, 땅콩, 잣
비타민 K	K_1(필로퀴논) K_2(메나퀴논) K_3(메나디온)	혈액 응고	O	X	O	X	O	혈액 응고 지연, 신생아 출혈	혈전증, 빈혈, 황달	녹색채소, 달걀, 육류, 김, 미역

※ O : 안정, X : 불안정

(1) 비타민 A(레티놀, retinol)

비타민 A는 레티놀과 동일한 생리작용을 갖는 화합물의 총칭이다. 주요한 것으로 비타민 A의 종류인 레티놀retinol, 레티날retinal, 레티노산retinoic acid이 있다.

체내에서 레티놀로 전환되는 것을 프로비타민 A라고 하며, 프로비타민 A에는 α-카로틴, β-카로틴, γ-카로틴, 크립토잔틴cryptoxanthin과 같은 카로티노이드류가 있다. 인체 내에서 비타민 A로의 효력은 β-카로틴이 가장 크며(비타민 A의 1/3), 크립토잔틴, α-카로틴, γ-카로틴 등은 β-카로틴의 반 정도이다.

프로비타민 A

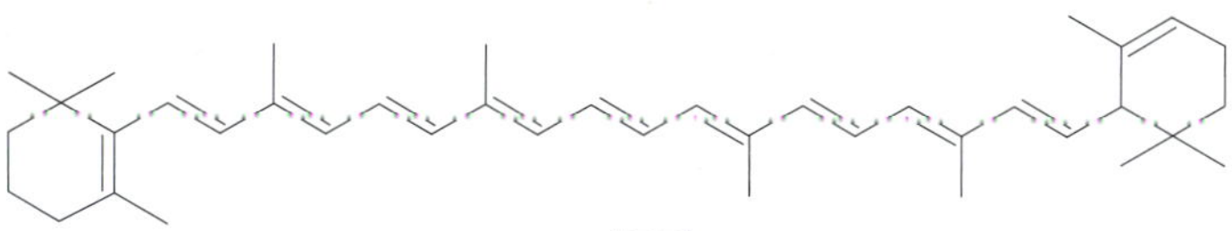

α-카로틴

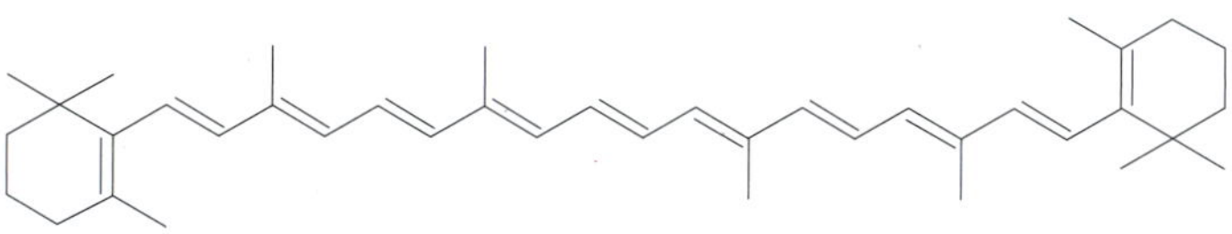

β-카로틴

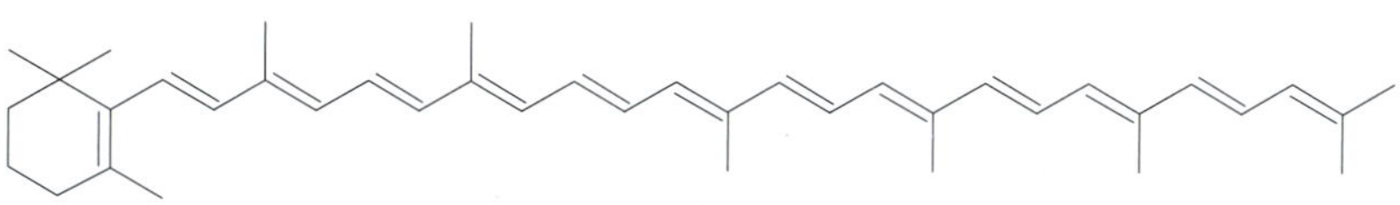

γ-카로틴

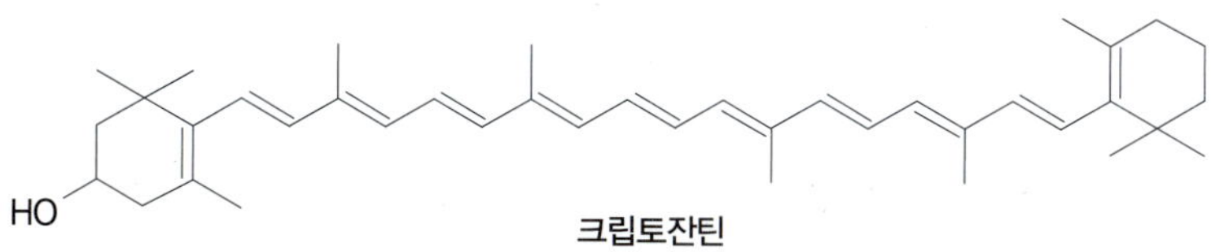

크립토잔틴

비타민 A

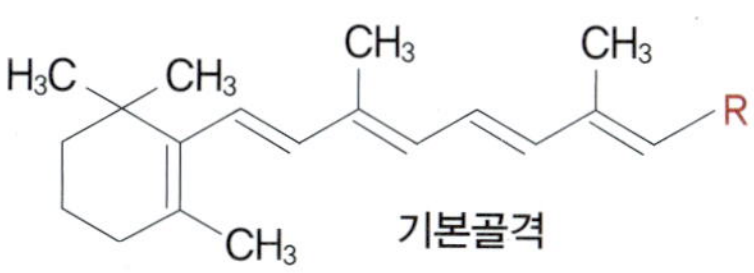

레티놀 : R = $-CH_2OH$
레티날 : R = $-CHO$
레티노산 : R = $-COOH$

그림 6-1 | 비타민 A와 프로비타민

비타민 A는 시각색소(로돕신rhodopsin)의 형성, 성장 촉진작용, 피부, 각막의 각질화 방지 등의 생리작용을 갖는다. 최근에는 폐암, 식도암, 자궁경부암의 발생을 억제하는 항암효과도 지닌 것으로 알려지고 있다. 안구 망막에는 로돕신(시홍)이라고 부르는 빛에 반응하는 물질이 있어서 비타민 A가 결핍하면 암순응 반응이 늦어져 야맹증을 일으킨다. 또 피부와 점막 상피의 각질화 등도 일어난다. 세균에 대한 저항력도 감소하여 병원균에 의한 감염도 쉬워진다. 구조 중에 많은 공액이중결합을 갖고 있어 공기 중에서 빠르게 산화되며, 특히 빛과 열이 존재할 때 더 불안정하다.

- 안정성 : 식품 중의 유지가 산화되면 비타민 A도 급속히 산화된다. 비타민 E와 같은 항산화제가 공존하면 안정성은 증가한다. 버터나 마가린에 항산화제를 첨가하는 것은 비타민 A의 손실을 막기 위함이다. 비타민 A는 비교적 열에는 안정하여 일반적인 가열조리 중에는 손실이 거의 없다.

(2) 비타민 D(칼시페롤, calciferol)

항구루병인자로서 발견된 비타민 D는 D_2ergocalciferol와 D_3cholecalciferol의 2종류가 있고, 이들의 생리활성은 거의 동일하다. 또 프로비타민 D로는 프로비타민 D_2ergosterol

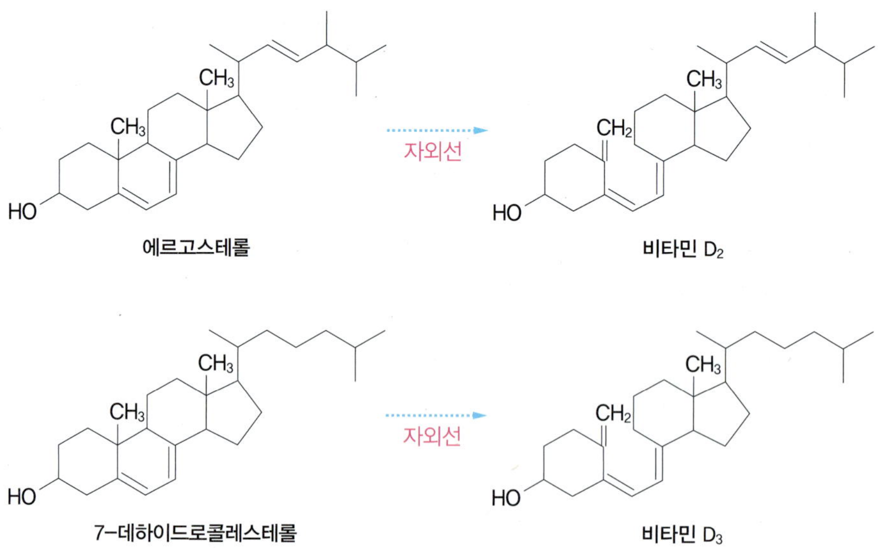

그림 6-2 | 비타민 D의 구조

와 프로비타민 $D_3$7-dihydrocholesterol가 있다. 프로비타민 D_2는 버섯 등의 식물성 식품에, 프로비타민 D_3는 어류, 달걀 등의 동물성 식품, 사람의 피부에 함유되어 있다.

프로비타민 D_2에 자외선을 조사하면 비타민 D_2로 변환하고, 피부에 있는 프로비타민 D_3도 햇빛 중의 자외선에 의해 비타민 D_3로 변환되어 체내에 흡수된다. 비타민 D는 칼슘과 인산의 흡수를 촉진하여 뼈와 치아 형성을 돕는다. 그 때문에 비타민 D가 결핍되면 칼슘의 흡수 및 뼈의 형성이 억제되고, 유아기에는 구루병, 성인에게는 골연화증 등의 뼈 질환을 일으킨다. 일조가 적은 환경에 있는 사람이나 자외선 차단 화장품을 사용하는 사람, 피부에서의 비타민 D 변환능력이 저하된 고령자는 비타민 D가 풍부한 식품을 섭취해야 한다.

- 안정성 : 열, 광선, 산에 대해서는 불안정하지만, 일반적인 조리·가공에 대해서는 비교적 안정하다.

(3) 비타민 E(토코페롤, tocopherol)

비타민 E는 생식, 출산tocos과 관계가 있어 토코페롤tocopherol이라고 하며, 항불임성 인자로서 발견된 비타민이지만 가장 중요한 생리작용은 항산화작용이다. 비타민 E는 불포화지방산의 산화로 생성되는 라디칼에 수소를 주어 안정화시키므로 생체 내에서는 주로 불포화지방산의 과산화 억제 그리고 식품에서는 유지의 자동산화를 막는

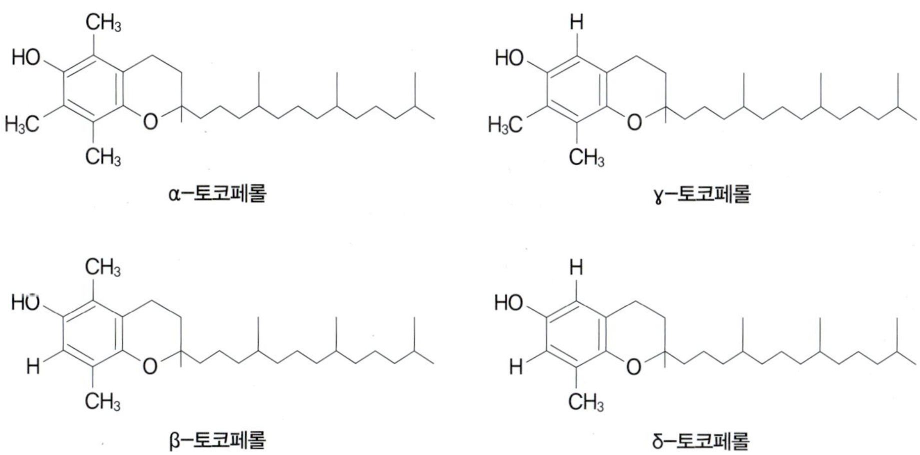

그림 6-3 | 비타민 E의 구조

천연 항산화제이다. 그러므로 식품의 불포화지방산, 인지질, 비타민 A의 산화를 막아 주고 세포의 노화를 방지한다. 이 때문에 토코페롤은 지질의 과산화물이 원인이 되어 발병하는 동맥경화증, 백내장, 암 등을 예방한다. 자연계에 있는 토코페롤은 토콜tocol의 유도체로서 α, β, γ, δ형의 4종류가 있다. 비타민 E로서의 활성은 $\alpha > \beta > \gamma > \delta$, 항산화제로서의 활성은 이와 반대로 $\delta > \gamma > \beta > \alpha$ 순이다.

- 안정성 : 열에는 안정하지만 산화제나 과산화물의 존재, 자외선 조사, 알칼리성 조건하에서 산화되기 쉽다.

(4) 비타민 K(필로퀴논, phylloquinone)

혈액의 응고(독일어 Koagulation)에 관여하는 비타민으로 그 첫 자를 따서 비타민 K라고 이름을 붙였다. 혈액 응고반응은 다수의 복잡한 인자가 관여하는데, 이 중 프로트롬빈prothrombin과 몇 가지는 비타민 K 의존성을 갖고 있어 비타민 K가 꼭 필요하다. 비타민 K는 녹색식물에서 추출한 비타민 K_1(필로퀴논phylloquinone)과 미생물 유래의 비타민 K_2(메나퀴논menaquinone), 인공적으로 합성한 K_3(메나디온menadion)가 있다. 이 중 K_3는 수용성이고, 천연비타민보다 활성이 더 커서 혈액응고치료제나 비타민제로 많이 사용된다.

성인의 경우 장내세균에서 생산되기 때문에 거의 결핍증은 없으나, 신생아의 경우는 무균 상태로 출생하므로 합성이 어려워 출혈이 일어날 수 있으므로 비타민 K의 보급

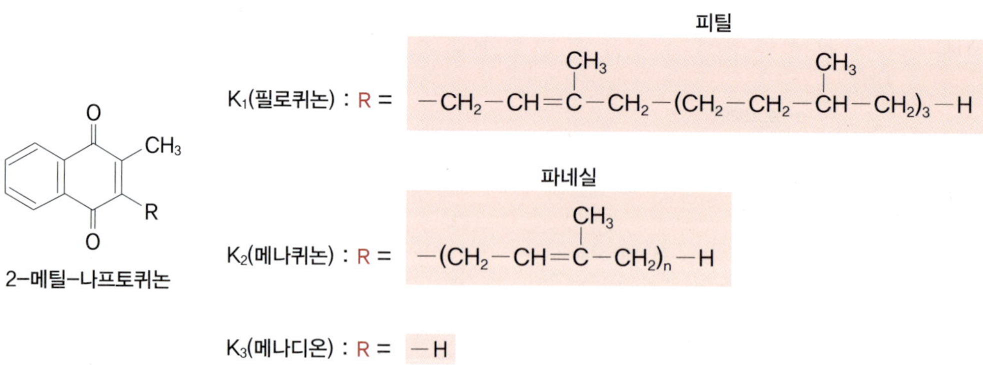

그림 6-4 | 비타민 K의 구조

이 필요하다.

- 안정성 : 열, 공기 산화, 묽은 산에는 안정하지만 광선, 알칼리에 불안정하여 조리·가공 중에는 비교적 손실이 적으나 햇빛에 노출되면 손실이 크다.

3) 수용성 비타민

수용성 비타민은 물에 녹기 쉬운 성질을 가진 비타민 B복합체(B_1, B_2, 니아신, B_6, B_{12}, 엽산, 판토텐산, 비오틴 등 8종)와 비타민 C가 있다. 수용성 비타민은 필요량 이상 섭취하여도 소변으로 배출되고 저장이 어려우므로 매일 꾸준히 필요량을 섭취해야 한다.

(1) 비타민 B_1(티아민, thiamin)

비타민 B_1은 인산과 결합하여 TPPthiamin pyrophosphate를 구성하여 당질 대사에서 중요한 역할을 하는 피루브산 탈수소효소의 조효소로 작용하므로 비타민 B_1이 결핍되면 이 부분의 대사가 진행되지 않아서 탄수화물 분해산물인 피루브산과 젖산이 축적되어 각기병 증상인 신경염, 부종, 식욕 감퇴 및 권태감이 나타난다.

비타민 B_1은 곡류의 배아와 외피에 많기 때문에 정백도가 증가하면 그 함량은 감소한다. 또한 돼지고기, 효모에도 함유되어 있으며 돼지고기를 먹을 때 마늘과 같이 먹으면 마늘의 알라이신allicin이 티아민과 결합하여 알리티아민allithiamin이 되면서 흡수를 증가시킨다. 한편 양치류(고사리, 고비), 담수어(잉어, 미꾸라지), 패류(모시조개, 대합)에는 티아미나아제thiaminase라는 비타민 B_1 분해효소가 있어서 비타민 B_1을 분해할 수 있지만, 가열하면 효소의 활성이 불활성화되므로 익혀 먹으면 아무런 영향을 받지 않는다.

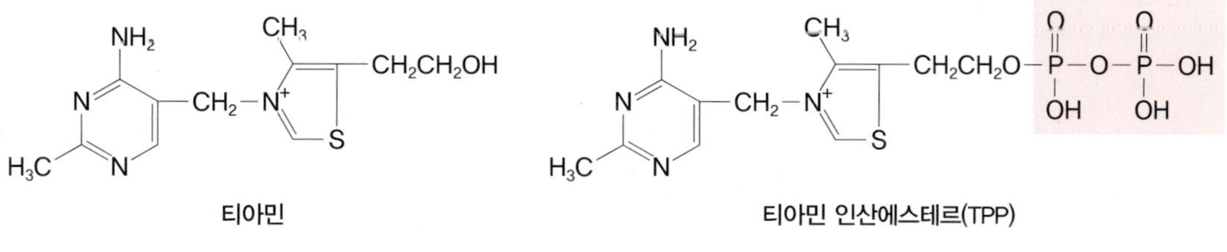

그림 6-5 | 비타민 B_1과 TPP의 구조

◇ 표 6-3 | 수용성 비타민의 종류와 특성

종류 \ 특성	생리작용	성질					결핍증	급원식품
		산	알칼리	산소	광선	열		
비타민 B_1 (티아민)	• 당질 대사 촉진 • 식욕 및 소화기능 자극 • 신경기능 조절	O	X	X	O	X	피로, 권태감, 식욕 부진, 각기병, 다발성신경염	배아, 쌀겨, 효모, 현미, 대두, 돼지고기, 해바라기씨
비타민 B_2 (리보플라빈)	• 성장·발육 촉진 • 입안 점막 보호 • 체내 산화·환원 작용	O	X	O	X	O	구순·구각염, 설염, 성장 저해	쇠간, 돼지간, 달걀, 치즈, 우유, 분유
니아신	• 당질, 지질, 단백질의 산화·환원 작용	O	O	O	O	O	펠라그라, 피부·점막 손상	쇠고기, 닭고기, 고등어, 꽁치, 땅콩, 참깨, 표고버섯
비타민 B_6 (피리독신)	• 단백질 대사에 관여 • 헴 합성 • 지방 합성	O	O	O	X	X	피부염, 설염, 습진, 성장 저하	쇠간, 돼지고기, 바나나, 현미, 마늘
비타민 B_{12} (코발아민)	• 항악성빈혈 작용 • 적혈구 생성 • 성장 촉진	X	X	O	O	O	악성빈혈, 손발 지각 이상	쇠간, 달걀, 돼지간, 조개, 굴, 고등어
엽산 (폴라신)	• 항빈혈작용 • 핵산 합성 • 성장 촉진	X	O	X	X	X	거대적아구성 빈혈	해바라기씨, 쇠간, 난황, 시금치, 브로콜리, 오렌지
판토텐산	• 탄수화물 및 지질 대사에 필요한 코엔자임 A의 구성 성분 • 스테롤 합성 • 헤모글로빈 합성	X	X	O	O	O	피로, 불면, 두통, 근육 경련, 빈혈	대부분의 동·식물성 식품, 쇠간, 우유, 땅콩, 난황
비오틴	• 포도당·지방산 합성	O	X	X	O	O	탈모, 발톱 깨짐, 위장 증상	대부분의 동·식물성 식품, 쇠간, 난황, 시금치
비타민 C (아스코르브산)	• 콜라겐 합성 • 항산화제 • 면역기능 향상 • 감기 예방 • 철 흡수 촉진	O	X	X	X	X	괴혈병, 점막과 피부의 출혈, 쉽게 멍이 듦, 쇠약 증상	딸기, 키위, 오렌지, 파프리카, 풋고추, 고춧잎

※O : 안정, X : 불안정

• 안정성 : 수용성이기 때문에 물에 침지, 데치기, 찌기 등의 조리작업에 의해 손실되기 쉽다. 예를 들어 일반적인 가열조리에서는 20~30% 정도의 비타민 B_1이 손

실되고, 해동할 때는 약 10%가 손실된다. 광선과 산성에서는 안정하지만, 중성이나 알칼리에서는 매우 불안정하여 급속히 분해되면서 강한 형광을 갖는 티오크롬 thiochrome을 형성한다.

(2) 비타민 B_2(리보플라빈, riboflavin)

비타민 B_2는 탄수화물, 지질, 단백질 대사의 조효소로 작용하며, 당알코올인 리비톨 ribitol이 이소알록사진isoalloxazine 고리에 결합한 구조를 갖는 수용성 비타민이다. 입안의 점막을 보호하며 성장을 촉진하는 황색 침상의 결정으로 수용액은 독특한 녹황색 형광을 띤다. 비타민 B_2는 단독에 의한 결핍보다 다른 비타민 B 복합체가 부족할 때 결핍증이 발현되기 쉽다. 동물의 간, 녹색채소, 달걀, 우유 등에 함유되어 있다.

- 안정성 : 산에는 안정하지만 광선이나 알칼리에 의해 분해되기 쉽다.

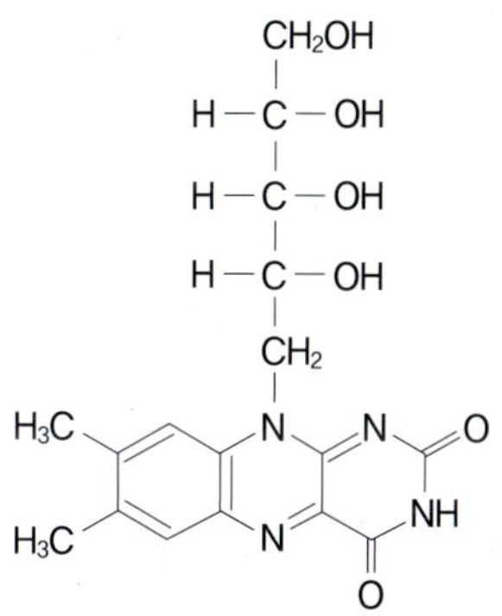

그림 6-6 | 비타민 B_2(리보플라빈)의 구조

중성·산성 영역에서 광선을 쬐면 루미크롬lumichrome으로, 알칼리성에서는 루미플라빈lumiflavin으로 변화하여 비타민 B_2의 생리활성을 잃는다.

우유를 2시간 햇빛에 쬐이면 우유 중의 비타민 B_2의 절반 이상이 광분해한다. 그러나 항산화제인 비타민 C가 공존하면 비타민 B_2의 분해가 억제될 수 있으며, 갈색 병에 보관하거나 착색필름으로 코팅하는 방법도 있다.

(3) 니아신

니아신niacin은 니코틴산nicotinic acid과 니코틴산 아미드nicotinic acid amide의 총칭이다. 생체 내에서는 조효소 NADNicotinamide Adenin Dinucleotide, NADPNicotinamide Adenin Dinucleotide Phosphate를 구성하여 열량영양소의 여러 산화·환원 작용에 관여한다. 생체 내에서 트립토판 60 mg에서 니아신 1 mg이 합성되지만 충분한 양이 아니므로 식품으로부터 섭취해야 한다. 니아신이 부족하면 피부와 점막에 손상이 일어나고 심각하게 결핍되면 피부염, 설사, 정신 이상, 색소 침착이 일어나는 펠라그라 증세가 나타난다. 니아신은 이를 예방하기에 항펠라그라성 인자로 불린다.

- 안정성 : 열, 산, 알칼리, 광선, 산화에 안정하지만 수용성이기 때문에 물에 침지, 데치기, 찌기 등의 조리작업에 의한 손실을 주의해야 한다.

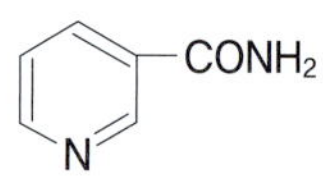

니코틴아미드

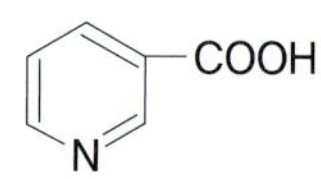

니코틴산

니아신

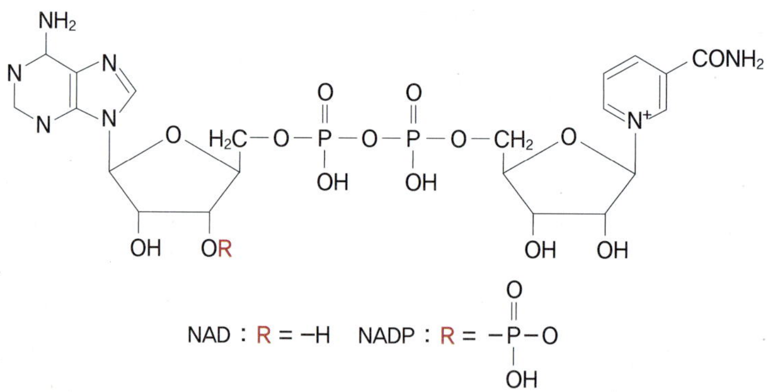

그림 6-7 | 니아신과 NAD(P)의 구조

(4) 비타민 B$_6$(피리독신, pyridoxine)

비타민 B$_6$는 자연계에서는 피리독신pyridoxine, 피리독살pyridoxal, 피리독사민pyridoxamine 세 종류가 존재하며, 체내에서는 상호 전환될 수 있어서 비타민 B_6로서의 효능은 같다. 체내에서 활성형은 피리독살-5-인산pyridoxal-5-phosphate, PLP으로 아미노산 대사, 조혈작용, 신경전달물질 합성에 관여한다.

비타민 B_6는 식품 중에 널리 분포되어 있고 사람의 장내세균에 의해 합성되므로 결핍증은 거의 일어나지 않지만, 아미노산 대사상의 중요성 때문에 단백질 섭취량이 증가할 때는 비타민 B_6의 필요량도 증가하므로 주의가 필요하다. 결핍증은 비타민 B복합체가 전반적으로 부족할 때 발생하는데, 귀·코·입의 습진이나 지루성피부염 증세가 나타나므로 항피부염인자라고 부른다.

• 안정성 : 산성 용액에 안정하지만 광선에 분해되기 쉽다.

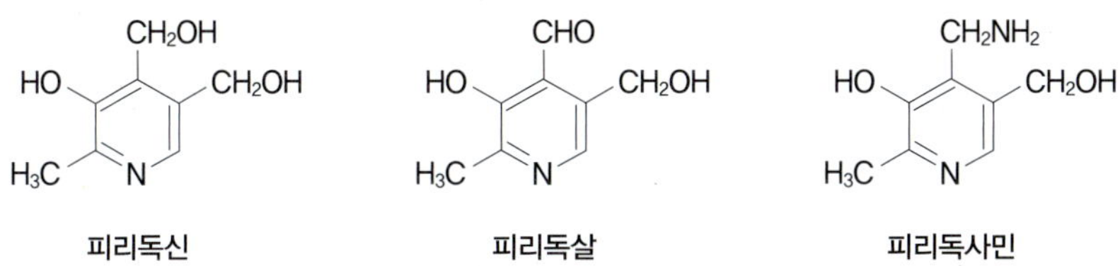

그림 6-8 | 피리독신, 피리독살, 피리독사민의 구조

(5) 비타민 B_{12}(코발아민, cobalamin)

비타민 B_{12}는 비타민 중에서 가장 복잡한 구조를 갖는 화합물로서 분자 중앙에 코발트 원자를 가지고 있어서 코발아민이라고도 한다.

적혈구 생성에 관여해서 항악성빈혈인자라고도 부르며, 지방과 당질 대사, 단백질 합성, DNA 합성 등에 관여한다.

결핍되면 악성빈혈, 신경증상(손발 지각 이상, 환각, 망상, 불안정)을 보이며, 유아는 성장 지연, 설사, 구토, 혈구 감소를 보이게 된다. 비타민 B_{12}는 식물성 식품에는 거의 존재하지 않고 주로 동물성 식품에만 함유되어 있어서 엄격한 채식주의자에게 발생하기 쉽다.

• 안정성 : 열에 강하지만 알칼리성 용액에서 가열하면 분해된다.

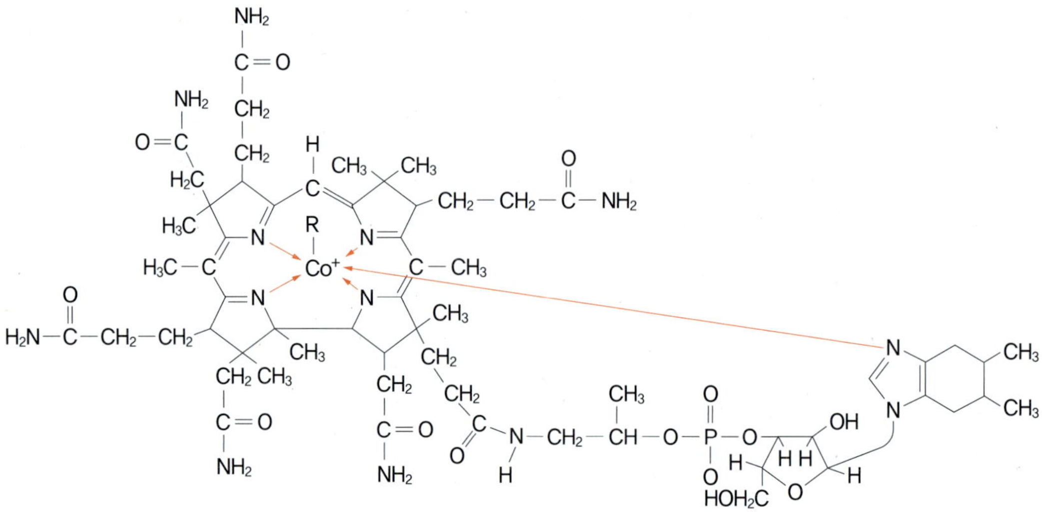

그림 6-9 | 비타민 B_{12}의 구조

(6) 엽산(folic acid, folacin)

엽산의 명칭은 식물의 잎folium에 존재한다는 뜻에서 유래되었다. 조효소 테트라하이드로엽산tetrahydrofolate, THF의 형태로 아미노산, 핵산 및 적혈구 합성에 관여한다. 식품 내의 엽산은 그림 6-10과 같이 글루탐산이 3~7개 결합된 형태로 존재한다.

엽산은 체내에서 흡수되면 조효소형의 엽산이 되어 핵산염기, 아미노산, 단백질 등의 생합성에 관여하는 보효소로 작용한다. 장내세균에 의해 합성된다.

- 안정성 : 알칼리성에서만 열에 안정하고 빛, 열, 공기 산화에 대해 불안정하여 쉽게 분해된다.

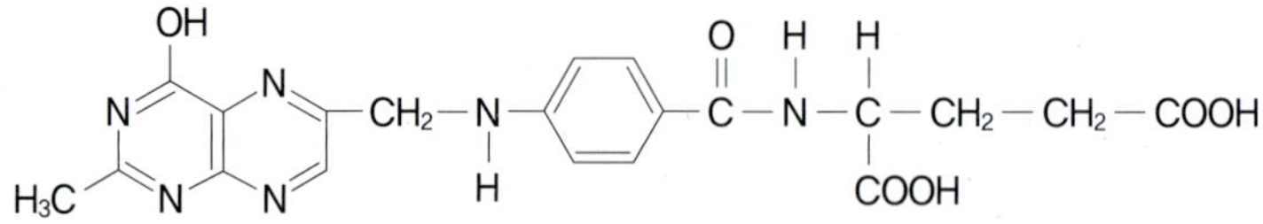

그림 6-10 | 엽산의 구조

(7) 판토텐산

판토텐산pantothenic acid은 'everywhere'를 의미하는 명칭처럼 모든 동·식물성 식품 중에 널리 분포한다.

조효소 CoAcoenzyme A의 구성 성분으로 에너지대사나 헤모글로빈, 지방산, 호르몬 합성 및 분해에 관여한다. 항비타민이나 판토텐산 결핍식이를 섭취하지 않는 한 결핍 증상이 나타나지 않는다.

- 안정성 : 산, 알칼리에는 불안정하여 쉽게 분해되나 열에는 안정하여 소량의 물로 조리하면 90%가 보유되며, 다량의 물로 조리해도 70%가 보유된다.

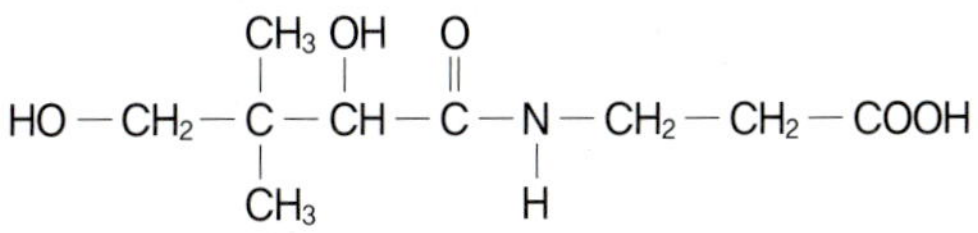

그림 6-11 | 판토텐산의 구조

(8) 비오틴

비오틴biotin은 황을 함유한 비타민으로 카복실라아제carboxylse의 조효소로 체내에서 퓨린purin과 췌장 아밀라아제의 합성에 관여한다. 비오틴은 장절제수술로 세균에 의한 합성이 감소되거나 생달걀을 과량으로 섭취하면 결핍될 수 있는데, 이는 달걀흰자 중에 함유된 아비딘avidin이라는 당단백질이 장내에서 비오틴과 결합하여 비오틴의 흡수를 방해한다.

- 안정성 : 열, 광선, 산에는 안정하나, 알칼리와 산화에는 불안정하다.

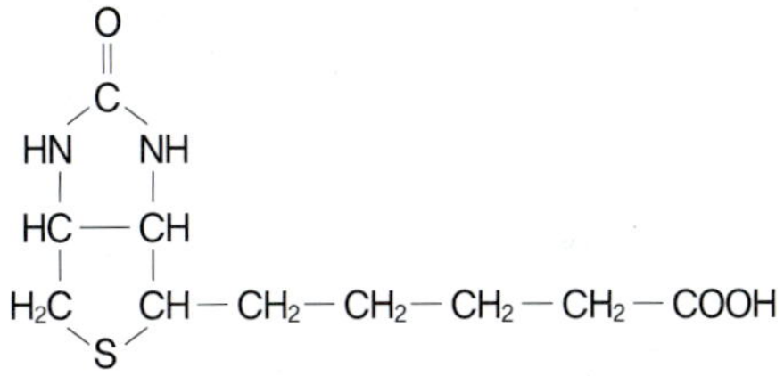

그림 6-12 | 비오틴의 구조

(9) 비타민 C(아스코르브산, ascorbic acid)

비타민 C는 항괴혈병성 비타민antiscorbutic vitamin이라는 뜻에서 아스코르브산이라고 부른다. 신맛을 내며 환원형L-ascobic acid, ASA과 산화형dehydroascorbic acid, DHA이 존재하며, 산화형은 환원형의 75~80%의 효력을 갖는다 그림 6-13.

콜라겐이나 스테로이드 호르몬을 합성하며, 철의 흡수를 촉진하여 감기에 대한 저항력을 증가시키는 효과도 보고되었다. 콜라겐은 결합조직과 혈관 벽에 다량 존재하기

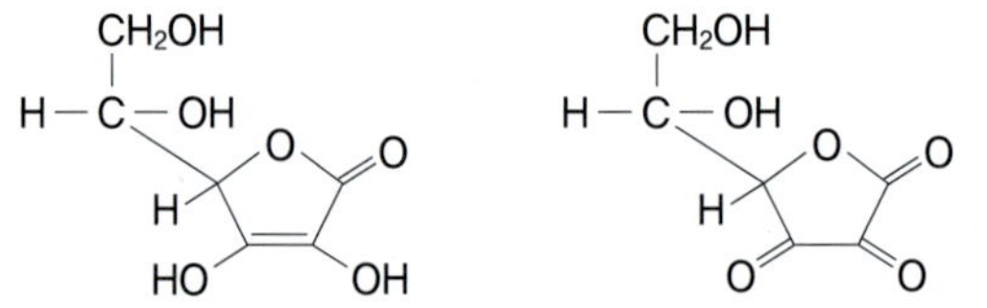

L-아스코르브산
(환원형 비타민 C)

L-데하이드로아스코르브산
(산화형 비타민 C)

그림 6-13 | 비타민 C의 구조

때문에 비타민 C가 부족하면 결합조직이 약해지고 모세혈관이 약화되어 쉽게 멍이 들고 잇몸이 붓고 출혈되기 쉬우며, 또 세균에 감염되기 쉬워진다. 이외에 발암성 물질인 니트로사민nitrosamine의 생성 억제, 체내 해독작용, 백내장 예방효과 등이 있다.

또한 강한 환원성이 있어서 유지류나 비타민 등의 산화 방지제로 이용된다. 그 외에 육색의 고정, 갈변 방지 등 식품 가공에도 중요한 역할을 한다.

- 안정성 : 수용액 상태에서 산에는 안정하나 알칼리, 열, 산소, 금속(Cu, Fe), 아스코르비나아제ascorbinase에는 불안정하다. 그러므로 일반적인 가열조리에서 50% 정도의 비타민 C가 분해되므로 생식하면 손실을 막을 수 있다.

조리에 의한 비타민의 잔존율

비타민	비타민 잔존율(%)	
	감자(40분간 찜)	시금치(3분간 데침)
카로틴	–	90
비타민 B_1	96	70
비타민 B_2	96	80
비타민 C	74	48

2. 무기질

1) 무기질의 분류와 기능

(1) 미량원소와 다량원소

식품을 550~600℃에서 태우면 기체로 연소되는 것이 유기물로서 탄수화물, 단백질, 지질, 수분이 이에 속하며, 재ash로 남는 부분이 바로 식품이 함유한 무기질mineral이다. 이 무기질은 약 20여 종이 있으며, 인체 내에서 체중의 2~4%밖에는 차지하지 않으나, 생리적 기능 조절과 성장 발육에는 필수 불가결한 영양소이다. 그러므로 미량인 이 무기질이 매일 요, 분변, 땀 중에 배출되기 때문에 식품으로서 충분한 양을 섭취해야 한다.

식품 중에서 미량 영양소인 무기질을 1일 필요량에 따라 다량무기질과 미량무기질로 나눈다. 하루에 100 mg 이상을 필요로 하는 다량무기질에는 칼슘(Ca), 인(P), 칼륨(K), 황(S), 나트륨(Na), 염소(Cl), 마그네슘(Mg)이 있다. 하루에 10 mg 이하를 필요로 하는 미량무기질에는 철(Fe), 망간(Mn), 구리(Cu), 요오드(I), 코발트(Co), 아연(Zn), 몰리브덴(Mo), 불소(F), 브롬(Br), 셀레늄(Se), 알루미늄(Al) 등이 있다. 또한 유해한 원소로서는 비소(As), 카드뮴(Cd) 수은(Hg), 납(Pb) 등이 있으며, 이들 원소는 특수한 오염경로로 식품에 함유된다.

(2) 산 생성 원소와 알칼리 생성 원소

식품을 연소시킨 후 남은 재를 물에 녹일 경우에 Na, K, Ca, Mg과 같이 Na^+, K^+, Ca^+, Mg^+ 등의 양이온을 생성하는 것과 Cl, S, P과 같이 Cl^-, SO_4^{2-}, PO_4^{3-} 등 음이온을 생성하는 원소가 있다. 전자는 알칼리성을 나타내고, 후자는 산성을 나타낸다고 할 수 있다. 식품 100 g의 회분을 중화하는 데 필요한 0.1 N의 HCl 또는 0.1 N의 NaOH의 mL를 측정하여 그 식품의 산도acidity와 알칼리도alkalinity를 산출한다. 다음은 주요한 식품의 알칼리도 및 산도를 표 6-3에 나타냈다. 사람의 체액은 pH 7.2~7.4의 약알칼리성으로 유지되어야 하는데, 이 무기질이 체액의 pH 조절을 담당하므로 산성 식품과 알칼리성 식품을 균형 있게 섭취하는 습관이 필요하다.

과일 중에서 신맛을 내는 사과, 밀감 등은 산성 식품으로 오해되나 이때의 신맛, 즉 산미는 유기산에 의한 것으로 이는 체내에서 산화되어 이산화탄소(CO_2)와 물(H_2O)로 분해되며, 함유 무기질이 알칼리성 생성 원소이기에 알칼리성 식품에 속한다.

(3) 무기질의 기능

- 골격과 치아의 구성 성분이다.
- 혈액과 체액의 pH 및 삼투압 조절의 기능을 한다.
- 근육의 수축·이완 및 혈액 응고에 관여한다.

표 6-4 | 주요 식품의 알칼리도와 산도

알칼리성 식품			산성 식품		
식품명		알칼리도	식품명		산도
해조류	다시마	40	곡류	백미	4.3
	미역	16		현미	9~14
채소류	시금치	15.6		보리	10
	호박	1		밀가루	3.4
	양배추	4.9		옥수수	5
	당근	10	어패류	참치	15.3
	무	10		오징어, 문어	10~20
과일류	귤	3.6		도미	8.6
	감	2.7		대합	7.5
	사과	3		굴	10
	오렌지	5	육류	닭고기	10.4
서류	감자	5.4		돼지고기	6.2
	고구마	4.3		쇠고기	12~13
알류	난백	3.2	난·유류	난황	19.2
유즙	인유	3		치즈	4.3
	우유	0.3		버터	4
콩류	대두	10.2	콩류	완두콩	2.5
	팥	7.3		땅콩	3.0

- 신경자극에 대한 조절작용을 한다.
- 심장박동의 정상 유지에 관여한다.
- 소화액(위액, 담즙산)의 구성 요소이다.

2) 식품 중의 무기질

(1) 칼슘(calcium, Ca)

인체를 구성하는 무기질 중에서 가장 많은 함량으로 체중의 2~3% 정도이며, 그중 99%는 뼈와 치아에 인산염〔$Ca_3(PO_4)_2$〕과 탄산염($CaCO_3$)의 형태로 존재한다. 나머지 1%는 혈액 중에 Ca^{2+}의 이온의 형태로, 근육 중에는 단백질과 결합된 형태로 분포되어 있다. 생리적 기능은 체액의 삼투압 및 pH를 조절하고, 혈액의 응고 촉진, 근육의 수축·이완 작용, 신경 흥분을 억제하는 등의 중요한 생리작용에 관여한다. 칼슘은 산성에서는 가용성이지만 알칼리성에서는 불용성이기 때문에 유당·젖산·단백질·아미노산 등 장내의 pH를 산성으로 만들게 하는 물질이 있으면 흡수가 좋아지지만, 인산·수산oxalic acid·피트산phytic acid·식이섬유·지방 등은 칼슘의 흡수를 방해한다. 따라서 곡류나 콩류의 피트산, 과일과 채소 속의 수산이 불용성 염을 형성하는 것이다.

칼슘은 보통 식사에서 체내 흡수율이 40% 정도밖에 안 되고, 현재 섭취가 가장 부족한 영양소이기도 하다. 그러므로 칼슘 섭취를 강조하고 있으며 흡수율이 높은 식품 및 칼슘 강화 식품 등을 적극적으로 이용하도록 한다.

표 6-5 | 식품 중의 Ca 함량

식품성 식품	함량	동물성 식품	함량
녹미채(톳)	1,400	멸치	22,000
곤포류	890	보리새우	1,800
얼린 두부	590	탈지분유	1,200
김	500	전지분유	890
한천	400	우유	100

(2) 인(phosphorus, P)

인체의 인은 약 80~85%가 칼슘이나 마그네슘과 결합하여 골격과 치아의 구성 성분이 되고, 그 외에는 근육, 신경, 장기 등에 함유되어 있다.

인은 핵단백질·인지질·조효소의 구성 성분이 되어 지방 대사, 에너지 대사 등에 관여하며, 체액의 삼투압 및 pH를 조절한다. 일반 식품에 널리 분포되어 있으므로 정상적인 식사를 할 경우 인의 섭취량은 부족하지 않다. 비타민 D는 인의 흡수를 촉진하고 마그네슘, 철, 칼슘 등은 인의 흡수를 방해한다.

(3) 나트륨(sodium, Na) 및 칼륨(potassium, P)

나트륨은 인체 내에서 세포외액에, 칼륨은 세포내액에 이온 형태로 존재하여 함께 체액의 삼투압 및 pH를 조절하고, 근육의 수축과 이완, 신경자극 전달에도 작용한다. 소금(NaCl)의 과잉 섭취는 고혈압 등 질병 유발의 우려가 크다. 칼륨은 일반 식품에 널리 분포되어 있으므로 부족되는 경우는 거의 없으며, 동물성 식품보다 식물성 식품에 많이 함유되어 있다.

(4) 염소(chlorine, Cl)

염소는 체내에는 혈액, 체액에 많고 이온의 형태(Cl^-)로 존재한다. 즉, 세포외액에서는 NaCl로, 세포내액에서는 KCl로서 체액의 삼투압 및 pH를 조절하고 소화액의 구성 성분이 된다.

(5) 마그네슘(magnesium, Mg)

인체 내에 약 25 g 정도 함유되어 있으며, 그중에 약 70%가 인산염〔$Mg(PO_4)_2$〕으로 뼈 중에 존재하고, 나머지는 이온으로 근육과 혈액에 존재한다. 그러므로 골격과 치아의 구성 성분이 되고, 체액의 삼투압 및 pH를 조절하고, 근육과 신경의 흥분을 억제하며, 당질 대사에 관여한다. 마그네슘은 엽록소의 구성 성분이므로 채소류를 많이 먹는 사람에게는 부족한 경우가 거의 없다.

(6) 황(sulfur, S)

황은 함황아미노산, 담즙산, 비타민 B_{12} 및 단백질의 구성 성분이다. 유황은 인체에

표 6-6 | 다량 무기질의 종류와 특성

종류	생리작용	결핍증	과잉증	함유식품
칼슘 calcium, Ca	•골격과 치아 형성 •혈액의 응고 촉진 •근육의 수축·이완 작용 •신경 전달 •효소의 활성화(ATPase) •삼투압 유지	골격과 치아의 발육 부진, 골연화증, 혈액 응고 불량, 내출혈	신장결석	멸치, 우유, 치즈, 매생이, 달걀, 무청, 고춧잎
인 phosphorus, P	•골격과 치아 형성 •에너지 대사에 관여 •삼투압 및 pH 조절 •지방산의 이동	골격과 치아의 발육 부진, 골격 손상, 성장 부진, 구루병	신부전증이 있는 경우 골격 손실 가능	멸치, 고등어, 꽁치, 쇠고기, 우유, 치즈, 검은콩, 쌀, 밀
나트륨 sodium, Na	•체액의 산·알칼리 평형 •삼투압 조절 •신경 자극 전달 •포도당 흡수	식욕 부진, 소화불량, 근육 경련	고혈압, 칼슘 손실 증가	김치, 젓갈, 간장, 자반고등어, 가공식품, 식탁염
칼륨 potassium, K	•체액의 산·알칼리 평형 •삼투압 조절 •근육 수축 •신경자극 전달 •글리코겐 및 단백질 합성	식욕 상실, 체액의 이동, 근육 이완, 발육 부진	신장기능 이상 시 심장박동 느려짐	곡류, 채소류, 과일류
염소 chlorine, Cl	•체액의 산·알칼리 평형 •삼투압 조절 •위액의 산성 유지 •소화에 관여	위액의 산도 저하, 식욕 부진, 소화불량	고혈압	식탁염
마그네슘 magnesium, Mg	•골격과 치아 형성 •신경의 흥분 억제 •근육 이완 •당질 대사 효소의 조효소 구성 성분	허약, 신경장애, 혈관 확장, 경련	신장기능 이상 시 허약 증세 야기	녹색채소, 곡류, 콩류, 육류
황 sulfur, S	•함황아미노산 구성 성분 •효소의 활성화 •항독소작용 •세포 단백질, 비타민, 담즙산 구성 요소	손톱과 발톱, 모발의 발육 부진, 체단백질의 질적 저하	거의 없음	육류, 어류, 우유, 달걀, 콩, 마늘, 양파

약 100~125 g 함유되어 있으며, 모든 세포에 존재한다. 그러므로 황이 부족되면 단백질 구성에 영향을 미치는데, 특히 털·손톱·발톱과 같이 황을 다량으로 필요로 하는 부분의 발육이 늦어진다.

(7) 철(iron, Fe)

인체에는 철이 약 4~5 g 함유되어 있는데, 그중 60~70%는 적혈구의 헤모글로빈에, 3~5%는 근육의 미오글로빈myoglobin에 들어 있다. 나머지는 철 함유 호흡효소 및 철단백질을 형성한다. 식품 중의 철은 여러 가지 형태로 존재하며 각각 흡수율이 다르다. 일반적으로 유기태의 철(Fe)은 소화·흡수가 어려우며, Fe^{2+}는 Fe^{3+}보다 흡수가 잘 된다. 식품 중의 인산염이나 피트산phytic acid은 철과 불용성 화합물을 만들기 때문에 철의 흡수를 방해한다.

(8) 요오드(iodine, I)

사람은 요오드를 갑상샘에 대부분 함유하고 있다. 요오드는 갑상샘호르몬인 티록신thyroxine에 들어 있기 때문에 부족하면 갑상샘종을 일으켜 기능이 저하된다.

(9) 구리(copper, Cu)

인체 내에 구리 함량은 100~150 mg이고, 간, 뇌, 혈액 등에 함유하고 있다. 적혈구의 생성과정에 작용하므로 구리가 부족할 경우에 헤모글로빈hemoglobin의 합성이 저하되므로 철과 같이 빈혈증을 예방하며, 여러 산화효소의 구성 성분으로 작용한다.

(10) 불소(fluorine F)와 아연(zinc, Zn)

불소는 치아와의 관계가 중요하게 생각되고 있다. 음용하는 물에 적당량을 함유하면 충치 예방효과가 있으나, 과량일 경우는 범랑질이 상하는 반상치 현상이 나타난다.

아연은 탈산·탈수소 효소, 인슐린 등의 구성 성분으로 여러 식품에 함유되어 있다.

◇ 표 6-7 ｜ 미량 무기질의 종류와 특성

종류	생리작용	결핍증	과잉증	급원식품
철 iron, Fe	• 헤모글로빈·미오글로빈 구성 성분 • 산화적 호흡의 촉매작용 • 조효소의 성분 • 조혈작용 • 면역기능 유지	철 결핍성 빈혈, 피로, 허약, 유아 발육 부진, 손·발톱 편평	혈색소증으로 심장, 췌장에 철 축적, 심부전, 당뇨병 유발	동물의 간, 난황, 육류, 녹황색채소(시금치)
요오드 iodine, I	• 갑상샘호르몬의 성분 (기초대사 촉진)	갑상샘종	갑상샘기능항진증	해조류, 무, 시금치
구리 copper, Cu	• 헤모글로빈의 합성 촉진 • 철의 흡수, 이용에 도움 • 결합조직 건강에 기여	저혈색소성 빈혈, 뼈의 손실	복통, 오심, 구토, 간질환	동물의 간, 해조류, 채소류, 달걀, 코코아
불소 fluorine, F	• 골격, 치아의 경화 • 충치 예방	충치 유발, 심근장애	반상치, 위장장애	대부분의 식품, 차, 불소 첨가 식수
아연 zinc, Zn	• 췌장호르몬 인슐린의 성분 • 탄산무수화효소carbonic anhydrase의 구성성분	발육장애, 미각·후각 감퇴, 탈모, 빈혈	철·구리 흡수 저하, 설사, 구토, 면역기능 억제	굴, 동물의 간, 곡류, 콩류
코발트 cobalt, Co	• 비타민 B_{12} 구성 성분 • 적혈구 생성에 관여	비타민 B_{12}의 결핍, 악성빈혈		동물의 간, 채소류
망간 manganese, Mn	• 뼈와 연골조직의 형성 • 단백질 대사에 관여 • 포도당 산화작용 • 지방산의 합성반응 활성화	생식작용 불능, 성장 장애	신경근육계 이상	콩류, 녹엽채소, 견과류, 굴

(11) 코발트(cobalt, Co)와 망간(manganese, Mn)

코발트는 악성빈혈 예방인자인 비타민 B_{12}의 구성 성분으로, 소화관 내에서 미생물에 의해 비타민 B_{12}가 생합성될 때 필요하다. 망간은 미량이지만 혈액이나 장기 등에 들어 있으므로 동물 체내의 효소작용을 활성화하는 역할과 조혈 및 생식 작용에 필요하다.

3) 무기질과 식품의 품질

(1) 무기질과 수질

자연의 물에는 여러 가지 무기질이 용해되어 있고, 오염된 물은 여러 가지 유기물, 세균, 암모니아, 수은 등과 그 밖의 유해 무기염류 등을 함유하고 있다.

물의 질을 평가하는 척도는 물 속에 존재하는 칼슘과 마그네슘의 양이다. 물 100 mL에 CaO 1 mg 또는 MgO 1.4 mg을 함유하는 경우에 경도 1도(1°H)로 하고, 10°H 이하는 연수(단물) 20°H를 경수(센물)라고 한다. 탄산염의 경우는 끓이면 Ca과 Mg이 침전하기 때문에 일시경수라 하고, 황산염·질산염·염산염의 경우는 영구경수라고 한다.

경수의 연화방법은 여과, 끓이기, 이온교환수지처리법 등이 있다.

> **맛있는 물**
>
> 중성 또는 약산성이며 무기질이 약 100 mg/L 정도 함유되어 있고, 염소이온은 12 mg/L 이하로 유해성분이 없으며, 증발 잔류물이 40~100 mg/L이면 맛있는 물이다. 또 물의 온도는 10~15℃ 정도가 적당하다.

(2) 식품 조리·가공 중의 무기질 변화

식품 중에 있는 무기질의 화학적 변화는 pH 변화에 의한 염류와 이온의 가역반응, 효소에 의한 유기태와 무기태의 가역반응이 약간 일어날 뿐이며, 본질적인 화학 변화는 거의 일어나지 않는다. 또한 채소를 가열조리하면 세포 안팎의 삼투압의 차이에 의하여 무기질 및 수분의 유출이 일어나며 유출의 정도는 온도가 높을수록 빠르다.

세포 속의 삼투압이 높을 때 세포 속의 무기질은 세포 밖으로 유출되고, 세포 밖의 수분은 세포 내로 유입되어 세포는 흡수 팽윤하게 되고, 세포외액에 무기질이 많아진다.

또한 조미료의 종류에 따라서 세포막을 통과하는 속도가 다르다. 물, 간장, 설탕의 순서로 분자량이 작을수록 빨리 통과한다. 만일 채소에 설탕의 단맛을 들여 가공 조리하려면 우선 설탕에 재운 다음 간장을 넣는 것이 좋다.

3. 대표적 비타민 식품과 무기질 식품

1) 채소류

채소는 수분 함량이 80~95%이며 비타민과 무기질의 중요한 공급원으로 독특한 풍미와 질감 그리고 다양한 색깔로 식욕을 증진시킨다. 또한 식이섬유와 피토케미칼 phytochemical이 풍부하여 생리적으로도 유익한 효과를 준다. 채소의 가식부분은 잎, 줄기, 뿌리, 열매, 꽃의 유세포이다. 그래서 주로 식용하는 부위에 따라 엽경채류, 근채류, 과채류, 화채류로 분류한다. 채소의 생육 적온은 15~30℃로 평균 15~18℃를 좋아하는 호냉성 채소와 18~30℃의 따뜻함을 좋아하는 호온성 채소로 나눈다. 또한 식용 부위 외에도 색상, 식이섬유 함량에 따라서 분류하기도 한다 표 6-8.

표 6-8 | 채소의 분류

분류 요인	분류
식용 부위	•엽채류 : 시금치, 배추, 양배추, 상추, 쑥갓, 부추, 들깻잎 •경채류 : 파, 콩나물, 죽순, 셀러리, 아스파라거스, 두릅 •근채류 : 무, 당근, 양파, 마늘, 우엉, 연근 •과채류 : 호박, 오이, 가지, 고추, 토마토, 참외, 수박 •화채류 : 브로콜리, 콜리플라워, 아티초크
색상	•안토잔틴계 : 양파, 우엉, 연근, 마늘, 무 •안토시안계 : 가지, 비트, 적양배추, 적상추 •클로로필계 : 시금치, 풋고추, 배추, 오이, 부추, 브로콜리 •카로티노이드계 : 호박, 당근, 고추, 파프리카
온도 적응성	•호냉성 채소 : 무, 마늘, 케일, 근대, 배추, 시금치 •호온성 채소 : 오이, 가지, 토마토, 고추, 호박
식이섬유	•고식이섬유계 : 적양배추, 붉은고추, 쑥, 깻잎, 파슬리 •저식이섬유계 : 양파, 양상추, 수박, 토마토

(1) 엽채류

① 배추

저온에서 재배되는 식물로서 늦은 가을에 잘 성장하며 생육 말기에 기온이 낮으면 배추chinese cabbage는 속에서 결구하여 통통하게 자란다. 열량이 낮으며 비타민 A와

채소의 특성

- 수분 함량이 높아서 신선도 판정의 기준이 되며 저장성은 낮다.
- 탄수화물, 단백질, 지질, 함량이 적어 에너지원으로서의 가치는 적다.
- 녹황색채소에는 비타민 A가 많고, 비타민 C도 풍부하다.
- 대표적 알칼리성 식품으로 칼륨, 칼슘, 마그네슘, 인, 철을 함유한다.
- 식이섬유 및 각종 기능 성분을 함유하여 생체 조절 역할도 한다.
- 엽록소, 플라보노이드, 카로티노이드를 함유해 아름다운 색깔을 제공한다.
- 효소를 함유하고 있어서 소화를 돕지만 갈변의 원인이 되기도 한다.

비타민 C가 풍부하고 단백질 조성이 좋다. 미량의 전분과 연한 식이섬유를 함유하며 삶으면 황화합물이 분해되어 특유의 유황 냄새가 난다.

사우어크라우트

② 양배추

양배추cabbage는 수분 함량이 많고 배추에 비해 아주 단단하여 데쳐서 먹거나 주로 채로 썰어 먹는다. 단백질, 당질, Ca, 비타민 A, B_1, B_2, C, 식이섬유가 풍부하다. 양배추는 클로로필 색소가 들어 있는 녹색과 안토시아닌 색소가 들어 있는 적색(보라색) 양배추가 있다.

양배추는 위궤양, 십이지장궤양에 좋은 생리활성물질인 비타민 U가 들어 있어서 항궤양식품으로 알려져 있다. 유명한 양배추 요리로는 독일의 사우어크라우트sauekraut가 있다.

③ 시금치

시금치spinach에는 곡류에 부족되는 라이신, 트립토판, 메티오닌과 같은 아미노산이 풍부하고, 무기질은 철, 칼슘이 풍부하여 빈혈 예방 효과가 있다. 비타민은 A, C가 풍부하다. 한편 시금치가 함유한 수산oxalic acid은 칼슘과 결합하여 불용성의 수산칼슘을 형성하므로 칼슘의 흡수를 저해할 수 있으나 데치면 상당 부분 제거된다.

④ 상추

상추lettuce는 비타민 A와 철은 풍부하나, 비타민 C는 적다. 신선한 맛과 씹는 느낌이 좋아 쌈이나 샐러드로 생식한다. 잎, 줄기의 절단 시 잠을 유도하는 유백색의 점액 락투신lactucin이 분비된다.

⑤ 부추

부추chives는 유황, 철 등 무기질과 단백질을 비교적 많이 함유하고 있다. 부추의 냄새 성분은 알릴 디설피드allyl disulfide로 비타민 B_1 흡수를 돕고 살균력이 있으며, 신진대사를 촉진하고 피로 회복, 항균, 항암, 항콜레스테롤 작용이 있다.

⑥ 들깻잎

들깻잎perilla leaves은 난백실, 칼슘, 철, 비타민 A의 함량이 풍부한 채소로 특히 베타카로틴의 함량이 9,000 μg 이상으로 채소 중 단연 으뜸이다. 독특한 향은 페릴라 알데하이드perilla aldehyde, 리모넨 페릴라 케톤limonene perilla ketone에 의한다.

⑦ 루콜라

루콜라rucola는 피자나 스파게티, 샐러드 등 이탈리아 요리들의 재료로 쓰인다. 루콜라는 잎과 꽃을 모두 식용한다. 고소하면서도 쌉싸름한 맛과 머스터드와 같이 톡 쏘는 매운 향이 있는 것이 특징이다. 비타민 C, E가 많고, 칼슘, 칼륨도 풍부하다.

(2) 경채류

① 파

파Welsh onion의 파란잎 부위에는 비타민 A가, 흰색인 줄기 부위에는 비타민 C가 많다. 또한 황 성분인 알릴설피드는 육류와 어류의 비린내를 제거한다. 파는 독특한 냄새와 매운맛을 내서 한식요리에 대표적인 양념으로 사용된다.

② 셀러리

셀러리celery는 독특한 향을 가지며 비타민 C, B_1, B_2, 칼륨이 많다. 유럽이 원산지이며 잎사귀보다는 줄기 부분을 식용한다. 씨앗은 분말로 하여 정제염과 섞어서 셀러리 솔트salt 제조에 이용한다.

③ 아스파라거스

아스파라거스asparagus는 단백질 함량이 많으며 아미노산 성분 조성 중 아스파라긴 asparagin이 47%나 되어 피로 회복에 도움이 준다. 또한 루틴을 함유하여 혈관 강화작용을 한다. 녹색, 담황색, 흰색의 세 종류가 있다.

④ 죽순

죽순bamboo shoot은 대나무의 지하경에서 돋아나는 어린 싹으로 아린맛 성분인 호모겐티스산을 함유하므로 물에 담가 우려 낸 후에 이용한다. 단백질, 식이섬유, 비타민 B_1이 풍부하다.

(3) 근채류

① 무

무radish는 수분 함량이 90% 이상이며 당질은 주로 포도당으로 3~4% 정도이다. 비타민 C가 많고, 무청에는 베타카로틴이 많다. 매운맛이 강하나 휘발 성분이여서 차츰 소실되는 특성이 있다. 아밀라아제amylase가 많아서 소화에 유효하다.

② 당근

당근carrot의 주황색은 카로티노이드(β-카로틴)로 비타민 A로 전환되는 전구체로서 지용성이기 때문에 날로 먹기보다는 기름과 함께 조리하면 소화·흡수율을 높일 수 있다. 또한 생당근에는 비타민 C 산화효소인 아스코르비나아제가 들어 있어서 다른 채소와 함께 조리 시 주의해야 하며, 식초를 가하면 산화효소가 불활성화되어 산화를 막을 수 있다. 온도와 습도를 맞추어 주면 6개월 이상 저장이 가능하다

③ 양파

양파onion의 눈을 자극하는 매운맛은 유황 성분인 아릴 화합물로서 프로필알릴설피

◇ 표 6-9 ｜ 채소류의 영양 성분 및 폐기율

(가식부 100 g 기준)

종류		에너지 (kcal)	수분 (g)	단백질 (g)	지질 (g)	당질 (g)	식이섬유 (g)	무기질			비타민					폐기율 (%)
								칼슘 (mg)	철 (mg)	칼슘 (mg)	레티놀 (μg)	B_1 (mg)	B_2 (mg)	니아신 (mg)	C (mg)	
경엽채류	배추	12	95.6	1.1	0	–	–	29	0.5	222	0	0.20	0.03	0.4	10	–
	양배추	33	89.7	1.68	0.08	4.79	2.7	45	0.27	241	0	0.035	0.033	0.573	19.56	11
	상추	14	95.5	1.1	0.3	–	–	41	1.5	379	0	0.09	0.10	0.3	11	–
	시금치	33	89.4	3.1	0.5	–	–	40	2.6	502	0	0.12	0.34	0.5	60	–
	미나리	21	92.8	2.2	0.2	–	–	55	2.0	382	0	0.15	0.16	0.6	15	12
	부추	46	86.1	1.2	0.1	–	–	107	3.1	251	0	0.18	0.05	0.3	12	0
과채류	풋고추	29	91.1	1.71	0.19	1.80	4.4	15	0.50	270	0	0.008	0.076	0.558	43.95	5
	오이	14	95.2	1.22	0.02	1.38	0.7	18	0.20	196	0	0.002	0.034	0.091	11.25	0
	애호박	22	93.1	1.07	0.09	2.43	2.2	15	0.23	224	0	0.038	0.080	0.348	3.11	4
	가지	19	93.9	1.13	0.03	2.32	2.7	16	0.26	232	0	0.035	0.163	0.366	0	4
	토마토	19	93.9	1.03	0.18	2.37	2.6	9	0.19	250	0	0.013	0.037	0.311	14.16	0
	청피망	22	93.2	0.90	0.04	1.35	2.7	14	0.50	187	0	0.013	0.040	0.922	21.52	13
근채류	조선무	15	95.3	0.63	0.09	0.97	0.6	23	0.18	268	0	0.059	0.021	–	7.34	–
	당근	31	91.1	1.02	0.13	6.23	3.1	24	0.28	299	0	0.037	0.062	0.882	3.02	3
	마늘	123	65.3	7.03	0.12	0.47	3.3	8	0.82	357	0	0.118	0.276	0.613	11.86	11
	양파	27	92.0	0.95	0.04	5.74	1.7	15	0.20	145	0	0.035	0.011	0.099	5.88	2
	생강	42	88.2	0.97	0.15	0.45	2.6	18	0.95	337	0	0	0.052	0.497	1.50	–
	우엉	69	81.0	2.61	0.06	2.87	4.6	46	0.80	406	0	0.019	0.110	0.108	0.61	15
화채류	브로콜리	32	89.4	3.08	0.20	0.79	3.1	39	0.80	365	0	0.033	0.143	1.024	29.17	18

- 표시는 수치가 애매하거나 측정되지 않음

출처 : 농촌진흥청 국립농업과학원, 2016

드propyl allyl sulfide와 알릴디설피드allyl disulfide이다. 이는 가열하면 분해되어 단맛이 강한 프로필 머캅탄propyl mercaptan이 되며 설탕의 50~60배에 해당하는 감미를 지닌다. 껍질에는 항산화효과가 있는 안토잔틴계 색소인 퀘세틴quercetin이 들어 있다.

④ 마늘

마늘gallic은 채소류 중에서 당질, 단백질 함량이 매우 높고, 비타민 B_1, B_2, C가 상당

◇ 표 6-10 | **채소류의 저장조건**

온도(℃)	습도(%)	채소류
0~5	90~95	시금치, 양상추, 아스파라거스, 콜리플라워, 당근, 무, 순무, 양송이, 셀러리, 완두
7~10	85~90	피망, 토마토, 가지, 감자
10~13	70~75	호박

량 들어 있으며, 칼슘, 철, 유황 등의 무기질도 풍부하다. 강한 살균력과 매운맛으로 우리나라의 대표적 양념이며 거의 모든 음식에 사용되어 풍미를 증진시킨다. 우리나라는 단연 세계에서 1인당 마늘 소비가 가장 많은 나라로서, 마늘의 항암·항균 작용의 탁월함이 밝혀지면서 건강식품으로도 많이 섭취한다. 매운맛의 주성분은 알리인alliin이 알리나아제에 의하여 알리신allicin으로 생성되기 때문이며, 이를 비타민 B_1이 함유된 식품과 먹으면 알리티아민allithiamine이 되어 흡수율이 향상된다.

대표적으로 돼지고기는 비타민 B_1이 풍부한 식품이며 마늘과 함께 섭취하면 마늘의 알리신과 돼지고기의 비타민 B_1이 알리티아민으로 되어 흡수가 더 잘 되어 영양적으로 좋다.

⑤ 생강

진저론zingeron, 진저롤gingerol, 쇼가올shogaol은 생강ginger의 매운맛 성분으로 병원균에 대한 살균 및 항균 작용을 지녀 생선회에 곁들여 먹으면 좋다. 또한 뿌리줄기를 말린 것을 한방에서 약재로 쓸 만큼 소화기관에 유용하다.

⑥ 연근

연근lotus roots은 연꽃의 뿌리로, 잘랐을 때 속이 희고 부드러운 것이 좋다. 전분이 주성분이며, 탄닌tannin을 다량 함유하고 있어서 절단면이 공기와 접촉하면 갈변이 일어나므로 바로 물에 담가 둔다.

⑦ 콜라비

콜라비kohlrabi는 양배추와 순무를 교배시킨 신종 채소로서 이름 또한, 독일어인 kohl(양배추)와 rabic(순무)의 합성어이다. 뿌리가 자주색으로 매끄러우며 흰 납질로 덮여 있다. 당질, 칼슘, 철, 비타민 C가 풍부하며 단백질도 함유한다. 식감과 맛은 무와 비슷하지만 매운맛이 거의 없고, 단맛이 있어서 생식용이나 생즙용으로도 좋아 최근 각광받고 있다.

(4) 과채류

① 토마토

토마토tomato는 가지과에 속하며 비타민과 칼슘 등 무기질이 풍부하며 토마토의 붉은색의 주된 색소는 리코펜lycopene이다. 리코펜은 비타민 A로 전환되지는 않으나, 항산화력을 갖는다. 개량종인 방울토마토, 대추토마토, 흑토마토 등도 많이 보급되고 있으며, 색깔도 붉은색 외에 오렌지색, 노란색, 연두색, 보라색 등으로 다양하다.

② 호박

호박squash, pumpkin에는 애호박, 일명 여름호박(주키니)과 겨울호박(단호박, 늙은호박)이 있다. 과육의 황색은 베타카로틴과 잔토필이며 비타민 A로 전환된다. 호박에는 당질이 10% 이상 들어 있고, 비타민 C가 많이 함유되어 있다. 호박씨도 식용으로 이용되는데 지질 함량이 높고 레시틴과 필수아미노산이 많이 들어 있다.

③ 오이

오이cucumber는 열량이 낮고 수분 함량이 95%를 차지한다. 비타민 C는 신선할 때 10 mg%가량 들어 있다. 오이 꼭지의 쓴맛 성분은 수용성 배당체인 쿠쿠르비타신cucurbitacin이다.

④ 가지

일반적으로 가지eggplant의 색은 안토시아닌계 색소인 자색인데, 그 외에도 등황색, 갈색, 잿빛 등의 색을 띠기도 한다. 수분 함량이 많으며, 프로토펙틴protopectin이 조리 과정 중 펙틴으로 쉽게 전화되므로 짧은 가열시간에도 조직이 쉽게 연화된다. 가지는 당분, 섬유소 및 비타민 B도 있어 여름철 건강에 특히 도움이 되는 식재료이며, 최근에는 가지의 폴리페놀 성분이 기능성을 가지고 있다 하여 가지를 활용한 다양한 조리법

이 인기를 얻기도 하였다.

⑤ 고추

고추pepper의 매운맛 성분은 알칼로이드의 일종인 캡사이신capsaicin이며, 과피의 적색색소는 카로티노이드 성분인 캡산틴과 카로틴을 함유한다. 반면 서양고추인 파프리카는 매운맛이 없다. 고추와 고춧잎에는 비타민 A와 C의 함량이 높고, 고추씨에는 약 30% 정도의 지질이 함유되어 있다.

(5) 화채류

① 브로콜리

브로콜리broccoli는 진한 녹색으로 줄기 끝에 꽃눈이 빽빽하게 들어 찬 꽃송이를 식용한다. 카로틴, 비타민 B_1, B_2, C, Ca, Fe, K, 식이섬유가 풍부하고, 황화합물인 설포라판sulforaphane이 있어 항산화·항염증·항암 작용을 한다.

② 콜리플라워

콜리플라워cauliflower는 양배추와 같은 모양이지만 잎사귀 속에 백색꽃군이 자라며 이를 식용한다. 꽃봉오리는 연노랑색이며, 덩어리가 벌어지지 않는 것이 좋다. 비타민 C가 풍부하다.

③ 아티초크

아티초크artichoke는 국화과채소로 개화 직전의 꽃봉오리를 식용한다. 잎 표면이 선

피토케미칼(phytochemiacal, 식물생리활성물질)

식물성 식품에 존재하며 건강을 증진시키고 질병의 위험성을 감소시키는 화합물이다. 페놀화합물, 터페노이드terpenoid화합물, 각종 색소 화합물(카로티노이드, 플라보노이드), 알릴화합물, 이소플라본, 사포닌 및 여러 가지 항산화물질이 포함된다.

모든 식물에는 적어도 50~1,000개의 다양한 피토케미칼이 존재하는 것으로 보고되고 있다. 그러므로 단일 식품보다는 다양한 식품 섭취가 건강에 좋은 이유도 여기에 있다.

명한 초록색을 띠고 꽃봉오리 형태로 잎이 벌어지지 않고 모여 있는 것이 좋다. 육질이 연하고 맛이 담백하며 단백질, 비타민 A, 비타민 C, Ca, Fe, 이눌린, 식이섬유가 함유되어 있다. 시나린cynarin이 담즙 분비를 촉진하여 혈중 콜레스테롤 수치를 낮춘다.

2) 과일류

과일은 채소와 비하여 유기산과 당이 풍부하여 단맛과 조화를 이룬 상쾌한 맛을 제공한다. 알데하이드, 알코올, 에스테르, 카보닐 화합물 등의 방향물질이 혼합되어 감미로운 과일향을 나타내며, 특유의 색과 질감을 가지고 있어 최고의 기호품으로 애용된다. 비타민, 무기질의 공급원이며, 식이섬유도 풍부한 알칼리성 식품이기도 하다. 과일은 생식 이외에도 펙틴질을 함유하여 잼과 젤리로 가공하여 이용하기도 한다. 미숙과일에는 불용성 펙틴이 존재하지만, 성숙됨에 따라 수용성으로 변하면서 조직이 부드러워지고 질감도 좋아진다. 과일에는 각종 효소들이 들어 있어서 후식으로 적합하고, 일부 과일에는 단백질분해효소가 들어 있어서 육류의 연화를 위해서 고기를 재울 때 넣기도 한다. 플라보노이드와 탄닌 등 폴리페놀화합물이 들어 있어서 갈변현상을 일으킨다. 과일은 표 6-11과 같이 분류한다.

표 6-11 | 과일의 분류 및 특징

	특징	종류
인과류	꽃받침이 발달하여 결실한 과일	사과, 배, 감
핵과류	씨방이 성장, 발달하고 결실한 과일로 중간에 핵층이 있고 종자가 있음	복숭아, 자두, 살구, 대추, 앵두
장과류	중과피와 내과피로 구성되어 있음	포도, 무화과, 딸기
열대과일류	열대나 아열대 지방에 분포하는 과일로 생산지의 기후 특성에 의해 실온 보관해야 한	바나나, 파인애플, 아보카도, 키위
견과류	겉껍질이 단단하고 속에 종실이 있는 형태로 영양분이 종실 내에서 저장되어 있는 형태	잣, 땅콩, 밤, 호두

(1) 인과류

① 사과

사과apple의 주성분은 당분으로 과당, 포도당, 설탕을 함유하며, 미숙과에는 산과 전분을 많이 함유하지만 숙성됨에 따라 산은 감소하고 전분도 분해되어 당이 증가한다. 식이섬유와 펙틴이 많아서 정장작용과 당 흡수를 지연시키는 작용을 한다. 폴리페놀 화합물이 있어서 갈변되기 쉬우며, 폴리페놀 산화효소는 철과 구리에 의해 활성화되므로 사과를 깎을 때 무쇠 칼, 구리 재질의 칼 사용을 금한다.

② 배

배pear는 과육의 거친 조직을 석세포라 하는데 이것은 펜토산pentosan이 주성분이며, 가수분해하면 자일로스xylose와 아라비노스arabinose가 생긴다. 유기산 함량이 적어 신맛이 강하지 않고, 고기 양념에 갈아 넣거나 후식으로 먹으면 소화가 잘 된다.

③ 감

감persimone은 당분 함량이 14% 이상으로 단맛이 강하며, 감 껍질을 벗겨 말린 건시 표면의 흰가루는 만니톨이다. 떫은맛은 탄닌의 수용성 성분인 시부올shibuol에 기인하고, 이 떫은맛을 없애는 것을 탈삽이라 한다. 단감 속의 검은 점은 탄닌이 변한 것으로, 탄닌은 수렴작용을 하여 변비를 유발할 수 있다.

④ 감귤류

감귤류citrus fruit에는 온주밀감, 여름밀감, 오렌지, 만다린, 유자, 레몬, 라임, 자몽, 금귤 등이 있다. 유기산과 당이 많아서 적당히 익혀 먹으면 신맛을 줄일 수 있다. 펙틴과 비타민 C 함유량이 높다. 쓴맛은 헤스페리딘hesperidin과 나린진naringin에 의하며 통조림 제조 시 백탁의 원인이 되기도 한다.

◇ 표 6-12 ㅣ 호흡기 과일과 비호흡기 과일

분류	호흡기 과일	비호흡기 과일
특징	수확 후에 호흡률이 증가되므로 계속적으로 숙성됨	수확 후에 호흡률이 저하되므로 충분히 숙성된 과일을 수확하는 것이 좋음
종류	사과, 멜론, 복숭아, 살구, 배, 감, 자두, 망고, 바나나, 아보카도, 토마토, 키위, 무화과	딸기, 포도, 감귤류(귤, 오렌지, 자몽, 레몬), 체리, 블루베리, 올리브, 파인애플

◇ 표 6-13 ㅣ 과일의 영양 성분 및 폐기율

(가식부 100g 기준)

종류	열량 (kcal)	수분 (g)	단백질 (g)	지질 (g)	당질 (g)	식이섬유(g)	무기질			비타민					폐기율 (%)
							칼슘 (mg)	철 (mg)	칼륨 (mg)	레티놀 (μg)	B_1 (mg)	B_2 (mg)	니아신 (mg)	C (mg)	
사과(후지)	53	85.2	0.20	0.03	11.14	2.7	4	0.10	107	0	-	0.019	0.388	1.41	12
배(신고)	46	87.0	0.30	0.04	4.70	1.4	1	0.05	128	0	0.016	0.049	0.147	2.76	17
감(단감)	51	85.6	0.41	0.04	10.52	6.4	6	0.15	132	0	0.057	0.051	0.305	13.95	15
감귤(조생)	39	89.0	0.7	0.1	-	-	13	-	173	0	0.13	0.04	0.4	44	18
자두	26	93.2	0.5	0.6	-	-	3	0.2	164	-	0.04	0.03	0.3	5	-
복숭아(백도)	49	85.8	0.59	0.04	9.45	2.6	4	0.11	216	0	0.022	0.023	0.290	2.10	19
포도(캠벨얼리)	60	83.4	0.66	0.04	10.38	1.1	3	0.11	170	0	0.063	0.051	0.225	0.12	31
바나나	84	76.1	1.10	0.10	14.63	1.9	7	0.29	346	0	0.049	0.075	0.493	5.94	60
파인애플	53	84.9	0.46	0.04	10.26	2.5	16	0.09	97	0	0.052	0.087	0.137	45.43	46
밤	151	61.5	3.28	0.50	4.95	5.4	16	0.84	439	0	0.082	0.065	1.638	15.98	27
호두(말린 것)	688	2.9	15.47	71.99	0	6.7	81	2.49	353	0	0.047	0.282	2.872	0	-
잣	617	3.8	15.01	56.41	1.07	-	18	6.11	521	0	0.276	0.062	0.380	-	0
은행	203	49.6	4.69	1.53	2.95	2.2	7	0.90	684	0	0.119	0.033	2.887	16.89	0
오렌지	44	87.4	0.9	0.1	-	-	33	0.2	126	0	0.11	0.02	0.3	43	27
대추(말린 것)	276	20.9	3.73	0.25	59.09	9.5	39	0.75	805	0	0.140	0.815	1.027	18.79	9
살구	30	90.9	1.20	0.05	7.39	1.9	15	0.45	249	0	0.078	0.032	0.157	-	7
매실	41	89.4	1.1	1.1	-	-	28	3.7	301	0	0.06	0.02	0.5	11	-
무화과	54	84.6	0.6	0.1	10.8	1.9	26	0.3	170	(0)	0.03	0.03	0.2	2	15
딸기	36	89.7	0.8	0.2	-	-	7	0.4	167	0	0.03	0.02	0.5	71	-
수박	31	91.1	0.79	0.05	5.06	0.2	6	0.18	109	0	0.024	0.030	0.285	-	28
참외	47	86.1	1.57	0.29	9.08	1.7	6	0.26	450	0	0.006	0.080	0.184	1.99	10
키위	64	82.8	0.8	1.0	-	-	30	1.0	257	0	0.13	0.03	0.5	72	-

- 표시는 수치가 애매하거나 측정되지 않음

출처 : 농촌진흥청 국립농업과학원, 2016

(2) 핵과류

① 복숭아

복숭아peach는 과육의 색에 따라 백도와 황도가 있으며, 황도는 백도에 비하여 색에서 알 수 있듯이 카로틴 함량이 높아서 비타민 A를 열 배 정도 더 함유한다. 당질이 10% 내외이며, 구연산, 사과산이 들어 있다. 복숭아 핵 주변 과육은 안토시아닌 색소를 지니고 있어 붉은색은 나타낸다.

(3) 장과류

① 딸기

딸기strawberry의 붉은색은 안토시안계의 프라가린fragarin과 칼리스테핀callistephin이며, 비타민 C는 과일 중 가장 많이 들어 있다. 저장 시 잘 물러지고 수분이 묻으면 더욱 빨리 상하므로 장기 저장을 위해서는 급속 동결하여야 한다.

② 블루베리

블루베리blueberry는 익을수록 초록색, 청색, 적색으로 변한다. 안토시아닌을 포도에 30배 이상 함유하며, 비타민 A도 풍부하여 항산화와 노화 방지, 시력 회복에 도움이 된다. 껍질째 섭취한다.

③ 포도

포도grape는 당질이 15% 내외로 들어 있으며 대부분이 포도당과 과당이다. 과피의 색소는 안토시안계로서 적포도주의 색소가 된다. 떫은맛은 탄닌 성분 때문이다. 건포도는 씨가 없는 품종을 건조시킨 것이다. 펙틴도 많이 함유하여 질이 좋은 젤리를 만든다. 좋은 젤리 만들기에 적당하다.

(4) 열대과일류

① 바나나

바나나banana는 미숙할 때 수확하여 후숙하여 식용하는 대표적인 열대과일이다. 후

◇ 표 6-14 | 열대과일의 영양 성분

(가식부 100g 기준)

종류	열량 (kcal)	수분 (g)	단백질 (g)	지질 (g)	당질 (g)	식이섬유(g)	칼슘 (mg)	철 (mg)	칼륨 (mg)	비타민				
										레티놀 (μg)	B_1 (mg)	B_2 (mg)	니아신 (mg)	C (mg)
아보카도	187	71.3	2.5	18.7	(0.7)	5.3	9	0.7	720	(0)	0.10	0.21	2.0	15
망고	61	82.9	0.72	0.10	5.35	1.7	7	0.18	142	0	0.035	0.054	0.299	14.85
파파야	38	88.9	0.7	0.1	-	-	22	0.8	223	0	0.09	0.02	0.3	37
리치	63	82.1	1.0	0.1	(14.9)	0.9	2	0.2	170	(0)	0.02	0.06	1.0	36
블루베리	48	86.6	0.55	0.09	5.54	3.0	9	0.23	70	0	0.017	0.131	0.317	-
두리안	133	66.4	2.3	3.3	-	2.1	5	0.3	510	(0)	0.33	0.20	1.4	31

- 표시는 수치가 애매하거나 측정되지 않음

출처 : 농촌진흥청 국립농업과학원, 2016

숙하면 과피는 잔토필과 카로틴에 의해 황색으로 변하고, 전분은 당화하여 과당, 포도당 등으로 변해 단맛이 증가한다. 또한 탄닌은 불용화되어 떫은맛은 없어지고 프로토펙틴protopectin의 분해로 과육은 부드러워진다. 당질이 20% 이상으로 열량이 높고 칼륨도 풍부하다.

② 파인애플

파인애플pineapple 과육의 황색은 주로 베타카로틴 때문이다. 비타민 C 함량이 높고 브로멜린bromelin이라는 단백질 분해효소가 들어 있어서 연육효과가 있다. 후숙 과일이므로 실온에서 충분히 익혀서 냉장 보관하는 것이 좋다.

③ 키위

키위kiwi는 다른 말로 양다래, 참다래라고도 부른다. 비타민 C와 칼슘이 풍부하고, 식이섬유는 바나나의 5배나 들어 있어서 각종 만성질환 예방에 좋다. 액티니딘actinidin이라는 단백질분해효소를 함유하여 연육효과가 있다. 종류로는 골드키위, 그린키위가 있으며, 골드키위는 신맛이 훨씬 약하나 비타민 C 함량은 높다.

④ 아보카도

아보카도avocado는 숲속의 버터라고 부를 정도로 18~20%의 높은 지질을 함유하여

고소한 맛이 나고 영양도 풍부하다. 덜 익은 것은 짙은 청녹색이 나며, 살이 단단하므로 눌러 보았을 때 잘 눌리고, 크기에 비해 무거운 것이 좋다.

(5) 견과류

① 밤

밤chestnut의 주성분은 전분이며, 과육은 카로티노이드계의 색소인 루테인lutein이 있다. 속껍질에는 탄닌이 있어 떫은맛이 난다. 저장성이 없어 빨리 부패하므로 말려서 보관하기도 하며 말린 밤을 황률이라고 한다.

② 은행

은행gingko nut은 황색의 강한 냄새를 지닌 외종피 속에 들어 있으며, 알레르기 반응을 일으키기도 한다. 40% 정도의 탄수화물을 함유하며 전분이 많고, 주단백질은 글로불린globulin이다. 햇은행에는 청산 배당체가 있어서 독성이 나타날 수도 있으나 오래되면 사라진다. 은행과 잎은 의약품 제조에 이용된다.

③ 호두

호두walnut는 지방 함량이 많아서 기름을 짜서 사용하기도 하나, 불포화지방산이 많아 산패취의 원인이 된다. 단백질, 비타민 B_1, B_2가 풍부하다. 호두의 속껍질은 떫은맛이 강하므로 제거하고 이용하는 것이 좋다. 속껍질은 뜨거운 식초물에 잠깐 담그면 잘 벗겨진다.

3) 버섯류

버섯은 엽록체가 없어서 스스로 영양분을 만들 수 없으므로 고목이나 노목에 기생하는 균류이다. 영양기관인 균사체와 번식기관인 자실체로 되어 있다. 식용버섯의 외관은 대부분 단백질, 지질, 탄수화물 외에도 수분이 90% 이상으로 비교적 많아 저장이 어렵다. 비타민 B_1, B_2, 에르고스테린이 함유되어 있어서 비타민 D의 대표적 급원식품이다.

① 표고버섯

표고버섯oak mushroom은 프로비타민 D인 에르고스테롤ergosterol이 많아서 비타민 D의 공급원이며, 비타민 B_1, B_2도 풍부하다. 맛난맛(지미) 성분은 구아닐산(5′-GMP)이고, 방향 성분은 유황을 가진 화합물로서 레티오닌lenthionine, 항암·항종양 성분인 레티난lentinan이 들어 있다. 또한 에리타데닌eritadenine이라는 혈중 콜레스테롤을 조절하는 물질도 함유하고 있다. 표고버섯은 쉽게 상하기 때문에 보통 건조하여 판매한다. 갓의 퍼짐 정도에 따라 등급을 나눈다.

표고버섯의 등급

- 특품(백화고, 흑화고) : 성장기간이 길고 귀하며, 갓이 피지 않은 상태
- 1등품(동고) : 갓이 50% 미만이 핌. 저렴한 가격이여서 음식점에서 주로 사용하는 것은 중국산 동고임
- 2등품(향고) : 갓이 다소 피어 크고 두꺼움
- 3등품(향신) : 갓이 90% 이상 핀 것, 주로 채 썰어 사용
- 4등품(등외) : 갓이 만개한 것

② 송이버섯

살아 있는 소나무 뿌리에서 기생하는 향기가 좋은 송이버섯pine mushroom은 채취시기는 대체로 9월부터 10월까지이다. 갓이 너무 피지 않고 줄기가 단단하며 통통하고 짧은 것이 좋다. 특유의 향기 성분은 계피산과 마타수타케올matasutakeol이 혼합된 것으로 솔잎과 같이 저장하면 좋은 향이 날아가는 것을 방지할 수 있다. 비타민 B군과 에르고스테롤이 풍부하다.

③ 양송이버섯

전세계적으로 재배되고 있는 양송이버섯mushroom은 단백질 함량이 표고버섯보다 2.5배 많고 무기질 함량도 높다. 티로시나아제tyrosinase가 들어 있어 버섯 채취 후 갈변을 유발한다. 생식과 통조림용으로 이용되며 양식 조리에서 다양하게 사용된다.

④ 새송이버섯

새송이버섯king oyster mushroom은 육질이 치밀하여 씹는 맛이 자연송이와 유사하다. 다른 버섯보다 수분 함량이 낮아 저장성이 좋아서 버섯의 단점인 유통기한을 늘릴 수 있다. 비타민 C는 느타리버섯의 7배, 팽이버섯의 10배나 많고, 비타민 B_6도 풍부하며 다른 버섯에는 거의 없는 비타민 B_{12}도 함유하고 있다. 필수아미노산을 모두 함유하고 있으며, 칼슘, 철 등의 무기질 함량도 다른 버섯에 비하여 매우 높다.

⑤ 느타리버섯

느타리버섯oyster mushroom은 참나무, 오리나무 등의 연한 재질의 활엽수고사목의 뿌리나 자른 그루터기에서 자란다. 맛이나 향은 강하지 않으며, 결대로 찢어서 이용한다. 열량이 적어서 성인병 예방과 다이어트에 좋다.

⑥ 팽이버섯

팽이버섯winter mushroom은 생육온도가 6℃로 낮아 겨울버섯으로 불리며, 저온에서도 갓의 개산율이 높으므로 진공 포장으로 이를 억제한다. 야생하나 병에 톱밥을 넣어 재배하는 인공 재배종이 많다. 또한 최근에는 홍삼, 마늘 등과 접목한 제품이 있다.

서양송로버섯은 세계 3대 진미 중 하나

캐비어(철갑상어알)caviar, 푸아그라(거위간)foie gras와 함께 세계 3대 진미에 속하는 서양송로버섯truffle은 독특하고 강한 풍미와 향을 가지고 있어서 음식 속의 다이아몬드라고 부른다. 인공 재배가 안 되서 훈련된 동물의 후각을 이용해서만 찾을 수 있기 때문에 매우 고가이다. 우리나라에서는 아직 발견되지 않고 있다. 푸아그라에 서양송로버섯을 넣으면 그 진가를 발휘하여 푸아그라의 맛을 한층 더 맛있게 한다.

4) 해조류

거의 모든 바다 식물들은 조류로 약 2만 종 이상이 있으며 식용으로는 먹어 온 것은 수백 종이다. 우리나라의 해조류는 약 400여 종 이상이 알려져 있지만 식용으로는 50

여 종이 이용되고 있다. 이들은 클로로필을 함유하여 광합성을 통한 독립영양생활을 하는 하등식물로서 비타민 A·B·C·E, 요오드와 무기질의 훌륭한 공급원 역할을 한다. 일반적으로 난소화성 점질다당류를 많이 포함하여 소화율이 낮지만 정장작용을 하며, 독특한 맛과 향기가 있어 식용가치가 높다. 뿐만 아니라 식품 가공 원료(한천, 알긴산, 카라기난 등)로서 이용가치가 크다.

(1) 일반적 특성

① 엽록소를 가진 수상식물로 물속에서 자유롭게 부유하기 위하여 질긴 구조적 지지물을 최소화하고 광합성 조직을 극대화하였으며, 특히 김, 파래 등은 기본적으로 전부 잎이다.

② 바닷물 속에서 살아야 하는 조류는 세포의 삼투압 균형을 유지하기 위해 세포 내 다양한 분자들을 축적하며, 이들 중 일부는 고유한 맛에 기여한다. 만니톨, 글루탐산, 디메틸설피드 등이 그것이다.

③ 물은 붉은색 파장만을 선택적으로 흡수하기 때문에 일부 조류들은 나머지 파장을 포집하기 위하여 특수한 색소들로 엽록소를 보충한다. 많은 해조류가 갈색 또는 불그스름한 자주색을 띠다가 가열하면 색이 변하는 이유이다.

④ 일부 해조류들은 조직에 강도와 유연성을 동시에 주는 다량의 젤리 같은 물질들로 세포벽을 채우고 있는데, 한천, 알긴산, 카라기난 등이 그것이다.

(2) 해조류의 종류

거의 모든 식용 해조류들은 녹조류, 홍조류, 갈조류 중 어느 하나에 속한다 표 6-15.

① 녹조류

해수면 가까이 서식하는 조류로서 클로로필이 풍부하며 초록색을 나타낸다.

파래

- 파래sea lettuce : 단백질이 약 20~30%로 많지만 메티오닌methionine, 라이신lysine 같은 필수아미노산이 없어 영양가가 비교적 낮지만, 칼슘, 인, 철 등의 무기질이 10~15% 정도 들어 있어 중요한 알칼리성 식품이다. 또한 디메틸설피드에 의한 특

◇ 표 6-15 | 해조류의 종류

분류	종류	특징
녹조류 green algae	파래, 클로렐라, 청각	•엽록소 풍부 •소량의 카로티노이드 함유 •전분 형태로 에너지 저장
홍조류 red algae	김, 우뭇가사리	•열대 및 아열대 수역에 흔함 •홍색의 피코에리스린 풍부하며, 가열시 피코시아닌으로 변함
갈조류 brown algae	미역, 다시마, 톳	•온대 수역에 서식 •베타카로틴과 푸코잔틴 다량 함유 •에너지 일부를 만니톨로 저장

유의 향을 가진다.

- 청각sea staghorn : 조개 껍데기, 바위, 암석, 돌 등에 붙어 서식하며 단백질과 탄수화물 함량이 높고, 냉국 및 김치류에 넣어 먹거나 염장, 건조하여 사용한다.
- 매생이seaweed fulvescens : 파래와 비슷하게 생겼으나, 파래보다 가늘고 길며 검푸른 색을 띤다.

② 홍조류

피코에리스린phycoerythrin 등의 색소를 함유하여 적색을 띠며 소량의 피코시안phycocyan, 클로로필과 카로티노이드를 함유한다. 산업적으로 겔화제로 사용되는 우뭇가사리로부터 한천과 돌가사리, 진두발로부터 카라기난을 추출하여 이용하고 있다.

김

- 김laver : 많은 양의 단백질과 탄수화물을 함유하고 있을 뿐만 아니라 비타민류가 매우 풍부하다. 또한 마그네슘, 철, 칼슘, 칼륨 등이 풍부한 알칼리성 식품으로 디메틸설피드라는 방향성 물질도 포함하고 있다. 김은 적색의 피코에리스린이 주성분이며, 클로로필과 카로티노이드, 그리고 청색의 피코시안이 함유되어 있다.
- 우뭇가사리agar : 주로 한천을 추출하는 원료로 이용된다.

③ 갈조류

β-카로틴과 푸코잔틴 등의 색소를 함유하며, 변비 예방효과를 갖는 알긴산을 함유하고 있다.

- 미역sea weed : 미역의 경우 갈색의 푸코잔틴, 비올라잔틴 같은 카로티노이드를 함유하지만, 가열하면 엽록소의 비율이 많아져 녹색으로 변한다. 미역은 점질성 다당류인 알긴산을 다량 함유하고 있어서 산업적으로는 증점제로 이용되고 있다. 또한 요오드, 칼슘, 철 등도 풍부하여 임산부에게 좋은 식품 재료이다.

미역

- 다시마sea tangle : 검은색에 녹갈색을 띠며 두껍고 광택 나는 것이 특징으로 점질물인 알긴산과 혈압 강하작용을 하는 라미나린을 함유하고 있다. 표면의 하얀가루는 감미 성분인 만니톨이다.

다시마

(3) 해조류의 맛

세 가지 해조류는 응축된 무기질과 아미노산, 특히 글루탐산에서 비롯되는 짭짤하고 향긋한 맛을 공유한다. 또한 익힌 우유, 옥수수, 조개와 같은 해안의 공기에서 나는 디메틸설파이드 냄새도 공유한다. 홍조류는 말리면 깊은 황 냄새와 카로티노이드 색소의 분해로 꽃향기 같고 홍차향 같기도 한 냄새를 생성한다. 일부 홍조류는 브롬과 요오드 화합물들을 축적하며 강한 요오드 맛이 내기도 한다. 갈조류는 건초 냄새와 더불어 독특한 요오드 냄새가 나며, 일부 갈조류들은 탄닌과 비슷한 석탄산 화합물들이 있어 떫은맛이 있다. 해조류는 액체에 장시간 넣고 익히면 비린내가 축적되므로 대개 짧은 시간에 조리한다. 하나의 예로, 말린 다시마를 찬물에 넣고 끓게 되면 바로 건져내어야 감칠맛 나는 수용성 무기질과 아미노산만을 추출할 수 있다. 맛 좋은 무기질과 아미노산은 말린 해조류의 표면과 내부에 의해서 결정되기 때문에 씻지 말고 넣어야 하며, 두꺼우면 칼집을 내서 내부의 물질들이 쉽게 용출되도록 한다.

단원정리

1. 비타민은 우리 인체의 직접적인 구성원이나 에너지원으로는 사용되지 않지만, 생체 대사 반응의 조효소나 보조인자로 작용하는 필수불가결한 유기화합물이다. 그러나 체내에서는 거의 합성되지 않아 식품을 통해 섭취해야 하는 필수영양소이다.

2. 비타민 중에는 매일 공급할 필요가 없는 지용성 비타민 A, D, E, K와 매일 공급해야 하는 수용성 비타민으로 비타민 B복합체(B_1, B_2, 니아신, B_6, B_{12}, 엽산, 판토텐산, 비오틴)와 비타민 C가 있다. 각각의 비타민은 부족 시 결핍증을 나타내고, 지용성 비타민은 과잉증도 유발하기에 섭취량에 주의하여야 한다.

3. 무기질은 1일 필요량에 따라 다량 무기질과 미량 무기질로 나눈다. 하루에 100 mg 이상을 필요로 하는 다량 무기질에는 칼슘(Ca), 인(P), 나트륨(Na), 칼륨(K), 염소(Cl), 마그네슘(Mg), 황(S) 등이 있고, 10 mg 이하를 필요로 하는 미량 무기질에는 철(Fe), 아연(Zn), 요오드(I), 구리(Cu), 불소(F), 코발트(Co), 망간(Mn), 몰리브덴(Mo), 브롬(Br), 셀레늄(Se), 알루미늄(Al) 등이 있다.

4. 무기질은 골격과 치아 및 소화액으로 신체의 구성 성분으로 작용한다. 또 다른 기능으로는 혈액과 체액의 pH 및 삼투압의 조절작용을 한다. 그리고 근육의 수축·이완, 혈액 응고 및 신경 자극에 대한 조절작용을 한다.

5. 비타민과 무기질이 풍부한 대표적 식품으로는 채소류, 과일류, 버섯류, 해조류가 있다.

6. 채소류는 독특한 풍미와 질감 그리고 다양한 색깔로 식욕을 증진시킨다. 또한 식이섬유와 피토케미칼이 풍부하여 생리적으로도 유익한 효과를 준다.

7. 과일류는 채소와 달리 유기산과 당이 풍부하여 단맛과 조화를 이룬 상쾌한 맛을 제공한다. 과일은 생식 이외에도 펙틴질을 함유하여 잼과 젤리로 가공하여 이용한다. 또한 각종 효소들이 들어 있어서 후식에 적합하고, 육류의 연화에도 사용한다.

8. 버섯류는 영양기관인 균사체와 번식기관인 자실체로 되어 있으며, 엽록체가 없어서 기생하는 균류이다. 단백질, 지질, 탄수화물 외에도 비타민 B_1, B_2, 에르고스테린이 함유되어 있어서 대표적인 비타민 D의 급원식품이나 수분이 많아 저장이 어렵다.

9. 해조류는 식용으로 이용하는 것이 50여 종이며, 이들은 클로로필로 광합성을 하는 하등식물로서 비타민 A·B·C·E, 요오드와 무기질의 훌륭한 공급원 역할을 한다. 일반적으로 난소화성 점질다당류를 많이 포함하여 정장작용을 하며, 독특한 맛과 향기가 있어 식용 가치가 높다.

CHAPTER

7

식품의 색

1. 식물성 식품의 색소 | 2. 동물성 식품의 색소 | 3. 식품의 갈변

7

1. 식물성 식품 색소의 종류와 색의 변화에 대해 설명할 수 있다.
2. 동물성 식품 색소의 종류와 색의 변화에 대해 설명할 수 있다.
3. 식품의 갈변 중 효소적 갈변에 대해 설명할 수 있다.
4. 식품의 갈변 중 비효소적 갈변에 대해 설명할 수 있다.

식품의 색은 식품 선택 시 선호도에 중요한 영향을 미치는 인자로 인식되며, 최근 컬러푸드에 대한 관심이 높아지면서 식품 구매 시 중요한 요소가 되고 있다. 식품의 색은 식욕과 밀접한 관계가 있을 뿐만 아니라, 식품의 신선도를 결정하는 중요한 요소가 되며 식품의 품질을 우선적으로 평가할 수 있는 기준이 된다. 색소원설에 의하면, 색을 내려면 '발단색chromophore'이나 '조색단auxochrome'이라는 원자단이 존재해야 한다. 발색단이란 발색의 기본이 되는 카보닐기carbonyl group(–CO–), 아조기azo group (–N=N–), 에틸렌기ethylene group(–C=C–), 니트로기nitro group($-NO_2$), 니트로소기nitroso group(–NO), 티오카보닐기thiocarbonyl group(=C=S) 등의 원자단을 말하며, 발색단을 갖는 물질을 색소원chromogen이라 한다. 발색단 하나만으로 색을 내는 것도 있으나, 대개의 경우에는 몇 가지의 발색단이 서로 어울리거나 무색의 색소원에 하이드록실기 hydroxyl group(–OH)와 아미노기amino group($-NH_2$) 같은 조색단이 결합하여 색을 낸다.

식품 속의 색소는 가공, 저장 및 운반 과정에서 산소, 광선, 열, 효소, 미생물 등의 영향으로 변할 수 있으므로 색소의 성질을 이해하는 것이 식품산업에서 중요하다. 식품의 색에는 식물성 식품에 존재하는 클로로필, 카로티노이드, 플라보노이드계 색소가 있고, 동물성 식품에는 혈색소인 헤모글로빈과 근육색소인 미오글로빈이 있으며, 우유, 난황, 게, 새우, 연어, 송어 등에는 카로티노이드도 존재한다.

1. 식물성 식품의 색소

1) 클로로필

식품의 초록색은 주로 클로로필chlorophyll에 의하는데, 클로로필은 식물체의 잎과 줄기에 널리 분포하는 초록색의 색소로, 카로티노이드와 함께 단백질 또는 지단백질과 결합한 상태로 엽록체에 존재하며 식물의 광합성에 중요한 역할을 한다.

(1) 클로로필의 구조

클로로필은 그림 7-1과 같이 4개의 피롤pyrrole 핵이 메틴기(–CH=)에 의해 서로 결합한 포르피린 고리의 중심에 마그네슘(Mg)을 가지고 있으며, 피톨phytol($C_{20}H_{39}OH$)과

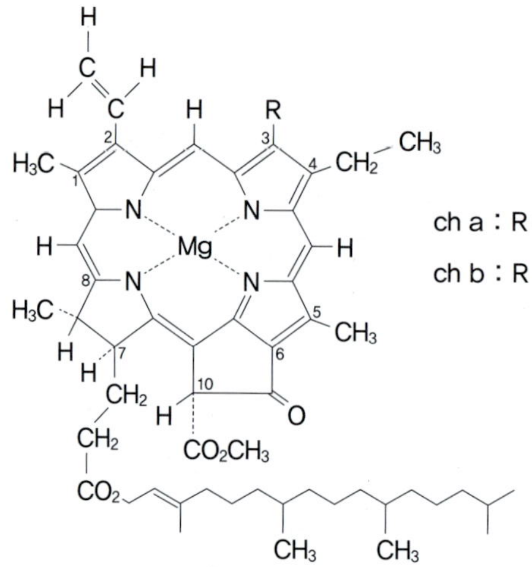

그림 7-1 | 클로로필의 구조

에스테르를 형성하고 있기 때문에 불용성이다. 고등식물에는 청록색의 클로로필 a와 황록색의 클로로필 b가 있으며 a와 b는 식물체 내에서 산소와 빛에너지에 의해 서로 변한다. 고등식물에서의 클로로필 a와 b의 존재비는 2~3:1이다. 클로로필 c와 d는 해조류에 들어 있다.

(2) 클로로필의 변화

① 산에 의한 변화

클로로필의 산에 의한 변화는 조리과정 중에 많이 볼 수 있는데, 녹색채소를 천천히 오래 삶을 때 갈색으로 변하는 것은 클로로필을 안정화시키고 있던 단백질과의 결합이 끊어져 클로로필이 유리되어 조직 중의 유기산과 반응하여 색이 변하기 때문이다. 즉, 클로로필을 산으로 처리하면 클로로필의 포르피린 고리에 결합된 마그네슘이 수소이온과 치환되어 녹갈색의 페오피틴pheophytin이 생성된다. 이 페오피틴에 계속해서 산이 적용하면 클로로필에 존재하는 피톨이 떨어져 나가 갈색의 페오포르비드pheophorbide가 형성된다. 또한 처음부터 강산으로 처리하면 마그네슘과 피톨이 동시에 떨어져 나가 페오포르비드가 형성된다.

이러한 변색을 억제하기 위해서는 물이 끓으려 할 때 녹색채소를 넣고 처음 2~3분간 뚜껑을 열어 휘발성 산을 신속히 증발시키고, 고온으로 단시간 동안 가열하여 클로로필과 산의 접촉시간을 짧게 해야 한다. 또한 녹색채소 양념 시 식초는 마지막에 넣어야 변색을 최소화할 수 있다.

녹색채소로 만든 김치나 오이지를 오래 저장하면 갈색을 띠는 것은 발효에 의해 생성된 초산이나 젖산에 의해 클로로필이 페오피틴이나 페오포르비드로 되기 때문이며, 푸른잎을 방치하면 점점 갈색을 띠는 것도 자기소화에 의해 식품 속에 있던 유기산에 의해 클로로필이 페오피틴이나 페오포르비드로 되기 때문이다.

② 알칼리에 의한 변화

클로로필의 마그네슘은 알칼리에서 안정하나 피톨은 알칼리에서 가열 시 떨어져 나가 짙은 청록색의 수용성 클로로필리드chlorophyllide가 형성되고 계속해서 짙은 청록색의 클로로필린chlorophylline이 형성된다.

녹색채소를 삶을 때 중탄산나트륨($NaHCO_3$)과 같은 알칼리를 가하면 녹색을 보존할 수 있다. 반면 채소 중에 들어 있는 비타민 C를 비롯하여 알칼리성에 불안정한 다른 비타민들이 파괴되고 채소가 지나치게 연화되어 품질에 악영향을 줄 수도 있다. 이를 방지하기 위해 탄산마그네슘($MgCO_3$)과 초산칼슘[$Ca(CH_3COOH)_2$]의 혼합물을 소량 첨가하기도 한다.

③ 효소에 의한 변화

식물조직에 널리 분포되어 있는 클로로필라아제chlorophyllase는 식물조직이 손상될 때 유리되는데, 이 효소가 클로로필에 작용하면 피톨기가 떨어져 나가 짙은 청록색의 수용성 녹색인 클로로필리드를 형성한다. 계속해서 알칼리가 존재하면 클로로필리드는 다시 짙은 청록색의 클로로필린을 생성한다. 산이 존재하면 마그네슘이 유리되면서 페오포르비드로 되어 녹색을 잃고 갈색이 된다. 녹색 채소의 데치기는 클로로필라아제를 비롯한 갈변효소, 펙틴분해효소, 비타민 C 산화효소 등을 파괴할 수 있으며, 동시에 녹색이 선명해지는 효과가 있다.

이때 뚜껑을 열고 물을 많이 넣어 고온에서 단시간 동안 데쳐야 클로로필과 비타민 C의 파괴를 최소화할 수 있다.

④ 금속이온에 의한 변화

클로로필은 구리(Cu)나 철(Fe) 등의 이온 또는 이들의 염과 함께 가열하면 선명한 녹색을 유지할 수 있다. 이것은 클로로필 분자 중 마그네슘이온(Mg^{2+})이 이들 금속이온과 치환되어 안정한 청록색의 구리-클로로필Cu-chlorophyll 또는 선명한 갈색의 철-클로로필Fe-chlorophyll을 형성하기 때문이다. 그러나 이들은 물에 녹지 않으므로 강한 알칼리(NaOH)로 가수분해하여 구리-클로로필린의 나트륨염 또는 철-클로로필린의 나트륨염으로 하면 친수성이 부여되어 물에 잘 녹고 색깔도 안정하게 되므로 식품산업에 유용하다.

또 녹색채소가 산에 의해 갈색의 페오피틴으로 변한 경우에도 구리의 염을 첨가시키면 분자 내의 수소이온이 구리이온으로 치환되어 구리-클로로필이 되므로 짙은 청록색으로 만들 수 있다. 완두콩 통조림 제조 시 0.005%의 $CuSO_4$를 넣어서 가열 살균 시의 변색을 억제하는 것과 오이지 제조 시 놋수저를 넣어서 오이의 녹색을 유지하는 방법이 있다.

2) 카로티노이드

카로티노이드carotenoids란 황색, 주황색, 적색 등의 색소로서 연어, 당근, 호박 등의 동·식물성 식품에 널리 분포한다. 카로티노이드는 물에 녹지 않으나, 지방 또는 유기용매에 잘 녹고 구조가 서로 비슷한 한 무리의 색소를 말한다. 식물성 식품의 카로티노이드는 식물체에서 합성되어 클로로필과 함께 잎의 엽록체 속에 존재하며, 클로로필과 공존하는 경우에는 녹색에 가려 나타나지 않지만, 클로로필이 분해되면 나타난다. 동물성 식품의 카로티노이드는 먹이에서 유래된 것이다.

카로티노이드는 8개의 이소프렌[$CH_2=C(CH_2)=CH=CH_2$] 단위가 결합하여 형성된 테트라테르펜tetraterpene을 기본구조로 가지고 있다. 배당체나 에스테르ester 형태 또는 단백질과 결합한 형태로 존재한다.

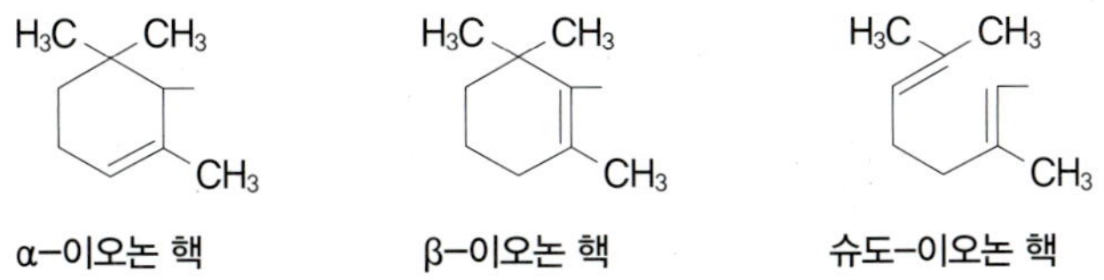

그림 7-2 | 이오논 핵의 구조

(1) 분류

카로티노이드는 이오논ionone 핵과 여러 개의 이중결합을 가지고 있으며, 카로틴류carotene와 잔토필류xanthophyll로 크게 나눈다. 카로틴은 이소프렌의 중합체인 탄화수소이고, 잔토필은 하이드록실기(-OH), 카보닐기(-CO-) 등을 갖는 카로틴의 산화 유도체이다. 카로티노이드는 기본구조의 양끝이 α-이오논 핵 또는 β-이오논 핵과 같이 고리 모양으로 되어 있는 경우와 슈도pseudo-이오논 핵과 같이 사슬 모양으로 되어 있는 경우가 있으며, 이러한 양끝의 구조에 따라 색과 화학적 성질이 달라진다.

카로틴류는 α-카로틴, β-카로틴, γ-카로틴, 리코펜 등이 있으며, α-카로틴, β-카로틴, γ-카로틴은 β-이오논 핵을 가지고 있어 체내에서 비타민 A로 전환될 수 있으므로 영양학적으로 중요하다.

① 카로틴계

카로틴은 석유 에테르에는 녹으나 알코올에는 잘 녹지 않는다. α-카로틴은 황등색으로 보통 β-카로틴, γ-카로틴과 함께 존재하며 당근, 찻잎, 고추 등에 들어 있다. α-이오논 핵과 β-이오논 핵을 갖고 있으므로 체내에서 한 분자의 비타민 A를 생성한다. β-카로틴은 당근, 고구마, 녹엽, 오렌지, 호박, 감귤류 등에 널리 함유되어 있고 두 개의 β-이오논 핵을 갖고 있으므로 체내에서 두 분자의 비타민 A를 생성한다. 황등색의 빛깔과 높은 영양효과 때문에 식품첨가물로 이용된다. γ-카로틴은 적색으로 당근, 살구에 존재하며, β-카로틴과 공존할 때가 많다. 체내에서 한 분자의 비타민 A를 생성한다. 리코펜은 적색을 지니고 수박, 토마토, 감, 앵두 등에 함유되어 있으며 비타민 A의 효력은 없다.

표 7-1 | 주요 카로틴류

색깔	명칭 및 구조	소재 및 특징
황등색	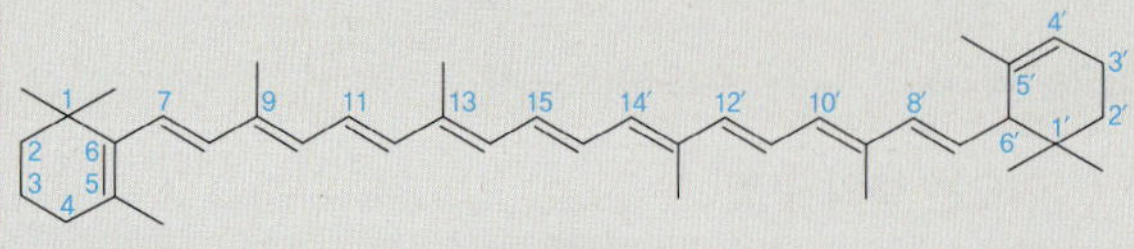 β-이오논 **α-카로틴** α-이오논	•당근, 차잎 •베타카로틴과 공존 •체내에서 한 분자의 비타민 A 생성
	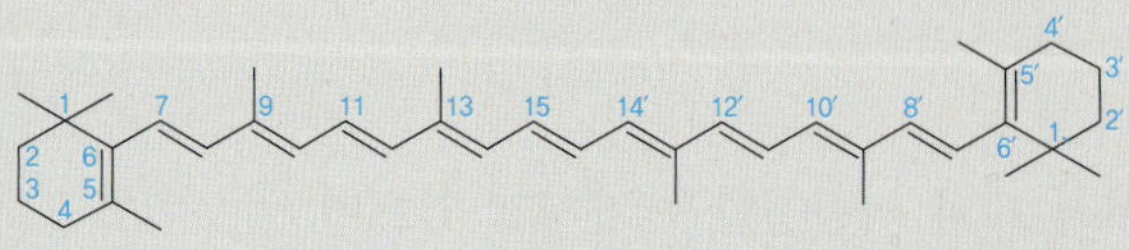 β-이오논 **β-카로틴** β-이오논	•당근, 고구마, 녹엽, 오렌지, 호박, 감귤류 •체내에서 두 분자의 비타민 A 생성 •빛깔과 높은 영양효과 때문에 식품첨가물로 이용
적색	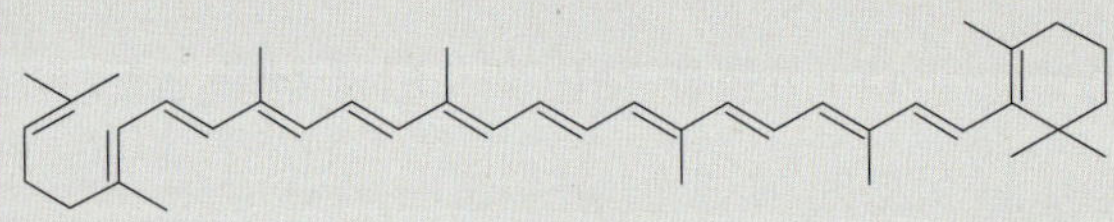 슈도-이오논 **γ-카로틴** β-이오논	•당근, 살구 •베타카로틴과 공존 •체내에서 한 분자의 비타민 A 생성
	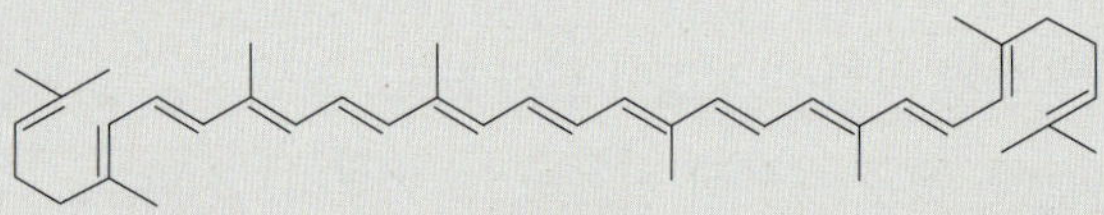 슈도-이오논 **리코펜** 슈도-이오논	•수박, 토마토, 감, 앵두 •비타민 A 효력 없음

② 잔토필계

잔토필xanthophyll계 색소는 알코올에는 녹으나 석유 에테르에는 녹지 않으며 카로틴의 산화 유도체oxygenated carotenes이다. 캡산틴capsanthin은 고추, 파프리카 등에 들어 있으며 비타민 A는 될 수 없다. 크립토잔틴cryptoxanthin은 황등색이며 옥수수, 감, 오렌지에 들어 있고 비타민 A의 효력이 있다. 루테인lutein은 난황, 녹엽, 오렌지, 호박에 들어 있으며 비타민 A의 효력은 없다. 제아잔틴zeaxanthin은 난황, 간, 옥수수, 오렌지 에 들어 있고 비타민 A의 효력은 없다. 비올라잔틴violaxanthin은 자두, 고추에 들어 있고 에폭시드epoxide 구조를 갖는다.

아스타잔틴astaxanthin은 적색으로 게·새우·연어·송어에 들어 있고, 칸타잔틴canthaxanthin은 양송이·송어·새우에, 푸코잔틴fucoxanthin은 미역·다시마 등의 해조류에 들어 있다.

◇ 표 7-2 | 주요 잔토필류

색깔	명칭 및 구조	소재 및 특징
황등색	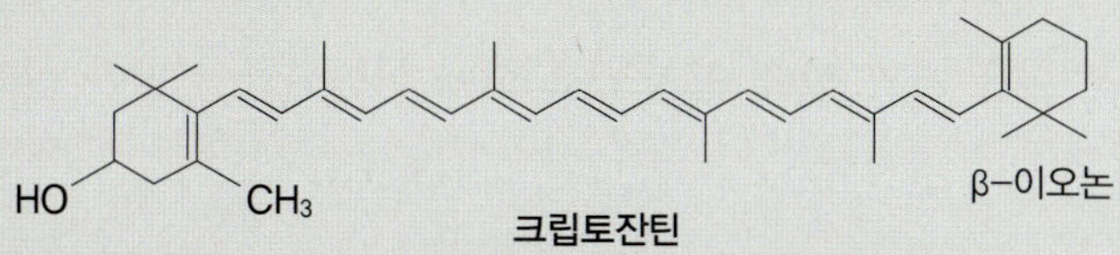 크립토잔틴	•옥수수, 감, 오렌지 •비타민 A 효력 있음
	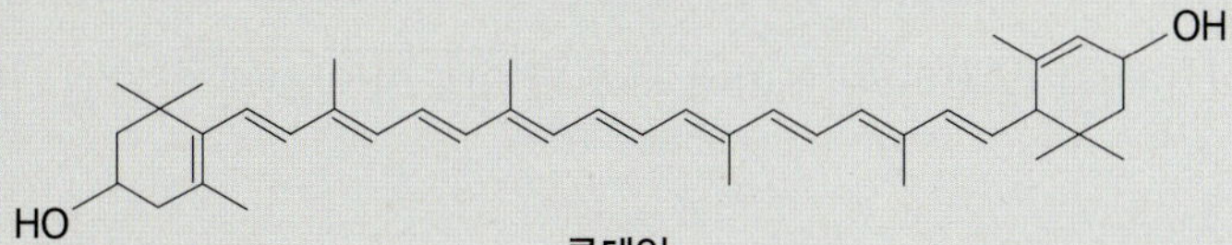 루테인	•난황, 녹엽, 오렌지, 호박 •비타민 A 효력 없음
	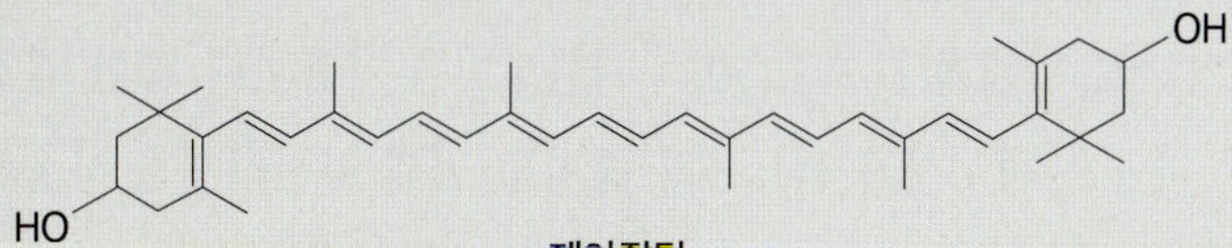 제아잔틴	•난황, 간, 옥수수, 오렌지 •비타민 A 효력 없음
	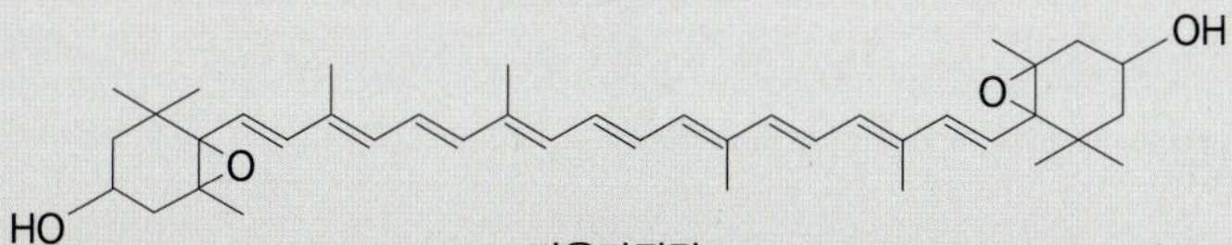 비올라잔틴	•자두, 고추, 감, 파파야
적색	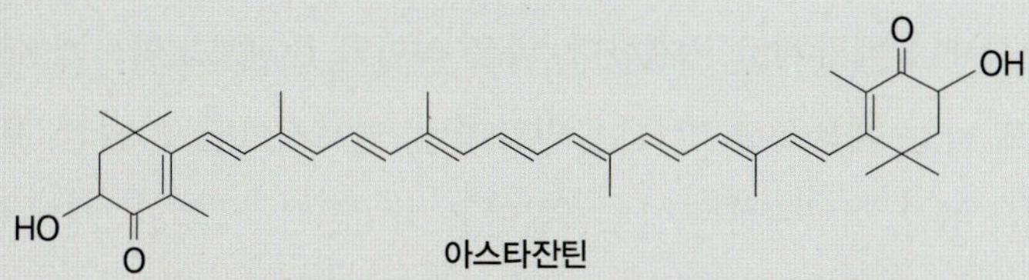 아스타잔틴	•게, 새우, 연어, 송어 •결합형 아스타잔틴(청록색)
	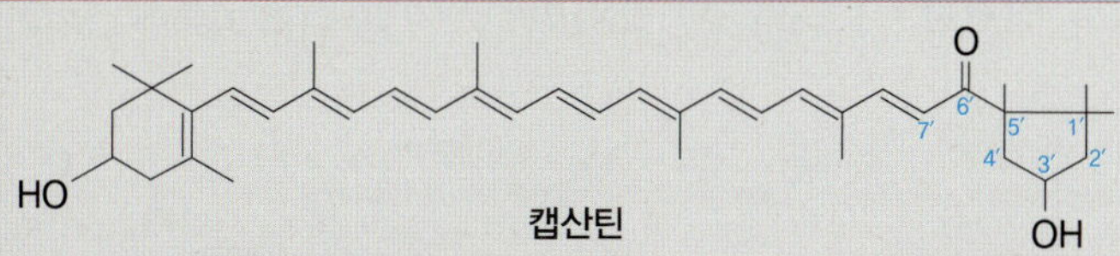 캡산틴	•고추, 파프리카
	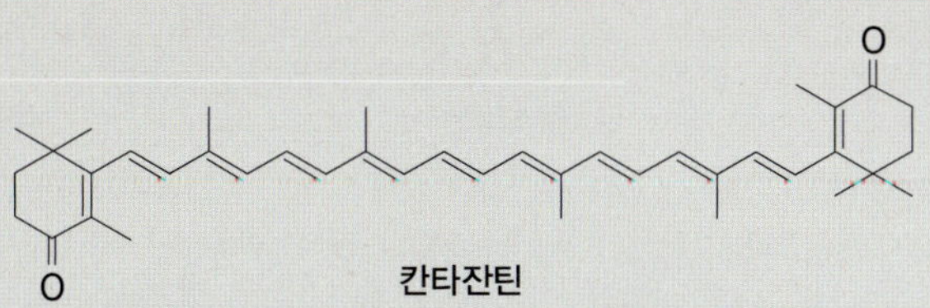 칸타잔틴	•양송이, 송어, 새우
	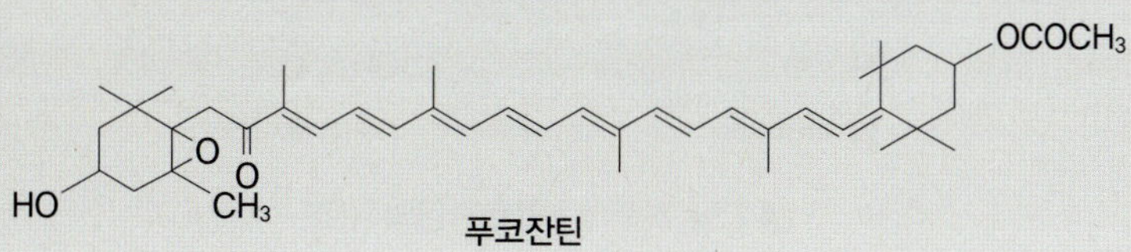 푸코잔틴	•해조류(미역, 다시마)

(2) 카로티노이드의 변화

카로티노이드계 색소는 물에 녹지 않으나 기름에 녹고, 열에 비교적 안정하며 조리 과정 중에 성분의 손실은 거의 없다. 분자구조 중에 이중결합이 많아 산화에는 매우 약하며, 공기 중의 산소나 산화효소(lipoxidase, lipoperoxidase, peroxidase), 햇빛 등에 의해 쉽게 산화된다. 카로티노이드는 자동산화에 의해서도 산화되는데, 이때 프로비타민 A로서의 효력을 상실한다. 조리에 사용될 정도의 약산과 약알칼리에는 파괴되지 않는다.

카로티노이드계 색소의 변색 방지수단으로 효소를 불활성화하기 위해 가열처리를 하거나 산소의 차단을 위해 탈기 또는 가스 치환방법을 사용한다. 또한 건조 전에 고분자 물질에 의해 피막을 형성시키거나 산화 방지를 위해 항산화제를 사용하는 방법도 있다.

3) 플라보노이드

플라보노이드flavonoids는 수용성으로 담황색에서 황색의 색을 지니며, 식물세포의 액포 중에 유리상태나 배당체로 존재한다. 넓은 의미의 플라보노이드는 디페닐프로판을 기본골격으로 하는 페놀류를 말하며, 안토잔틴, 안토시아닌, 카테킨, 루코안토시아닌 등이 포함되나 좁은 의미에서는 안토잔틴만을 의미한다. 이들은 2개의 벤젠benzene핵이 3개의 탄소로 연결된 C_6-C_3-C_6의 플라반flavane을 기본구조로 갖는다. 이 중 카

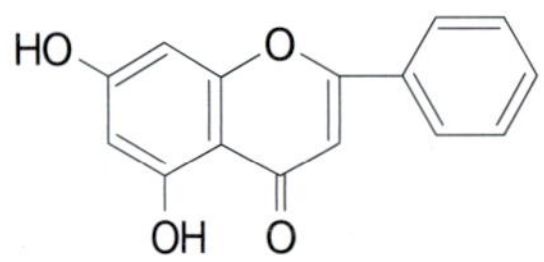

플라본

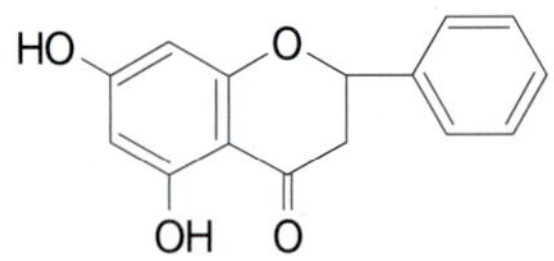

플라바논

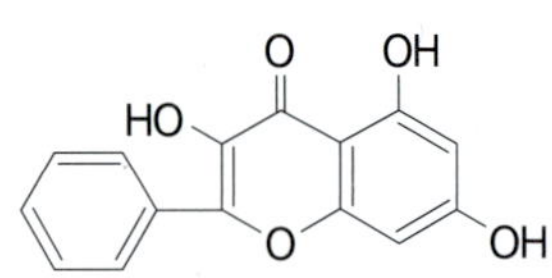

플라보놀

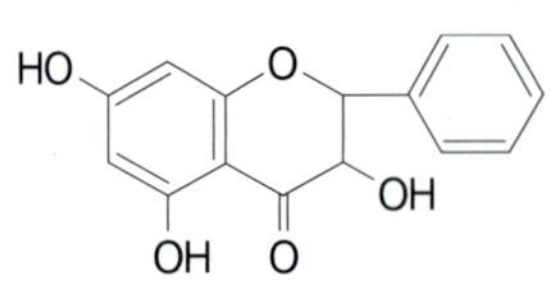

플라바노놀

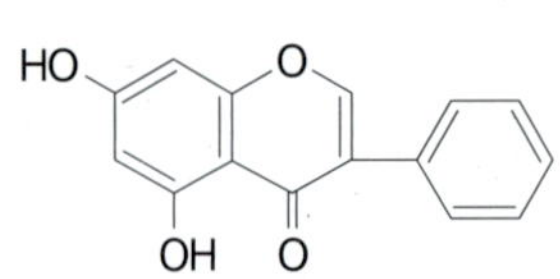

이소플라본

그림 7-3 | 안토잔틴의 구조

테킨과 루코안토시아닌은 본래의 색이 없고 산화되어 흑갈색으로 변하며 탄닌으로 분류된다.

(1) 안토잔틴

안토잔틴anthoxanthins은 물에 잘 녹고, 산에는 안정하나 알칼리와 산화에는 불안정하다. 식물체에서 유리 상태로 존재하는 일은 거의 없고 대부분 당류인 람노스rhamnose,

표 7-3 | 식품 중 중요한 안토잔틴

종류	색소명	색	소재 및 특성
플라본 flavone	아피제닌 apigenin	담황색	• 옥수수
	아핀 apiin	무색	• 파슬리, 셀러리 • 아피제닌의 배당체
	트리틴 tritin	담황색	• 밀가루, 아스파라거스 • 알칼리에 의해 황갈색으로 변색
플라보놀 flavonol	퀘세틴 quercetin	황색	• 양파 껍질, 차 • 유지의 황산화제
	루틴 rutin	무색	• 메밀, 토마토 • 퀘세틴의 배당체 • 비타민 P • 정상적인 모세관의 투과성 유지
플라바논 flavanone	헤스페리딘 hesperidin	무색	• 감귤 껍질 • 밀감 통조림 제조 시 백탁의 원인물질 • 비타민 P • 정상적인 모세관의 투과성 유지
	나린진 naringin	무색	• 감귤 껍질 • 밀감의 쓴맛 성분
	에리오딕틴 eriodictin	무색	• 감귤 껍질 • 비타민 P
플라바노놀 flavanonol	디하이드로퀘르세틴 dihydroquercetin	황색	• 단풍잎 • 플라보놀계 색소의 환원형
이소플라본 isoflavone	다이드제인 daidzein	황색	• 대두 • 식물성 에스트로겐
	다이드진 daidzin	무색	• 대두

포도당glucose, 루티노스rutinose 등과 결합된 배당체glycosides로 존재한다. 안토잔틴은 구조에 따라 벤조피렌의 2위치에 페닐기를 가진 2-페닐벤조피렌인 플라본flavone, 플라본의 3위치의 수소가 OH로 치환된 무색의 플라보놀flavonol, 2, 3의 이중결합이 포화 상태인 구조를 지니는 무색의 플라바논flavanone 그리고 벤조피렌의 3위치에 페닐기를 가진 3-페닐벤조피렌인 이소플라본isoflavone, 그리고 플라바노놀flavanonol의 다섯 가지로 분류된다.

(2) 안토잔틴의 변화

안토잔틴은 일반적으로 산에는 안정하나, 알칼리에서는 비당부분 아글리콘aglycone의 고리 구조가 열려 칼콘chalcone이 생성되어 황색이나 갈색을 띠거나 배당체들이 가수분해되어 짙은 황색을 띤다. 실제로 밀가루에 중탄산나트륨($NaHCO_3$)을 첨가하여 빵이나 튀김옷을 만들면 황색이 되고 양배추, 양파, 감자, 고구마, 콩 등을 가열조리 시 물에 존재하는 알칼리염에 의해 황색이 선명히 나타난다.

또한 안토잔틴은 쉽게 산화되어 갈변되고, 금속과도 결합하여 착화합물을 만들어 변색된다. 예로, 알루미늄(Al)과는 황색, 납(Pb)과는 백색이나 황색, 크롬(Cr)과는 적갈색, 철(Fe)과는 적색, 적갈색, 녹색의 화합물을 형성한다. 감자를 철제 칼로 썰면 적색이나 적갈색을, 양파를 알루미늄 냄비에서 삶으면 황색을 띤다.

4) 안토시아닌

안토시아닌antocyanins은 넓은 의미로는 플라보노이드 중의 하나이며 꽃이나 과일의 선명한 적색, 청색, 자색 등의 수용성 색소를 총칭하는 한 무리의 색소로 식물체의 액포 내에 존재한다. 꽃의 색깔이라 하여 화청소라 부르는데 매우 불안정하여 가공이나 저장 중에 색깔이 쉽게 퇴색되어 식품의 품질을 저하시킨다.

안토시아닌계 색소도 대부분 당(포도당, 람노스, 갈락토스)과 결합한 배당체로 존재하는데, 비당부분인 아글리콘을 안토시아니딘anthocyanidin이라 하며, 안토시아닌과 안토시아니딘을 일반적으로 안토시안anthocyan이라 부른다.

(1) 안토시아닌의 종류 및 색 특성

안토시아니딘은 플라빌리움flavylium 화합물로서 그림 7-4와 같은 구조를 기본 구조로 갖는다.

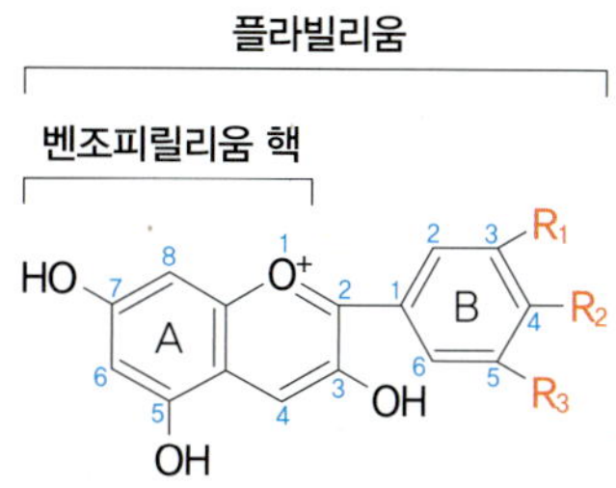

그림 7-4 | 2-페닐-3,5,7-트리하이드록시벤조피릴리움

식품 중의 안토시아닌은 주로 과일과 채소류 중에 존재하며 이들은 조금씩 차이가 난다. 이 차이는 안토시아니딘의 구조에 따라 색

표 7-4 | 안토시아닌의 구조에 따른 분류

계통	R1	R2	R3	계통	R1	R2	R3
펠라르고니딘pelargonidin계	H	OH	H	페오니딘peonidin계	OCH_3	OH	H
시아니딘cyanidin계	OH	OH	H	페투니딘petunidin계	OCH_3	OH	OH
델피니딘delphinidin계	OH	OH	OH	말비니딘malvinidin계	OCH_3	OH	OCH_3

표 7-5 | 식품 중의 중요한 안토시아닌

계통	구조	안토시아닌	색	소재
펠라르고니딘계	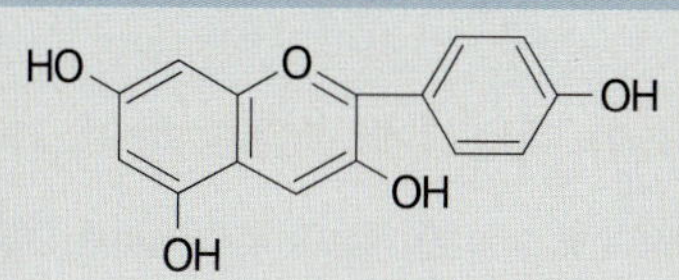	칼리스테핀callistephin	적색	딸기
		프라가린fragarin		양딸기
		펠라르고닌pelargonin		석류, 나팔꽃, 다알리아
시아니딘계	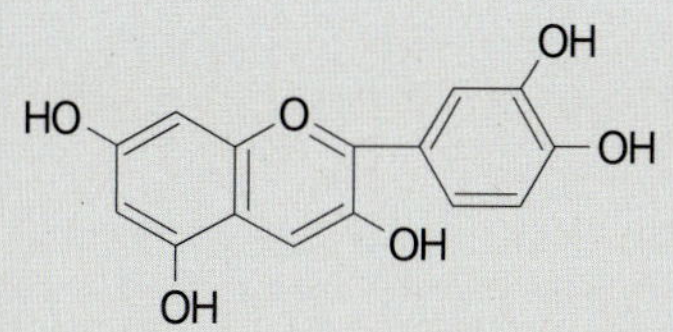	시소닌shisonin	적색	차조기 잎, 장미
		시아닌cyanin	적색	차조기 잎, 장미
		크리산테민chrysanthemin	암적색	검은콩의 껍질
		케라시아닌keracyanin	농적색	체리
델피니딘계	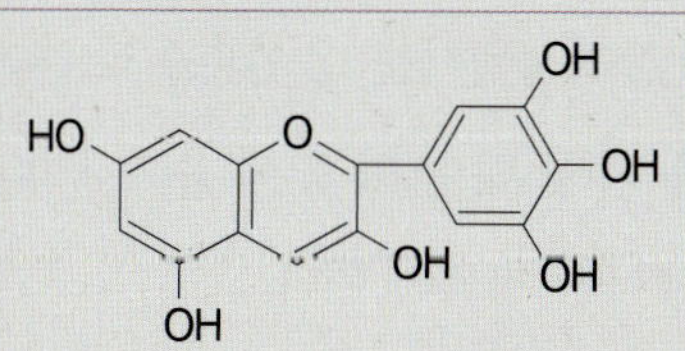	나수닌nasunin	청자색	가지
		페릴라민perillamin	적색	차조기 잎
		하아신hyasin	청색	가지
말비니딘계	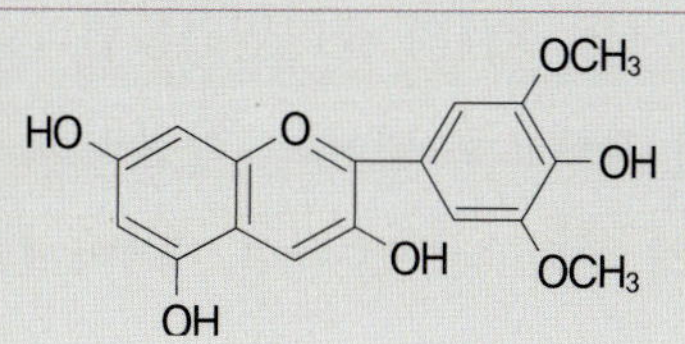	에닌oenin	적자색	포도 껍질
		네글레틴negletin	적색	고구마 껍질

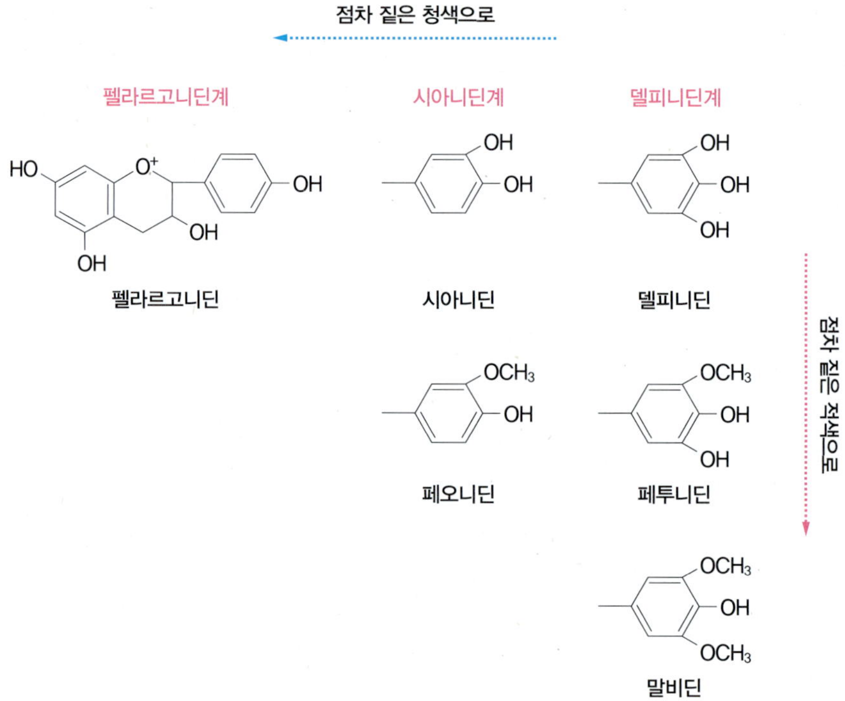

그림 7-5 | 안토시아니딘의 구조에 따른 색의 변화

이 달라지기 때문이다. 그림 7-5에서 보듯이 페닐기에 결합된 하이드록실기(-OH)의 수가 증가하면 청색이 진해지고, 메톡실기($-OCH_3$)의 수가 증가하면 적색이 강해지는 경향이 있다.

(2) 안토시아닌의 변화

안토시아닌은 산성에서는 양이온, 알칼리성에서는 음이온으로 존재하는 양성 물질로서 pH에 따라 색의 변화가 커서 식품 가공 및 조리 중에 유의해야 한다. 산성에서는 적색으로, 중성에서는 자색, 알칼리성에서는 청색이 된다.

안토시아닌은 pH 3 또는 그 이하에서는 적색의 플라빌리윰염의 형태로 존재하며, 무색의 슈도pseudo염을 거쳐 중성에서 자색으로 변하고, 알칼리를 더욱 넣으면 청색이 된다. 이러한 변화들은 가역적이므로 산을 넣으면 다시 적색이 된다. 안토시아닌을 함유하는 과일이나 채소를 가공 조리할 때 산을 가하여 pH를 낮추면 아름다운 적색이 보존된다. 실제로 적색의 양배추로 샐러드를 만들 때 식초를 조금 넣은 물에 담그거나 매실지에 적색의 차조기 잎을 넣으면 고운 적색을 띠는 것은 이러한 원리를 응용한 것이다.

안토시아닌은 각종 금속과 반응하여 착화합물을 만든다. 철과 반응하면 고운 청색, 주석과는 회색이나 자색, 아연과는 초록색의 화합물을 형성한다. 실제로 가지를 염장할 때 그 속에 쇳조각을 넣어두면 갈변이 방지되고 가지는 고운 청색을 띤다.

안토시아닌과 안토시아니딘은 산소 존재 시 효소에 의해 산화되어 갈변한다. 오래된 포도주는 산화되어 갈변하고, 가지절임을 할 때 가지의 나수닌nasunin이라는 안토시아

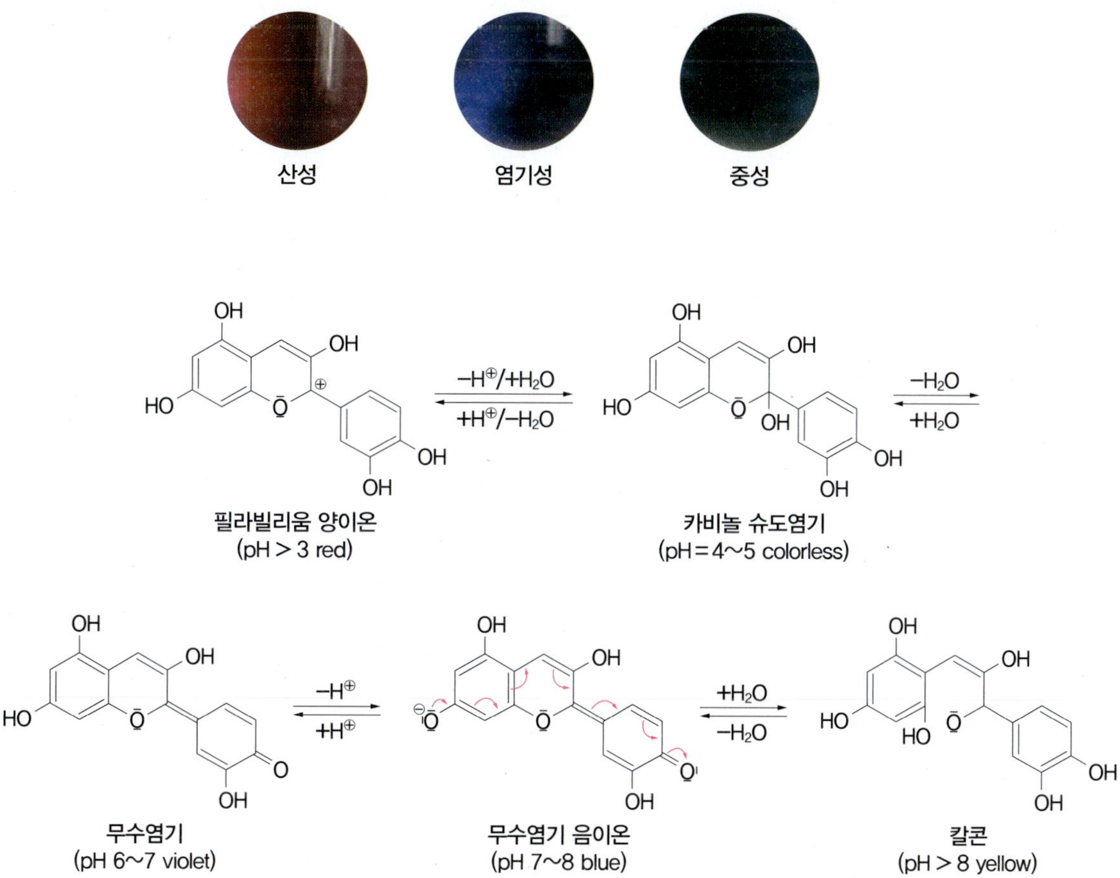

그림 7-6 | pH에 따른 안토시아닌의 변화

닌에 속하는 색소가 폴리페놀옥시다아제polyphenol oxidase에 의해 산화되어 o-퀴논o-quinone이라는 갈색의 중합체를 형성한다.

5) 탄닌

탄닌tannins은 기본구조가 플라보노이드와 같으며 카테킨류(카테킨과 그 유도체들), 루코안토시아닌, 클로로겐산 등과 식물의 갈변 원인이 되는 무색의 폴리페놀 성분의 총칭이다. 본래 무색이지만 공기나 금속이온 또는 산화효소에 의해 짙은 갈색, 흑색 또는 홍색으로 변하는 불안정한 물질로 식품 색깔에 중요한 역할을 하며 떫은맛과 쓴맛을 낸다.

(1) 탄닌의 구조와 성질

① 카테킨류

카테킨catechin, 갈로카테킨gallocatachin, 카테킨 갈레이트catechin gallate, 갈로카테킨 갈레이트gallocataechin gallate 등과 이들 각각의 광학이성질체인 에피카테킨epcatacin, 에피갈로카테킨epigallocatechin, 에피카테킨 갈레이트epicatechin gallate 등이 모두 카테킨류에 속한다. 일반적으로 과일과 채소에는 대부분 카테킨이 함유되어 있는데, 사과, 감, 포도, 배, 복숭아 등의 과일과 연뿌리 등에는 카테킨이 대부분이고 갈로카테킨이 소량 존재하는데 이들은 떫은맛보다 쓴맛이 강하다. 이에 비해 차잎에는 에피갈로카테킨 갈레이트의 함량이 높고 그 외에 카테킨 갈레이트와 갈로카테킨 갈레이트가 존재하는데 이들은 모두 떫은맛을 낸다.

카테킨류는 무색이지만 폴리페놀옥시다아제에 의해 쉽게 산화, 중합하여 갈변한다. 홍차는 발효과정에서 떫은맛을 내는 카테킨과 갈로카테킨(또는 에피갈로카테킨)이 폴리페놀옥시다아제의 작용으로 산화, 중합하여 테아플라빈theaflavin이라는 불용성의 적색 색소로 변해 떫은맛이 사라진다.

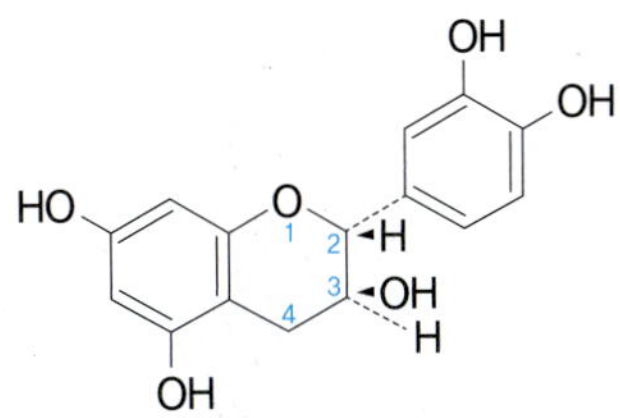

(+)–카테킨

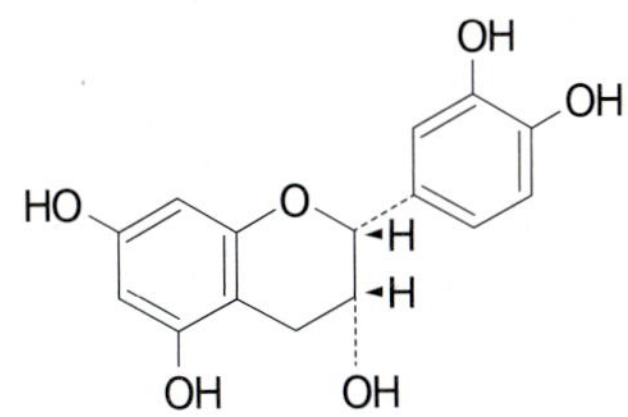

(–)–에피카테킨

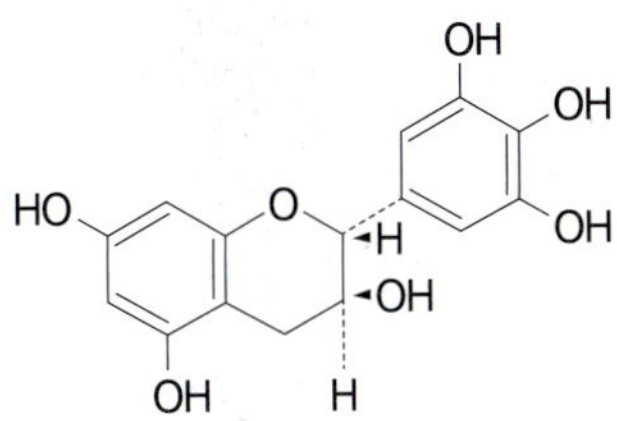

(+)–갈로카테킨

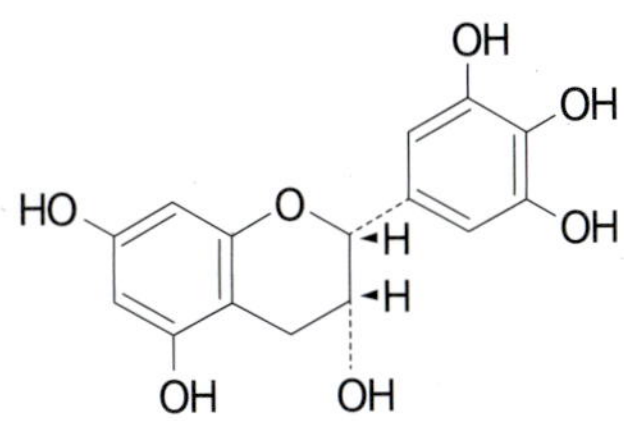

(–)–에피갈로카테킨

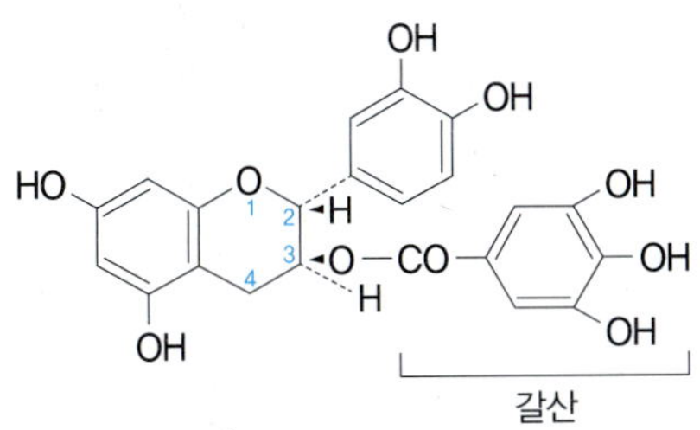

(+)–카테킨 갈레이트

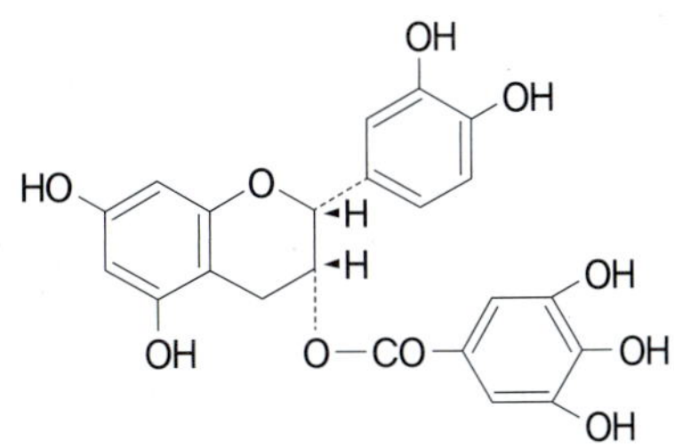

(–)–에피카테킨 갈레이트

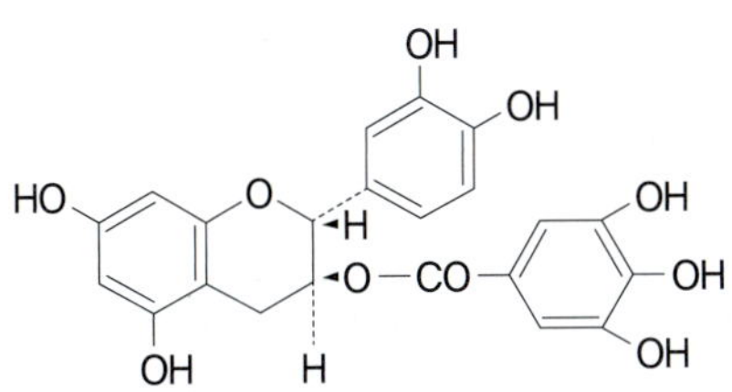

(+)–갈로카테킨 갈레이트

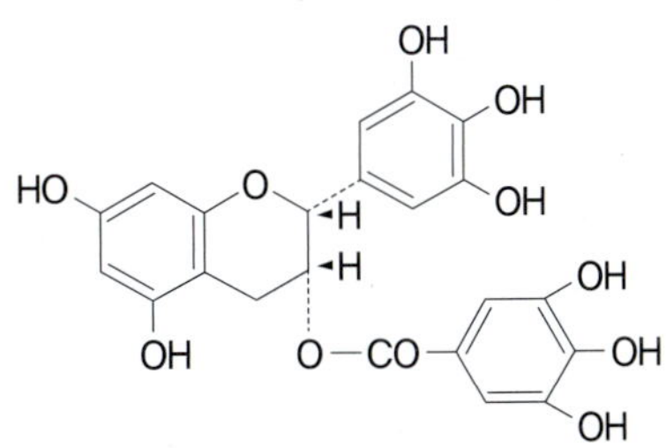

(–)–에피갈로카테킨 갈레이트

그림 7–7 | **카테킨류의 구조**

② 루코안토시아닌

루코안토시아닌은 배, 사과, 복숭아, 포도, 버찌, 살구 등의 과일류와 콩류, 차 등에 존재한다. 무색이지만 강산성에서 가열하면 적색의 안토시아닌을 생성한다. 자동산화되기 쉬우며 카테킨류보다 쉽게 중합된다.

③ 클로로겐산 및 폴리페놀류

식물체에는 많은 종류의 폴리페놀polyphenol이 존재하는데 주로 저분자의 카페산 caffeic acid, 파라-코마르산ρ-coumaric acid, 갈산gallic acid, 엘라그산ellagic acid 등이 잘 알려져 있다.

이들은 유리형만이 아니라 에스테르ester로서도 존재한다. 이 가운데 카페산caffeic acid과 클로로겐산chlorogenic acid, 네오클로로겐산neochlorogenic acid, 4,5-dicaffeoyl quinic acid은 커피콩, 감자, 사과, 포도 등 채소, 과일에 분포하여 효소적 갈변의 기질로 된다.

(2) 탄닌의 변화

탄닌은 공기 중에서 쉽게 산화, 중합되어 흑갈색의 불용성 중합체를 형성하여 떫은 맛이 소멸된다. 탄닌은 각종 금속과 반응하여 착화합물을 만드는데 주석 또는 아연과는 엷은 회색, 칼슘이나 마그네슘과는 적갈색, 철과는 암갈색이나 짙은 청색의 화합물을 형성한다. 실제로 커피나 차를 경수로 끓이면 표면에 적갈색이나 갈색의 침전이 생기고, 탄닌이 많은 과일이나 채소 통조림을 개관하면 철이 산화되어 청록색의 철-탄닌 화합물이 생성된다. 또한 단백질과 결합하여 침전을 일으키는데, 맥주의 원료인 홉hop이나 보리 속의 루코안토시아닌은 보리의 글로불린 단백질과 결합하여 불용성의 침전을 만들어 맥주 혼탁의 원인이 된다.

녹차의 카테킨

카테킨 성분은 항산화 효과가 비타민 E에 비해 무려 50배나 되기 때문에 활성산소를 제거하는 효과도 매우 탁월하다. 뿐만 아니라 카테킨은 혈중 콜레스테롤 농도 조절, 항암 등의 효과도 가지고 있다. 이러한 기능을 살려 유지 성분의 산화를 방지하는 항산화제로 이용되고, 식품 소재, 비누, 샴푸, 입욕제, 화장품, 의류에 이르기까지 여러 용도로 활용되고 있다.

2. 동물성 식품의 색소

동물성 식품에는 헤모글로빈과 미오글로빈, 그리고 일부 카로티노이드에 속하는 색소들이 있다. 헤모글로빈과 미오글로빈은 모두 피롤pyrrole 유도체로서 포르피린 porphyrin과 철(Fe)의 착염으로 되어 있는 적색 색소체인 헴heme, 즉 페로프로토포르피린ferro-protoporphyrin(Fe^{+2})과 단백질인 글로빈globin이 결합한 복합단백질이다.

1) 헤모글로빈

헤모글로빈hemoglobin은 동물의 혈색소로 철을 포함하는 포르피린 구조인 헴heme 4분자에 글로빈globin 1분자가 결합한 형태이다. 헤모글로빈은 공기 중에서 쉽게 산화되어 갈변하므로 식품 가공 시 완전히 제거되는 것이 좋다. 헤모글로빈은 미오글로빈과 거의 비슷한 구조와 크기를 지니고 있으나, 미오글로빈은 1분자의 산소와 결합할 수 있는 반면 헤모글로빈은 4분자의 산소와 결합할 수 있다.

헤모글로빈은 산화되면 선홍색의 옥시헤모글로빈oxyhemoglobin을 거쳐 갈색의 메트헤모글로빈methemoglobin이 된다.

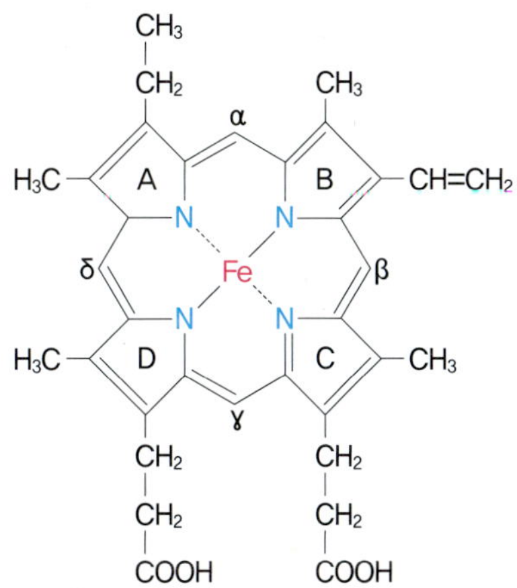

그림 7-8 | 헴의 구조

2) 미오글로빈

미오글로빈myoglobin은 육류와 그 가공품의 주된 색소이며 헤모글로빈과 같이 헴(Fe^{2+})의 중심에 있는 철(Fe)과 글로빈globin이 결합하여 형성된 색소이고, 헤모글로빈은 적색인데 비해 미오글로빈은 적자색을 띤다.

육류의 붉은색은 육조직 중에 있는 붉은색의 색소단백질인 미오글로빈과 혈액에 있는 붉은색소단백질인 헤모글로빈에 의한 것이나, 그 대부분을 차지하는 것은 미오글로빈이다.

미오글로빈과 헤모글로빈의 헴부분, 즉 페로프로토포르피린은 그 중심부에 있는 철이온ferrous ion(Fe^{2+})이 글로빈 분자 중의 히스티딘histidin 잔기의 이미다졸 고리imidazole

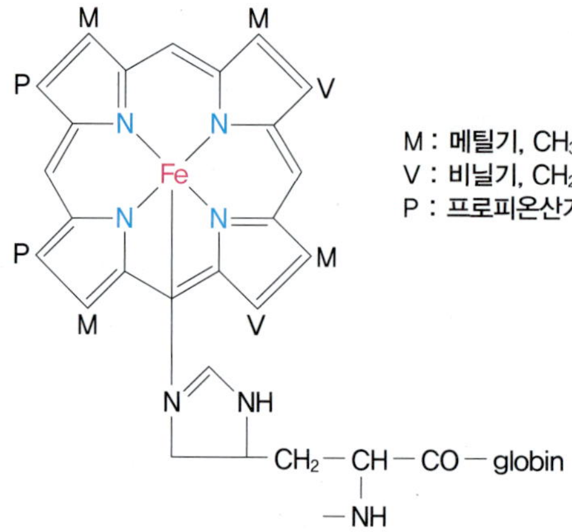

그림 7-9 | 미오글로빈의 구조

ring의 질소원자와 직접 결합되어 있으며, 이 철이온은 공기 중의 분자상의 산소와도 쉽게 결합할 수 있는 상태에 있다.

미오글로빈과 헤모글로빈은 화학적 성질이 유사하여 이들이 관여하는 반응, 예를 들면 자동산화, 아질산염과의 반응, 변성 등의 반응기구는 동일하다.

(1) 미오글로빈의 변화

미오글로빈의 색은 적자색이지만 공기 중에 방치하면 선명한 적색의 옥시미오글로빈oxymyoglobin을 거쳐 2가의 철이온이 3가의 철이온으로 산화된 회갈색을 가진 메트미오글로빈metmylglobin이 된다. 이와 같은 현상을 메트화라고 부른다. 메트미오글로빈의 생성은 자동산화만이 아니라 가열에 의해서도 생긴다.

육류를 가열할 때 적자색의 미오글로빈은 선홍색인 옥시미오글로빈을 거쳐 적갈색의 메트미오글로빈이 되고, 가열을 계속하면 메트미오글로빈의 글로빈은 변성되어 분리되며 갈색 내지 회색의 헤마틴이 유리된다. 헤마틴의 염화물을 헤민이라고 하는데, 헤민은 계속 산화되어 여러 갈색, 회색 또는 무색의 산화된 여러 가지 포르피린 유도체를 생성한다.

햄이나 소시지 제조 시와 같은 육가공 시에는 살균을 위해 가열 처리를 하는데, 이때 육색의 갈변을 방지하기 위해 발색제를 첨가한다. 육제품의 발색제로 일반적으로 쓰이는 것은 질산염으로 질산칼륨과 질산나트륨, 또 아질산염으로는 아질산칼륨과 아질산나트륨이 있다. 보통 발색제로는 질산염과 아질산염을 같이 사용하나 발색에 직접 관계하는 것은 아질산염이다. 즉, 질산염은 육류에 존재하는 미생물의 환원작용에 의해 아질산염으로 환원된 뒤 발색에 관여하게 된다. 이때 니트로소미오글로빈nitrosomylglobin 형태로 변화하게 된다.

3) 카로티노이드

카로티노이드는 식물성 식품에만 존재하는 것은 아니고 일부의 동물성 식품에도 존재한다. 육류의 경우 적육 부위에는 카로티노이드가 거의 없으나 지방에는 약간 함유되어 있다. 소고기의 황색 지방에는 α-, β-, γ- 카로틴 등이 존재하며, 이 중 β-카로틴이 대부분을 차지한다. 이들은 동물에 의해 합성된 것이 아니라 대부분 동물의 먹이인 식물성 물질이 흡수되어 동물의 조직이나 기관에 축적된 것이다. 즉, 소가 녹초를 섭취하는 여름에는 유제품의 색이 진하고 겨울에는 색이 연하다. 유지방 중에도 카로티노이드가 카로틴과 잔토필의 두 종류로 존재하며 이들은 버터나 치즈의 색에 영향을 미친다.

난황의 황색은 사료에서 유래된 카로티노이드로 대부분 루테인lutein이고 제아잔틴zeaxanthin, 크립토잔틴cryptoxanthin 등도 존재한다. 따라서 난황의 색을 진하게 하려면 루테인이 많은 녹초를 사료로 주는 것이 좋다.

카로티노이드는 어패류에도 들어 있는데, 도미의 표피, 연어나 송어의 근육 등에 함유된 아스타잔틴astaxantin은 적색을 내고, 조개류 근육의 적색은 카로틴과 루테인에 의한 것이다. 물고기 표피의 색은 종류에 따라 적색, 오렌지색, 갈색, 청록색, 흑색 등의 여러 색을 띠는데, 이 중 적색의 잔토필은 담즙 색소, 흑색은 멜라닌malanin에 의한 것이다.

새우나 게와 같은 갑각류에도 카로티노이드는 함유되어 있는데, 새우나 게의 껍질에 함유된 적색의 카로티노이드인 아스타잔틴은 단백질과 약하게 결합하여 회록색 또는 청록색을 나타낸다. 이것을 가열하면 단백질이 변성, 분리되고 유리형의 아스타잔틴이 된 후 산화되어 적색의 아스타신astacin으로 변한다.

3. 식품의 갈변

식품의 갈변반응browning reaction에는 여러 종류가 있으나 효소가 직접 관여하는 효소적 갈변enzymatic browning과 효소 없이 일어나는 비효소적 갈변nonenzymatic browning의 두 가지로 분류된다. 대부분의 갈변반응은 식품의 외관과 풍미를 나쁘게 하며 비타민과 아미노산의 손실을 가져오지만, 경우에 따라서는 바람직한 방향으로 진행되기도 한다. 예를 들어, 홍차, 커피, 맥주, 빵, 비스킷 등에서 갈변반응은 색뿐만 아니라 향미에도 영향을 주어 식품의 품질을 향상시키고, 간장이나 된장에서 갈변은 필수적인 반응이다.

1) 효소적 갈변

일상생활에서 효소적 갈변은 흔히 볼 수 있는데 사과, 배, 복숭아, 바나나, 밤, 감자, 가지, 양송이 등 많은 종류의 과일과 채소의 껍질을 벗기거나 파쇄할 때 관찰된다. 식품에 있어서 효소적 갈변에 관여하는 효소로는 폴리페놀화합물polyphenol compound의 산화에 관여하는 폴리페놀옥시다아제polyphenol oxidase와 티로신tyrosine의 산화에 관여하는 티로시나아제tyrosinase가 있다.

(1) 폴리페놀옥시다아제에 의한 갈변

폴리페놀옥시다아제는 구리를 함유하는 금속효소로 최적 pH가 5.7~6.8이고 산소의 존재하에서 폴리페놀류를 퀴논quinone 화합물로 산화시킨다. 퀴논은 계속 산화되고 중합 및 축합되어 멜라닌melanin 색소를 형성한다. 사과나 배를 깎아서 공기 중에 놓아 두면 갈색으로 변하는데, 이것은 클로로겐산chlorogenic acid과 피로카테킨pyrocatechin 등의 폴리페놀류가 폴리페놀옥시다아제에 의해 퀴논으로 산화되고 이것이 중합하여 갈색 물질을 만들기 때문이다. 이 효소는 구리나 철에 의해 활성화되고 염소이온으로 억제되므로 사과나 배의 갈변은 구리나 철로 된 도구의 사용을 피하고 묽은 소금물에 담그면 방지할 수 있다.

폴리페놀옥시다아제의 기질로는 클로로겐산chlorogenic acid, L-에피카테킨L-epicatechin, 퀘세틴quercetin, 헤스페리딘hesperidin, 루틴rutin, 카테킨catechin, 퀴놀quinol 등이 있다. 갈변의 정도는 이와 같은 기질 및 효소의 함량과 연관되어 있어 식품의 종류에 따라 차이가 많다.

(2) 티로시나아제에 의한 갈변

티로시나아제는 모노페놀옥시다아제로 구리를 함유하며 구리이온에 의해 활성화되고 염소이온에 의해 활성이 억제되는 산화효소이다. 그 작용은 폴리페놀옥시다아제와 매우 비슷하다. 이 효소는 감자, 양송이, 고구마, 사과 등에 함유되어 있다. 감자를 절단하여 방치하면 티로시나아제에 의해 감자의 티로신tyrosine의 페놀phenol기가 산화되어 갈색의 멜라닌 색소로 된다. 즉, 티로신은 티로시나아제의 작용에 의해 도파dihydroxy-phenylalanine, DOPA를 생성하고 도파로부터 도파퀴논DOPA quinone을 생성하며 도파퀴논은 더욱 산화를 받아 적색의 도파크롬DOPA chrome을 생성한다. 이것이 중합하여 갈색의 멜라닌melanin을 생성한다. 이 효소는 수용성이므로 깎은 감자를 물속에 담그면 티로시나아제가 용출되어 감자의 갈변이 일어나지 않는다.

(3) 효소적 갈변의 억제

효소적 갈변은 갈변을 일으키는 요인을 제거하면 억제할 수 있다. 즉, 효소, 기질, 산소의 세 가지 요소 중 하나라도 제거되면 갈변을 억제할 수 있으므로 효소 및 기질 제거, 가열 처리blanching, pH 및 온도 조절, 효소 저해제 이용, 산소 제거, 환원성 물질 첨가, 금속이온 제거 등의 방법을 통해 가능하다. 효소는 단백질로 구성되어 있으므로 폴리페놀옥시다아제, 티로시나아제 등을 가열로 불활성화시킬 수 있다. 고온에서는 효소단백질이 변성된다. 폴리페놀옥시다아제의 최적 pH는 5.8~6.8이므로 pH 3 이하에서는 효소 활성이 저하되나, pH 5~7에서는 활성이 높다. 따라서 과일을 박피 후 구연산 등의 산용액에 침지하면 갈변을 억제할 수 있다. 감자, 사과, 복숭아 등의 가공 시 갈변 방지를 위해 아황산(SO_2), 아황산염, 소금 등을 사용하는데, 아황산가스, 아황산염, 염소 등은 폴리페놀옥시다아제와 티로시나아제에 대해 강한 저해작용을 가진다. 갈변 기질과 효소가 수용성인 경우 물에 담가 침출시키면 폴리페놀 화합물에 의한 갈

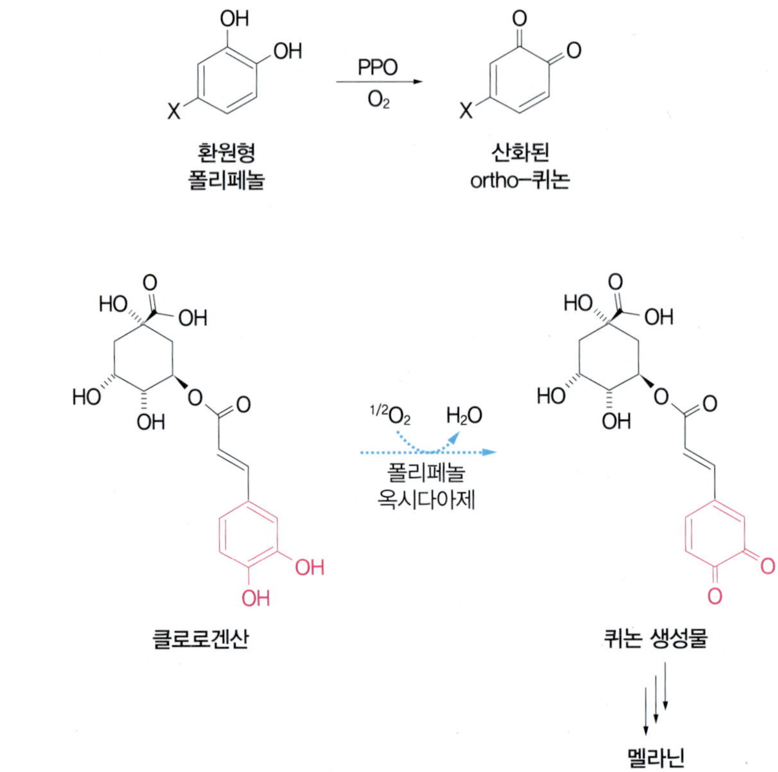

그림 7-10 | 폴리페놀옥시다아제의 작용

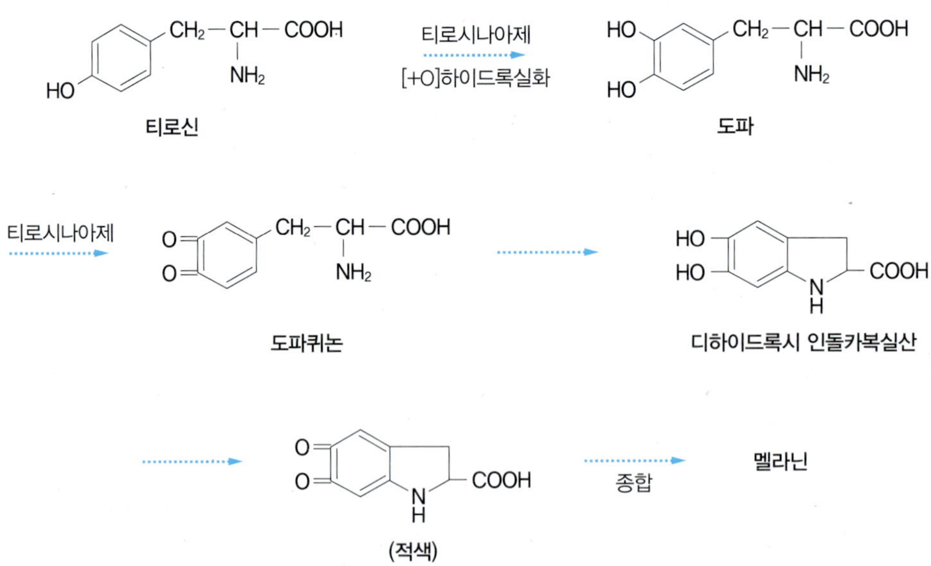

그림 7-11 | 티로시나아제의 작용

변을 막을 수 있으며 산소의 접촉도 막을 수 있다. 탄닌을 제거할 목적으로 과즙에 젤라틴 같은 것을 가하면 결합되어 불용성 물질로 침전되므로 제거할 수 있다.

분유 등의 밀폐용기에 질소 가스, 이산화탄소 가스 등 불활성 가스를 충전하거나 원료의 전처리 과정에서 과일을 물이나 소금물에 담가 산소를 차단하는 것, 과육을 설탕액에 담그는 것은 산소가 존재하면 갈변이 촉진되므로 산소와의 접촉을 차단하기 위함이다. 폴리페놀옥시다아제와 티로시나아제는 구리를 가진 금속효소로 철, 구리에 의해 효소의 활성이 촉진되므로 철제 금속용기 사용을 억제하고, 대나무나 스테인리스 그릇을 사용한다. 폴리페놀화합물이 많은 사과, 배, 복숭아, 가지, 우엉 등의 조리 시에 파인애플주스나 레몬즙을 사용하는데 파인애플주스에는 설프히드릴sulfhydryl(-SH) 물질이 있고, 레몬에는 구연산과 비타민 C가 많아 환원제 역할을 하기 때문이다.

2) 비효소적 갈변

비효소적 갈변은 그 반응기작에 따라 캐러멜화caramelization, 아스코르브산ascorbic acid의 산화반응, 메일러드mailliard 반응으로 분류되며, 식품에서는 한 가지 반응이 단독으로 일어나기보다는 혼합되어 일어난다.

(1) 캐러멜화 반응

캐러멜화 반응은 당류를 고온(180~200℃)으로 가열시켰을 때 산화 및 분해산물의 중합 또는 축합으로 갈색물질carmel을 생성하는 반응이며, 자연발생적으로는 일어나지 않는다. 설탕이나 물엿을 주원료로 하는 과자, 빵, 비스킷, 캔디류 등에서의 갈변화는 주로 캐러멜화에 기인하며 간장이나 된장의 착색에도 어느 정도 기여한다. 식품 가공 및 조리 중에 일어나는 캐러멜화 반응은 식품의 색깔뿐만 아니라 생성되는 각종 가열분해산물인 휘발성 성분으로 인해 식품의 향과 맛에도 큰 영향을 미친다.

캐러멜화 반응의 최적 pH는 6.5~8.2이며, 산성 조건과 알칼리성 조건에서의 반응 형식이 다르다. 산성에서는 5-HMF(5-하이드록시메틸푸르푸랄5-hydroxymethylfurfural), 푸르푸랄furfural 물질을 거쳐 리덕톤류reductones, 퓨란furan 유도체, 레불린산levulinic acid, 락톤류latones 등을 형성하고 이들 분해산물들이 산화, 중합, 축합을 하여 흑갈색의 캐러멜을 형성한다.

산성 분해에서 당이 5탄당일 경우에는 2-프루알데하이드2-furaldehyde가 생성되고, 육탄당인 경우에는 5-하이드록시메틸-2-프루알데하이드5-hydroxymethyl-2-furaldehyde가 생성된다.

알칼리 조건에서는 1,2-엔디올1,2-endiol이 형성되고 이어서 탄소수가 적은 각종 알데하이드aldehyde 및 케톤ketone의 중간체로 분해된 다음 이들이 중합, 축합되어 흑갈색의 캐러멜을 형성한다.

(2) 아스코르브산 산화 반응

아스코르브산은 강한 환원력을 갖고 있어 항산화제 또는 갈변방지제로 채소, 과일, 과즙 등의 가공식품의 갈변 방지를 위해 사용된다. 그러나 아스코르브산이 일단 비가역적으로 산화되면 산화 생성물들은 계속 산화·중합하여 갈색 물질을 형성하거나 아미노 화합물 또는 유기산류와 반응하여 갈색 물질을 형성하므로 아스코르브산 함량이 많은 감귤류 가공품에서는 이러한 갈변이 문제가 된다.

아스코르브산의 산화에 의한 갈변은 pH가 낮을수록 잘 일어나며, 그림 7-12와 같이 산소의 유무에 관계없이 환원당에 의한 갈변보다도 쉽게 일어난다.

산소 존재 시의 반응과정은 아스코르브산이 가역적으로 자동산화되어 데하이드로아스코르브산DHA이 되며 다시 2,3-디케토굴론산2,3-diketogulonic acid을 거쳐 L-자일로손L-xylosone이 된 다음 퓨란 유도체인 5-메틸-3,4-디하이드록시테론5-methy-3,4-dihydroxyteron의 형태로 자체 중합, 축합 반응을 일으키거나 메일러드 반응을 통해 갈

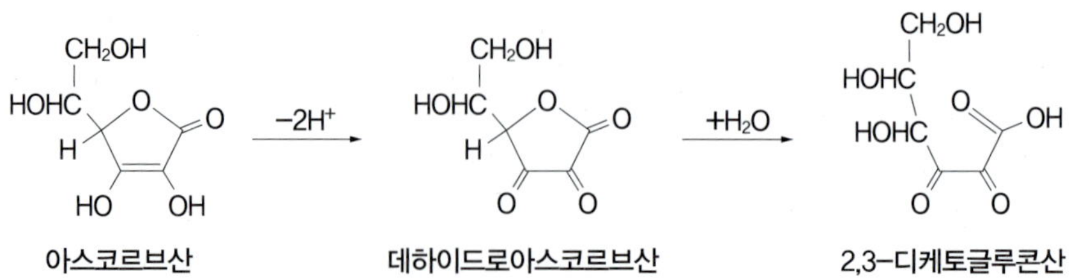

그림 7-12 | 아스코르브산의 산화

색 물질을 형성한다. 산소가 없는 경우에는 데하이드로아스코르브산을 거치지 않고 자동으로 분해되어 푸르푸랄을 생성하고 푸르푸랄은 중합되어 갈색 물질을 형성한다.

(3) 메일러드 반응

이 반응은 아미노기와 카보닐기가 공존 시 일어나는 반응으로 초기 단계에서는 환원당과 아미노 화합물이 축합반응에 의해 질소 배당체D-glycosylamine를 형성하고, 형성된 질소 배당체가 아마도리amadori 전위를 일으켜 아마도리 전위 생성물을 형성한다. 아마도리 전위란 질소 배당체가 대응하는 케토스ketose로 전환되는 것으로, D-프락토실아민D-fructosylamine으로 전위되는 것을 말한다.

중간단계에서는 아마도리 전위 생성물들의 산화, 탈수, 분해가 일어나 오손osone, 데옥시오손deoxyosone, 불포화된 3,4-디데옥시오손unsaturated 3,4-dideoxyosone, 리덕톤reductone 및 환상의 하이드록시메틸 푸르푸랄hydroxymethyl furfural 등의 화합물들이 생성되며, 중간단계에서 생성된 리덕톤의 일부는 환상물질을 형성하나 일부는 메틸글리옥살methylglyoxal, 아세트알데하이드acetaldehyde, 아세톨acetol, 디아세틸diacetyl, 아세토인acetoin, 글리코알데하이드glycoaldehyde, 글리옥살glyoxal, 디하이드록시아세톤dihydroxyacetone 등의 저분자 휘발성 분해생성물을 형성하는데, 이 중 일부는 메일러

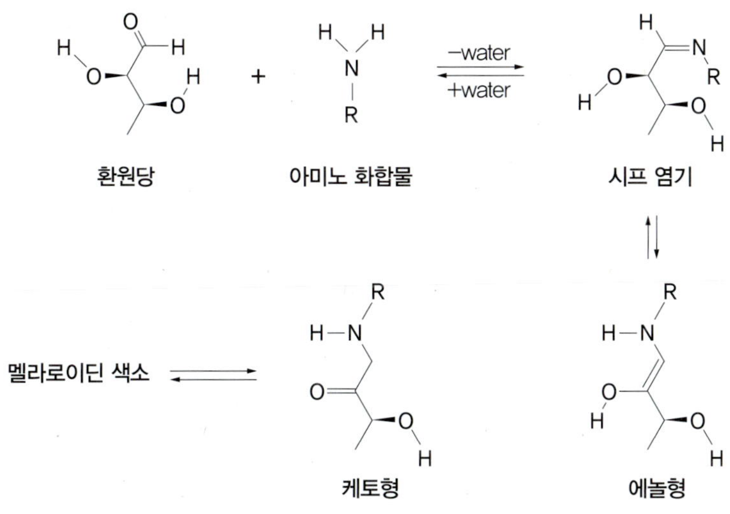

그림 7-13 | 메일러드 반응

드 반응 최종 단계의 여러 반응에 참여한다.

최종 단계에서는 알데하이드와 이산화탄소(CO_2)가 생성되는 스트렉커Streker 반응, 알돌형 축합반응aldol condensation, 그리고 중간단계의 생성물 상호 간의 중합, 축합반응과 여기에 다시 아미노 화합물들의 계속적인 축합으로 불포화도가 크고 갈색을 띤 멜라노이딘melanoidin을 형성하는 반응 등이 일어난다.

이 반응은 반응온도에 크게 영향을 받으며 온도가 10℃ 오르면 갈변속도가 2~3배 증가한다. 또한 pH 3 이하에서는 갈변속도가 느리나 pH 3 이상에서는 pH의 증가에 따라 반응속도가 증가한다. 또한 당의 종류에 따라 반응속도가 다른데 6탄당보다 5탄당의 반응속도가 크며 아미노산의 사슬 길이가 길수록 반응속도가 증가되고 염기성 아미노산(라이신, 아르기닌)이 중성 아미노산(글라이신)이나 산성 아미노산(글루탐산)보다 갈변속도가 빠르다. 철과 구리는 리덕톤reductones의 산화를 촉매하고, 자외선과 산소도 갈변을 촉진한다.

단원정리

1. 클로로필은 식물체의 잎과 줄기에 널리 분포하는 초록색의 색소로, 엽록체에 존재하며 식물의 광합성에 중요한 역할을 한다.

2. 클로로필을 산으로 처리하면 클로로필의 포르피린 고리에 결합된 마그네슘이 수소이온과 치환되어 녹갈색의 페오피틴이 생성된다.

3. 카로티노이드란 황색, 주황색, 적색 등의 색소로서 연어, 당근, 호박 등의 동·식물성 식품에 널리 분포한다.

4. 카로틴류는 α-카로틴, β-카로틴, γ-카로틴, 리코펜 등이 있으며, α-카로틴, β-카로틴, γ-카로틴은 β-이오논 핵을 가지고 있어 체내에서 비타민 A로 전환될 수 있으므로 영양학적으로 중요하다.

5. 플라보노이드는 수용성으로 담황색에서 황색의 색을 지니며, 식물세포의 액포 중에 유리 상태나 배당체로 존재한다.

6. 안토시아닌은 산성에서는 양이온, 알칼리성에서는 음이온으로 존재하는 양성 물질로서 pH에 따라 색의 변화가 커서 식품 가공 및 조리 중에 유의해야 한다. 산성에서는 적색으로, 중성에서는 자색, 알칼리성에서는 청색이 된다.

7. 탄닌은 본래 무색이지만 공기나 금속이온 또는 산화효소에 의해 짙은 갈색, 흑색 또는 홍색으로 변화되는 불안정한 물질로 식품 색깔에 중요한 역할을 하며 떫은 맛과 쓴맛을 낸다.

8. 동물성 식품에는 헤모글로빈과 미오글로빈, 그리고 일부 카로티노이드에 속하는 색소들이 있다.

9. 헤모글로빈은 산화되면 선홍색의 옥시헤모글로빈을 거쳐 갈색의 메트헤모글로빈으로 된다.

10. 미오글로빈은 육류와 그 가공품의 주된 색소이며 헤모글로빈과 같이 헴의 중심에 있는 철과 글로빈이 결합하여 형성된 색소이며, 헤모글로빈은 적색인데 비해 미오글로빈은 적자색을 띤다.

11. 식품의 갈변반응은 여러 종류가 있으나 효소가 직접 관여하는 효소적 갈변과 효소 없이 일어나는 비효소적 갈변의 두 가지로 분류된다.

12. 폴리페놀옥시다아제는 구리를 함유하는 금속효소로 최적 pH가 5.7~6.8이고 산소의 존재하에서 폴리페놀류를 퀴논 화합물로 산화시킨다. 퀴논은 계속 산화되고 중합 및 축합되어 멜라닌 색소를 형성한다.

13. 비효소적 갈변은 그 반응기작에 따라 캐러멜화, 아스코르브산의 산화반응, 메일러드 반응으로 분류되며, 식품에서는 한 가지 반응이 단독으로 일어나기보다는 혼합되어 일어난다.

CHAPTER

8

식품의 냄새

1. 냄새의 분류 | 2. 식품의 조리·가공과 냄새 성분

8

1. 냄새를 분류할 수 있다.
2. 냄새의 화학 성분을 설명할 수 있다.
3. 식물성 및 동물성 식품의 냄새 성분을 설명할 수 있다.

식품의 냄새는 색과 함께 식품의 품질을 평가하는 데 중요한 요소이다. 인간의 후각은 개인차가 심하고 각각의 냄새들은 많은 성분이 복합적으로 이루어져 있을 뿐만 아니라 그 함량이 매우 적고 변하기 쉬운 휘발성이기 때문에 정확하게 냄새를 평가하는 것은 쉬운 일은 아니다. 최근 가스크로마토그래피gas chromatography, 질량분석기mass spectrometer 등 기술의 발달로 식품 냄새에 대한 연구가 많이 이루어졌다.

냄새는 일반적으로 쾌감을 주는 향perfume, aroma(香)과 불쾌감을 주는 취stink(臭)로 나뉘는데, 모든 식품은 제각기 특유한 냄새를 가지며 맛과 조직감과의 조화에 의해 그 식품에 고유의 풍미를 주고 있다.

냄새는 휘발성 물질이 코 안에서 후각신경을 자극함으로써 일어나는 감각이다. 공기 중에 분자상으로 분산된 냄새 성분이 후점막의 지질층에 녹으면 후각세포가 흥분되고 이 자극은 후신경을 통하여 대뇌를 거쳐 중추에 전달되어 냄새를 느끼게 된다. 냄새를 느낄 수 있는 최저 농도를 냄새의 역치threshold value라 하는데 미각의 역치에 비해 10,000배 이상 예민하다.

1. 냄새의 분류

냄새는 보통 헤닝Henning의 분류를 따르며, 많은 종류의 냄새를 6종류의 기본적인 냄새로 분류한다.

- 꽃향flowery odor : 백합, 매화, 장미 등의 향기
- 과일향fruity odor : 사과, 오렌지, 레몬, 바나나 등의 향기
- 향신료향spicy odor : 마늘, 생강 등의 향기
- 수지향resinous odor : 송정유(松精油), 테르펜유 등의 향기
- 썩은 냄새putrid odor : 썩은 고기, 부패한 달걀 등의 냄새
- 탄 냄새burnt odor : 커피, 타르, 캐러멜 등의 냄새

또한 식품산업의 용도에 따라 다음과 같이 분류하기도 한다.

- 식품향료food flavor

- 향장향료fragrance
- 담배향료tabacco flavor
- 합성향료aromatic chemicals
- 천연추출물botanical extract
- 천연정유natural essential oil
- 향요법용 오일aromatherapy oil
- 소취제deodorants
- 제약용 향료flavors for medicine
- 농·공업용 향료biological & industrial flavor

1) 냄새 성분의 종류

(1) 화학구조와 냄새

① 지방산

아세트산acetic acid 같은 저분자는 자극성의 산취를 내며, 저급지방산인 프로피온산propionic acid, 부티르산butyric acid, 카프로산caproic acid 등은 우유, 버터, 치즈의 주요 냄새 성분이며, 분자량이 커지면 비휘발성이 되어 향기가 약해진다. 일반적으로 저급지방산은 자극성의 강한 냄새를 내지만 그것의 에스테르ester는 좋은 향기를 낸다.

② 에스테르류

에스테르류는 과일향기의 주성분으로 분자량이 커지면 향기도 강해지고 과일향에서 꽃향기로 되며, 벤젠benzene 핵을 가지면 꽃향기는 강해진다. 에스테르류는 과일, 양조식품, 낙농제품, 기호식품 향기의 주성분이다.

③ 락톤류

락톤은 분자 내에서 -OH기와 -COOH기가 탈수되어 생긴 분자 내 에스테르로 주로 과일의 감미로운 향기 성분이다.

④ 이중 및 삼중결합 화합물

유기화합물에 이중결합이 있으면 일반적으로 냄새가 강하지만 삼중결합이 있으면 지방족 화합물은 냄새가 나빠지나 방향족 화합물은 좋은 향을 내는 것이 많다.

⑤ 이성체와 향기

방향족 화합물은 측쇄 위치에 따라 향기가 다르다. 측쇄가 2개일 때는 ortho, para의 순서로 향기가 낮아지며, meta는 대개 향기가 없다. 측쇄의 알킬alkly기가 CH_2, C_2H_5, C_3H_7, C_4H_9, C_5H_{11}일 때는 향기가 좋으나 C_6H_{13} 이상이 되면 냄새가 없다.

⑥ 알코올류

탄소수 5개 이하의 알코올은 채소, 과일, 청주 등의 향기 성분으로 중요하다. 불포화결합을 가지는 알코올은 어린잎의 풋내 성분이며 방향족 알코올은 꽃향기의 성분이다. 대개 이중결합이 있으면 향기가 강하나 삼중결합이 있으면 향기가 나빠진다. 지방족 알코올 중에서 C_{10} 이하 저분자의 것이 향기가 좋은데, 특히 C_8~C_9의 것이 식품산업에 유용하다. 제3급 알코올은 장뇌와 유사한 향기가 난다.

⑦ 알데하이드와 케톤류

미량으로 방향을 내는 성분이 많으며, 식품의 가열 향기 중 각종 알데하이드, 방향족 알데하이드는 강한 향기를 가진다.

⑧ 함유황화합물

주로 채소류와 향신료의 매운맛 성분인 휘발성 황화합물은 다량 존재 시 악취를 내나 미량으로 존재 시에는 음식물의 향기를 크게 상승시킨다.

⑨ 테르펜류

이소프렌isoprene〔$CH_2=C(CH_3)-CH=CH_2$〕의 중합체 및 그 유도체를 주성분으로 하는 화합물로 식물체를 수증기 증류할 때 얻어지는 방향성의 지용성 물질이며 정유(精油) essential oil라고 한다. 이들은 향기를 갖는 동시에 약간의 자극적인 맛을 갖고 있고 인체 내에서 중요한 생리적 기능을 발휘하기도 한다.

⑩ 암모니아(NH_3)와 아민류의 질소화합물

담수어의 비린내나 동물성 식품의 부패 냄새에 관여한다.

⑪ 퓨란, 피라진류 및 복고리화합물

참깨, 참기름, 커피, 보리차 등의 식품을 가열시킬 때 메일러드 반응에 의해 생성되는 냄새이다.

2) 식물성 식품의 냄새

식물성 식품의 냄새성분은 주로 알코올 및 알데하이드aldehyde류, 에스테르ester류, 테르펜terpene류 및 유황화합물 등이다. 엽채류의 냄새 성분은 신선한 향기 성분으로 주로 헥산올hexanol과 같은 저분자의 불포화알코올이나 불포화알데하이드이며 파, 마늘 등의 냄새는 유기황화합물에 기인한다.

◇ 표 8-1 ㅣ 식물성 식품 냄새의 알데하이드 성분

성분	함유식품	성분	함유식품
헥센알 hexenal	차잎	벤즈알데하이드 benzaldehyde	아몬드향
신남알데하이드 cinamaaldehyde	계피	바닐린 vanillin	바닐라향

3) 동물성 식품의 냄새

동물성 식품 중에서 수육과 어육에는 아민amine류가 우유 및 유제품에는 지방산 및 카보닐carbonyl 화합물이 냄새 성분의 주체를 이루며, 일부의 알코올류와 알데하이드aldehyde류가 관여하고 있다.

어류의 체표면 점액에 있는 트리메틸아민은 해수어의 비린내 성분이다. 암모니아는 육류나 어류의 선도가 상당히 저하되었을 때 발생하는 자극취로 요소가 세균의 작용으로 분해되어 생성된다. 메틸메르캅탄 황화수소, 인돌, 스카톨은 수육, 어류가 부패될 때 단백질이 분해되어 나는 냄새로 유독물질인 프토마인을 생성하여 중독을 일으킬 수 있다.

신선한 생우유의 향기 성분은 주로 아세톤, 아세트알데하이드 등의 카보닐 화합물과 저급지방산 및 메틸설피드에 의한다. 신선도가 떨어지면 δ-아미노아세토페논에 의해 불쾌한 냄새가 난다. 발효유의 냄새는 젖산발효로 생긴 카보닐 화합물에 의해 일어난다. 아세토인, 디아세틸은 버터의 중요한 향기 성분이다. 에틸-β-메틸-메르캅토프로피온산은 된장, 치즈의 향기 성분이다.

2. 식품의 조리·가공과 냄새 성분

백합과에 속하는 양파, 마늘, 파, 부추 등과 겨자과에 속하는 겨자, 배추, 양배추, 무, 갓, 순무, 브로콜리, 콜리플라워 등과 같은 채소들은 과일과 달리 강하고 독특한 냄새 성분을 가지며 이들은 조리과정 중 효소의 반응에 의해 생성된 황화합물이다. 마늘에는 냄새를 내는 전구물질로 *S*-알릴-L-시스테인 설폭시드*S*-allyl-L-cysteine sulfoxide인 알리인alliin이 존재한다. 마늘을 썰거나 다지거나 씹어 마늘 조직이 파괴되면 이 전구체에 알리이나아제alliinase가 접촉하여 디알릴 티오설피네이트diallyl thiosulfinate인 알라이신allicin을 생성한다.

식품을 가열하면 여러 가지 냄새가 발생한다. 이것은 식품 속에 처음부터 함유되어 있던 휘발성 냄새 성분과, 비휘발성 식품 성분이 분해되거나 서로 반응하여 생성된 휘발성 냄새 성분에 의한 것이다. 빵의 향기는 반죽의 발효에 의해 생성된 디아세틸 및 여러 가지 알코올류와 에스테르류에 의한다. 굽는 과정에서의 아미노 카보닐 반응으로 생성된 수십 종의 카보닐 화합물이 빵의 향을 이룬다. 채소를 삶을 때 포름알데하이드, 아세트알데하이드, 메틸설피드, 황화수소, 메틸머캅탄, 에틸머캅탄, 프로필머캅탄 등의 황화물이 생성된다. 땅콩, 참깨, 커피, 차, 식빵, 스테이크류, 전골류, 장어구이 등의 가열조리된 식품에서는 주로 아미노산과 당이 반응하여 여러 가지 휘발성 물질이 생성되고, 그 밖에 유지나 함유황화합물 등의 열 분해에 의한 생성물에 의해 각 식품 특유의 냄새가 발생한다. 당류의 가열·분해·산화로 식품의 풍미 물질인 푸르푸랄, 하

가스크로마토그래피와 내부 컬럼

질량분석기

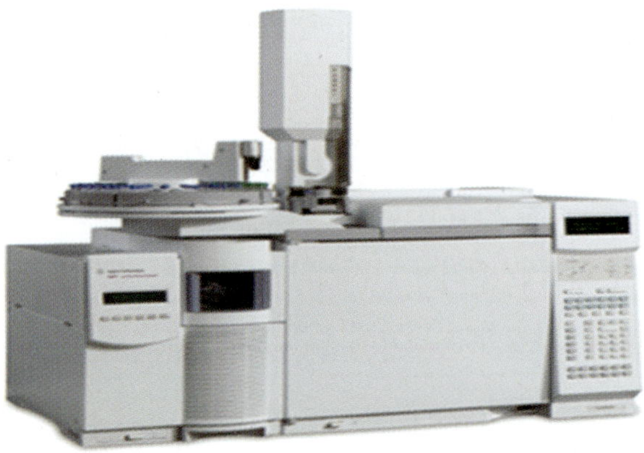

전자코(electronic nose)

인간의 후각 기능과 구조의 이해를 기초로 하여 냄새를 맡을 수 있는 인공 후각기능 시스템으로 사람의 향기 인식능력 과정을 모방한 것이다.

사람의 신경조직과 같은 역할을 전자코 기기 내에 있는 여러 센서들이 수행한다.

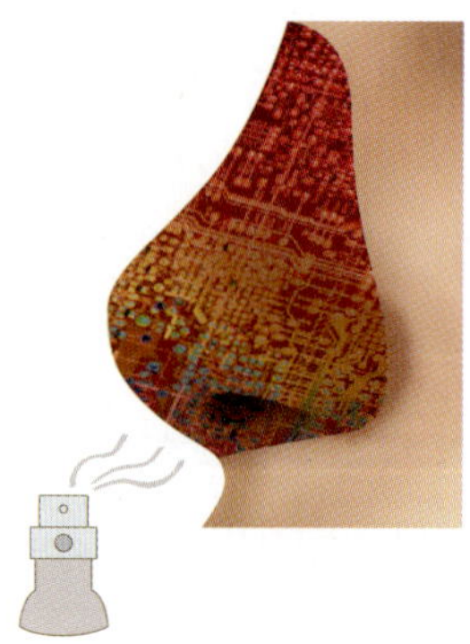

이드록시메틸 푸르푸랄이 생성된다.

발효식품의 냄새 성분은 원료식품 성분이 효소에 의하여 분해되어 생성되거나 이들의 혼합물에 의한 것이다. 청주, 맥주, 포도주, 된장, 간장, 김치 등의 냄새는 탄수화물, 단백질, 아미노산 등의 성분으로부터 미생물 대사에 의하여 생성된 여러 가지 유기산, 알코올, 에스테르, 알데하이드, 케톤 등의 혼합취이다.

식품 향기를 추출하는 장치의 예 : Hydro Distillation Extraction

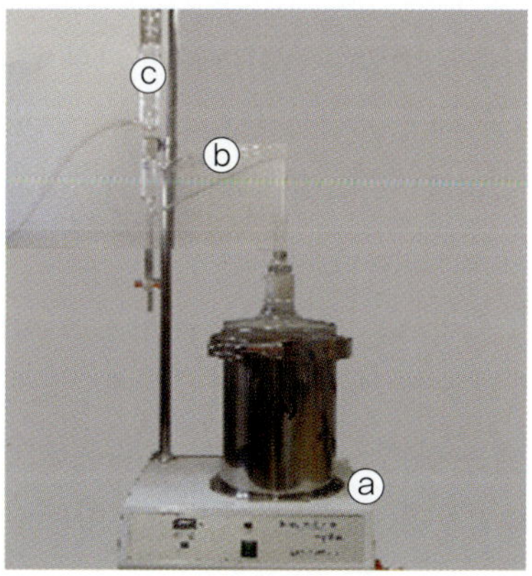

ⓐ main reactor
ⓑ oil separator tube
ⓒ cooling cindenser

단원정리

1. 냄새는 휘발성 물질이 코 안에서 후각신경을 자극함으로써 일어나는 감각이다.
2. 공기 중에 분자상으로 분산된 냄새 성분이 후점막의 지질층에 녹으면 후각세포가 흥분되고, 이 자극은 후신경을 통하여 대뇌를 거쳐 중추에 전달되어 냄새를 느끼게 된다.
3. 냄새는 보통 헤닝(Henning)의 분류에 따라 꽃향, 과일향, 향신료향, 수지향, 썩은 냄새, 탄 냄새로 구분한다.
4. 알데하이드와 케톤류는 미량으로 방향을 내는 성분이 많으며 식품의 가열 향기 중 각종 알데하이드, 방향족 알데하이드는 강한 향기를 가진다.
5. 주로 채소류와 향신료의 매운맛 성분인 휘발성 황화합물은 다량 존재 시 악취를 내나, 미량으로 존재 시에는 음식물의 향기를 크게 상승시킨다.
6. 식물성 식품의 냄새 성분은 주로 알코올 및 알데하이드류, 에스테르류, 테르펜류 및 유황화합물 등이다.
7. 엽채류의 냄새 성분은 신선한 향기 성분으로 주로 헥사놀과 같은 저분자의 불포화 알코올이나 불포화 알데하이드이며 파, 마늘 등의 냄새는 황화합물에 기인한다.
8. 동물성 식품 중에서 수육과 어육에는 아민류가 우유 및 유제품에는 지방산 및 카보닐 화합물이 냄새성분의 주체를 이루며, 일부의 알코올류와 알데하이드류가 관여하고 있다.

CHAPTER

9

식품의 맛

1. 맛의 분류 | 2. 미각의 역치 | 3. 미각의 생리현상 | 4. 맛 성분의 종류

9

1. 맛을 분류할 수 있다.
2. 미각의 역치를 설명할 수 있다.
3. 맛의 대비, 억제, 상승, 상쇄 등 미각의 생리현상을 설명할 수 있다.
4. 천연감미료와 인공감미료를 설명할 수 있다.
5. 맛 성분의 종류 및 성질을 설명할 수 있다.

식품의 맛은 사람의 식품에 대한 기호와 밀접한 관련이 있으며 식품의 품질을 결정하는 중요한 요소이다. 음식을 맛있게 먹으려면 맛 성분 이외에 향기, 질감 등의 요소도 중요하다. 미각기관은 혀의 표면에 돌기상으로 붙어 있는 크고 작은 여러 개의 유두와 유두의 상피 속에 있는 미뢰이다. 가용성 맛 성분이 미공을 통해 미뢰에 들어가 미각세포를 자극하면 세포막의 이온투과성이 변하여 전위차가 발생하고 이 전기적 충격이 미각 신경을 통해 대뇌까지 전달되면 맛을 감지하게 된다.

1. 맛의 분류

헤닝Henning은 단맛taste(감미), 신맛sour(산미), 쓴맛bitter(고미), 짠맛saline(염미)을 4원미four basic taste라 하고, 이 4원미의 배합에 의해서 모든 맛이 구성될 수 있다고 하였다. 4원미를 정점으로 한 4면체를 생각하고 모든 맛은 4면체상의 한 점으로 표시할 수 있다. 예를 들면 올리브와 다크초콜릿은 그림 9-1과 같은 점으로 표시할 수 있다.

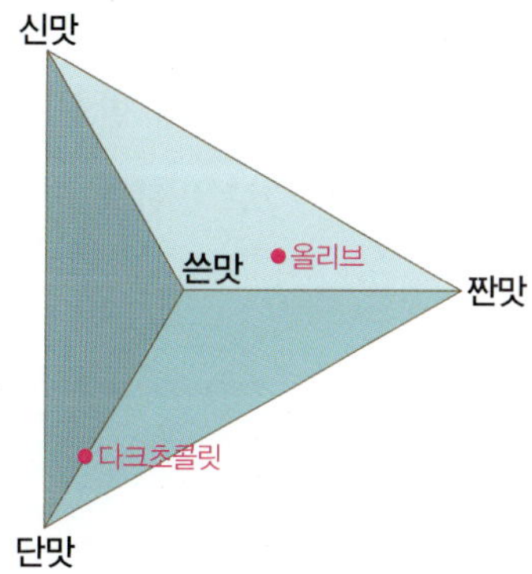

그림 9-1 | 헤닝의 4원미

한편, 1926년 본 스크라밀크Von Skramilk는 헤닝의 4원미에 해당하는 대표적 정미 화학물질로 설탕sucrose(단맛), 소금sodium chloride(짠맛), 퀴닌 설페이트quinine sulfate(쓴맛), 소듐 타르타르산sodium tartarate(신맛)를 선택하여 모든 맛은 이 4가지 물질에 의해 합성된다고 하였다.

그러나 최근에 와서 모든 맛을 간단히 4원미로 설명하기 곤란하다고 인식하게 되었다. 그 예로 혼합 또는 보조적 맛인 매운맛hot taste, 맛난맛palatable taste(감칠맛), 떫은맛astringent taste, 교질맛colloidal taste, 금속맛metallic taste, 알칼리맛alkali taste, 아린맛acrid taste 등을 들 수 있는데, 이들은 생리적으로 감각을 받는 양상이 4원미와 다르다. 매운맛은 통감과 온도감각의 복합감각이고, 떫은맛은 점막의 수렴감이 혼합된 것이다.

2. 미각의 역치

미각은 수용액 상태에서 혀의 미각세포가 모여 형성된 미각 수용기의 일부분과 접촉하여 화학적 자극을 일으킨다. 여기에서 일어나는 화학적 변화에 의해서 주변에 전위차가 생기는데 이것은 수용기 전위차receptor potential로 알려져 있다. 이 전위차는 어떤 수준에 도달하면 미뢰taste buds에 연결된 미각신경 섬유에 신경신호를 유발하며, 이 신호는 여러 과정을 거쳐서 뇌에 전달되어 어떤 맛으로 인식되는 것으로 알려져 있다.

미각을 일으키는 화학물질을 정미(呈味) 성분이라고 하는데 이 성분은 물이나 침에 녹아서 맛을 낸다. 맛의 종류는 다양하나 단맛sweet, 신맛sour, 짠맛slaine, salty, 쓴맛bitter을 4 기본맛four basic taste이라고 한다. 이외에도 감칠맛, 매운맛, 떫은맛, 아린맛, 알칼리맛, 금속맛 등이 있으며, 나라 또는 지역에 따라서 다소 차이가 있다. 혀에서 4가지 종류의 수용체 분포에 따라 민감도를 느끼는 위치가 다른데 단맛은 혀끝에서, 쓴맛은 뒤에서, 짠맛은 양쪽 앞의 가장자리에서, 신맛은 뒤쪽 가장자리에서 느껴진다.

맛의 발현기구가 명백하게 밝혀지지 않았기 때문에 그 민감도sensitivity를 수량적으로 표현할 수 없으나, 정미 성분이 확실히 느껴지는 최저농도를 그 성분의 역치threshol

표 9-1 | 혀의 부위별 정미 성분의 역치

(g/100 mL)

맛의 종류	정미물질	혀의 부위		
		혀끝	혀둘레	혀뿌리
짠맛	염화나트륨	0.25	0.24~0.25	0.28
신맛	염산	0.01	0.006~0.007	0.016
단맛	수크로스	0.49	0.72~0.76	0.79
쓴맛	퀴닌 설페이트	0.00029	0.00020	0.00005

표 9-2 | 성별에 따른 정미 성분의 역치(%)

정미 성분	남자	여자
소금	0.297	0.288
설탕	0.496	0.418
초산	0.0181	0.0133
퀴닌 설페이트	0.00104	0.00088

value라고 한다. 이 역치는 맛의 종류에 따라 차이가 있어 쓴맛이 가장 낮고 단맛이 가장 높다.

3. 미각의 생리현상

1) 맛의 대비

서로 다른 정미 성분이 혼합되어 주된 정미 성분의 맛이 세어질 때 이것을 맛의 대비효과contrast effect라고 한다. 단맛 성분에 소량의 짠맛 성분, 짠맛 성분에 소량의 신맛 성분, 감칠맛 성분에 소량의 짠맛 성분을 혼합하면 주된 맛 성분이 증가한다. 예를 들면, 15% 설탕용액에 0.001%의 소금을 넣거나 15% 설탕용액에 0.0001% 퀴닌 설페이트를 넣으면 설탕만인 경우보다 단맛이 더 강해진다. 단팥죽에 소금을 넣었을 때 단맛이 증가하는 것도 해당된다.

2) 맛의 억제

서로 다른 정미 성분이 몇 가지 혼합되었을 경우, 주된 정미 성분의 맛이 약해질 때 이것을 맛의 억제효과inhibitory effect라고 한다. 예를 들면, 커피에 설탕을 넣어 주면 쓴맛이 단맛에 의하여 억제된다. 또한 신맛이 강한 과일에 설탕을 섞으면 신맛이 억제된다.

3) 맛의 상승

같은 종류의 맛을 가지는 두 종류의 정미물질을 서로 섞어주면 각각 가지고 있는 맛보다 훨씬 강하게 느껴지는데 이것을 맛의 상승효과synergistic effect라고 한다. 예를 들면, 10%의 설탕용액에 상당하는 단맛 용액을 만들려면 사카린은 525 mg, 둘신dulcin은 1,430 mg이 필요하지만, 두 감미료를 혼합하면 사카린 280 mg과 둘신 120 mg으로 충분하다(예: 분말주스). 또한 Na-글루탐산에 10% Na-이노신산을 섞으면 감칠맛이 증가한다(예: 멸칫국).

4) 맛의 상쇄

소금, 설탕, 퀴닌, 염산 등을 적당한 농도로 두 종류씩 섞어 주면 각각의 맛은 느껴지지 않고 조화된 맛으로 느껴질 때, 이것을 맛의 상쇄효과compensating effect라고 한다. 술, 간장, 김치 등의 숙성은 맛의 상쇄라고 할 수 있다. 예를 들면, 간장이나 된장은 많은 소금이 함유되어 있으면서도 감칠맛과 상쇄되어 짠맛이 강하게 느껴지지 않는다. 청량음료의 맛도 단맛과 신맛이 상쇄되어 조화된 맛을 이룬다.

5) 맛의 변조

한 가지 정미 성분을 맛본 직후 다른 종류의 정미 성분을 입 속에 품으면 정상적인 미각이 일어나지 않고 다른 종류의 맛이 느껴지는 일이 있는데 이것을 맛의 변조modulation라고 한다. 예를 들면, 쓴 약을 먹은 직후에 물을 마시면 달게 느끼고, 설탕을 맛 본 직후 물을 마시면 순수한 물일지라도 신맛이나 쓴맛을 낸다.

6) 맛의 피로

같은 맛을 계속 맛 보면 그 맛이 변하거나 미각이 둔해져 맛이 약할 때는 거의 느끼지 못하고 진하면 싫증이 나는 현상이며, 황산마그네슘이 처음에는 쓰게 느껴지나 조금 지나면 단맛을 약간 느끼게 된다.

7) 맛의 상실

열대지방 식물인 김네마 실베스터*Gymnema sylvestre*의 잎을 씹은 후에는 일시적으로 1~2시간 동안 단맛과 쓴맛을 느낄 수 없다. 이 현상은 잎 중의 김넴산gymnemic acid이 단맛이나 쓴맛을 느끼는 신경 부위를 길항적으로 억제하기 때문이다.

8) 미맹

Phenylthiocarbamide(PTC)는 대부분의 사람에게 쓴맛을 주지만 일부 사람들은 그 맛을 인식할 수 없어서 맛을 느끼지 못한다. 이러한 현상을 미맹(味盲)taste blind이라고 한다. PTC 이외에도 유사한 구조를 가지고 있는 phenethoxyl thiocarbamide와 phenethoxy carbamide도 비슷하게 작용한다. 그러나 미맹은 다만 이 원자단에 대하여 쓴맛을 못 느낄 뿐 다른 정미 성분에 대해서는 정상이므로 일상생활에는 지장이 없다. 미맹은 유전적 요인에 의해 일어나는 것으로 알려져 있다. 멘델의 열성 형질로 유전되는데, 미맹인의 수는 백인이 약 30%, 황색인은 15%, 흑인은 2~3%이다.

4. 맛 성분의 종류

1) 단맛

단맛을 가진 물질들은 자연식품류에는 대체로 단당류, 이당류, 아미노산, 방향족 화합물, 유황 화합물, 스테비오사이드stevioside 등이 있다. 이는 천연감미료와 인공감미료로 나눌 수 있다. 천연감미료에는 당류, 당알코올, 아미노산 및 펩티드, 일부 방향족 화합물과 황화합물 등이며, 인공감미료에는 아스파탐aspartame, 아세설팜acesulfame, 사카린saccharin 등이 있다. 설탕은 수용액 상태에서 항상 일정한 단맛을 가지고 있으므로 단맛의 표준물질로 적당하다. 일반적으로 설탕의 감미도를 100 또는 1로 하고 다른 물질의 감미도를 표현한다. 아미노산은 알라닌을 제외하면 주로 D형이 단맛을 나타낸다.

(1) 천연감미료

- 포도당 결정은 α형이지만 수용액으로 되면 β형이 되고, α형이 β형보다 1.5배 더 달다. 온도 상승으로 β형이 증가되어 단맛이 감소된 분말 형태나, 찬물에 녹여 단맛이 증가된 상태로 이용된다.
- 과당은 천연 당류 중 단맛이 가장 크고 상쾌한 단맛을 내며 β형이 α형보다 3배 더

◇ 표 9-3 | **단맛 성분의 상대적 감미도**

<table>
<tr><th colspan="2">종류</th><th>감미도</th><th colspan="2">종류</th><th>감미도</th></tr>
<tr><td rowspan="10">당류</td><td>자당</td><td>100</td><td rowspan="4">당알코올</td><td>에리트리톨</td><td>45</td></tr>
<tr><td>과당</td><td>100~173</td><td>이노시톨</td><td>45</td></tr>
<tr><td>전화당</td><td>120</td><td>만니톨</td><td>45</td></tr>
<tr><td>포도당</td><td>50~74</td><td>둘시톨</td><td>41</td></tr>
<tr><td>람노스</td><td>60</td><td rowspan="4">방향족 화합물</td><td>페릴라르틴</td><td>200,000~500,000</td></tr>
<tr><td>글루코사민</td><td>50</td><td>글리시리진</td><td>290~500</td></tr>
<tr><td>맥아당</td><td>50~60</td><td>스테비오사이드</td><td>20,000~30,000</td></tr>
<tr><td>자일로스</td><td>40</td><td>필로둘신</td><td>20,000~30,000</td></tr>
<tr><td>갈락토스</td><td>27~32</td><td rowspan="5">인공 감미료</td><td>사카린</td><td>20,000~70,000</td></tr>
<tr><td>젖당</td><td>16~28</td><td rowspan="2">Na-시클로헥실
설파메이트</td><td rowspan="2">3,000~4,000</td></tr>
<tr><td rowspan="3">당알코올</td><td>자일리톨</td><td>75</td></tr>
<tr><td>글리세롤</td><td>48</td><td>아스파탐</td><td>15,000~20,000</td></tr>
<tr><td>솔비톨</td><td>48~70</td><td>둘신</td><td>7,000~35,000</td></tr>
</table>

달다. β형은 불안정하여 가열하거나 방치하면 α형으로 평형을 이루어 단맛이 감소된다. 0℃에서는 $\alpha:\beta=3:7$로 평형을 이루어 단맛이 증가되므로 벌꿀은 가열하지 않고 과일도 냉각하여 먹는 것이 달다.

- 자당(서당)은 α, β 이성체가 없어 감미 변화가 적으므로 감미 표준물질로 이용된다.
- 맥아당은 환원당으로 α와 β형이 있으며 α형이 더 달다. 용액으로 가열하면 일부 β형은 α형으로 되므로 감미도 더 증가한다.
- 젖당은 α, β형이 있으며 β형이 조금 더 달다. 분유가 흡수되면 β가 α형으로 된다.
- 당알코올인 솔비톨은 글루코스를 환원하여 얻은 분말상 결정으로 물에 잘 녹고 청량한 감미를 갖는다. 흡습성, 보수성, 보향성이 우수하여 습윤 조정제로도 쓰인다.
- 만니톨은 만노스를 환원하여 얻은 결정으로 물에 용해되지 않으며 상쾌한 감미를 갖는다. 갈조류와 미생물에 존재하며 곶감의 흰 가루 성분이다.
- 자일리톨은 D-자일로스를 환원하여 만든 당알코올로 당뇨병 환자의 감미료로 이용된다.

- 글라이신glycine, 알라닌alanine, 프롤린proline, 세린serine 등 일반적으로 분자량이 적은 아미노산들이 감미가 있다.
- 글리시리진glycyrihizin은 감초의 뿌리에 있으며 글리시레틴산의 구조를 가지는 일종의 트리테르펜에 글루쿠론산 2분자가 결합한 것으로 칼슘과 칼륨의 염으로 되어 있다.
- 필로둘신phyllodulcin은 감차(甘茶)의 잎을 건조시켜 차를 끓일 때의 감미 성분으로 플라보노이드계 화합물이다. 당뇨병 환자의 감미료로 이용된다.
- 스테비오사이드stevioside는 국화과에 속하는 스테비아의 잎에 아글리콘aglycone과 당이 결합한 배당체로 존재한다.
- 페릴라르틴perillartin은 차조기 잎의 단맛 및 향기 성분으로 일명 소엽당이라 한다.
- 메틸머캅탄methyl-mercaptan, 프로필머캅탄propyl-mercaptan은 무, 양파, 마늘 등에 있으며 가열하면 매운 맛을 가진 황화합물이 단맛을 가진 황화합물로 변한다.

(2) 인공감미료

인공감미료는 처음에는 설탕과 그 밖의 천연당의 대용품으로서 발달하였으나, 요즘에는 저칼로리를 요하는 사람이나 설탕의 섭취가 금지되어 있는 환자용으로 적극 개발되고 있다.

- 아스파탐aspartame은 아스파르트산aspartic acid과 페닐알라닌pheylalanine을 결합시킨 디펩티드dipeptide의 메틸에스테르methylester이며, 감미도는 설탕의 150~200배이다. 설탕의 감미와 유사하고 상쾌한 맛을 가지고 뒷맛이 없으며 설탕, 과당, 포도당 등과 혼합할 경우 상승효과synergistic effect를 나타낸다. 페닐알라닌 대신 티로신을 사용해도 좋으나 아스파르트산을 다른 아미노산으로 바꾸면 쓴맛이 생성된다. 원료가 아미노산이므로 1974년 미국식품의약국FDA에서 허가받았다.
- 사카린saccharin은 설탕보다 200~700배 달고, 보통은 물에 잘 녹지 않으나 칼륨염이나 나트륨염을 만들면 물에 잘 용해되므로 이를 가용성 사카린이라고 한다. 사카린의 단맛은 쓴 뒷맛을 가지나 아미노산인 글라이신과 함께 사용하면 쓴 뒷맛을 감출 수 있다. 사카린은 하루에 3 g 정도 섭취해도 인체에는 해가 없고, 체내에서

분해되지 않고 배설된다. 또 영양가도 없어 당뇨병 환자의 음식에 단맛을 주기 위하여 사용되어 왔으나, 사카린의 독성에 관한 연구 결과에 다량 섭취하면 소화효소의 작용이 방해되며 방광종양, 신장장애를 가져온다고 보고되었다.

- 둘신dulcin : 1883년에 발견된 감미제로 설탕의 70~350배의 단맛을 가진다. 인체 내에서 분해되어 파라아미노 에톡시벤졸para-amino ethoxybenzol로 되고, 또 다시 혈액 독인 파라아미노 페놀para-amino phenol로 변하기 때문에 독이 있는 것으로 알려졌으며, 또한 간에 종양을 일으키는 발암물질인 것으로 밝혀져서 그 사용이 금지되었다.
- 소디움 시클라메이트sodium cyclamate는 물에 잘 녹으며 설탕의 약 50배 단맛을 지닌다. 인공감미료 중 설탕에 가장 가까운 단맛을 갖고 있으나 발암물질로 알려져 사용이 금지되고 있다.

2) 신맛

신맛은 초산에서와 같이 $CH_3COOH \rightleftharpoons CH_3COO^- + H^+$처럼 해리된 수소이온($H^+$)의 맛이지만, 신맛의 강도는 pH와는 정확히 정비례하지는 않으며, 동일한 pH에서 무기산보다 유기산의 신맛이 더 강하다. 탄산은 약한 산으로서 자극성의 약한 신맛이 상쾌한 느낌을 주기 때문에 탄산음료에 널리 첨가된다. 신맛을 나타내는 유기산으로는 초산, 젖산, 호박산, 구연산, 사과산, 주석산, 수산, 아스코르브산 등이 있다.

산이 해리될 때 생기는 음이온은 신맛에 영향을 주기도 하는데 무기산에서 해리된 음이온은 쓴맛이나 떫은맛을 부여해 불쾌한 신맛을 내는 반면, 젖산lactic acid, 구연산citric acid, 주석산tartaric acid 등의 유기산에서 해리된 음이온은 상쾌한 맛과 특유의 감칠맛을 부여해 식욕을 증진시킨다.

3) 짠맛

짠맛 중에서 가장 대표적인 것은 소금(NaCl)의 맛이며 대부분 식품의 맛은 그 속에 함유된 염에 기인한다고 볼 수 있다. 짠맛은 4가지의 기본맛 중에서 생리적 욕구가 가장 강한 맛 성분으로 무기 및 유기의 알칼리염이 해리하여 생긴 이온의 맛이다. 무기염이 해리하여 생긴 음이온의 경우, 짠맛의 세기는 $SO_4^{2-} > Cl^- > Br^- > I^- > HCO_3^- > NO_3^-$의 순으로 알려져 있다.

양이온의 경우는 $NH_4^+ > K^+ > Ca^{2+} > Na^+ > Li^+$ 순으로 짠맛을 나타내며, Ca^{2+}, Mg^{2+} 등은 쓴맛을 나타내기도 한다.

4) 쓴맛

식품에 쓴맛이 많으면 불쾌하나 커피, 코코아, 차, 맥주, 초콜릿 등과 같이 쓴맛이 미량 존재하는 경우는 바람직한 맛으로 인식된다. 쓴맛의 역가는 매우 낮고 여러 미각 중에서 가장 예민한 것으로 알려져 있다. 쓴맛은 단독으로는 좋은 맛이라고 할 수 없으나, 음식물과 조화할 수 있는 정도의 농도로 존재하면 오히려 맛에 긴장감과 힘을 부여하는데 효과가 있다. 쓴맛을 나타내는 대표적인 물질들은 알칼로이드 성분을 비롯한 배당체, 케톤류, 무기염, 아미노산, 펩티드(치즈), 사포닌(인삼, 콩, 도토리) 등이다.

여러 미각 중 가장 예민하고 낮은 온도에서도 느낄 수 있어 식품의 맛에 큰 영향을 미친다. 보통 쓴맛 성분은 분자 내에 $\equiv N$, $=N=$, $-NO_2$, $-SH$, $-S-$, $-S-S-$, $=CS$, $-SO_2$, $-SO_2(OH)$, $-SO_2H_3$ 등을 가진다.

5) 매운맛

매운맛은 미각신경을 강하게 자극하여 느껴지는 감각으로 순수한 미각이 아니라 일종의 통각(痛角)으로 볼 수 있다. 보통 매운맛은 자극적인 냄새가 따르는 일이 많으며, 미뢰뿐만 아니라 구강 전체에서 비강에 이르기까지 느껴진다. 따라서 서양에서는 맛의 종류로 생각하지 않는 경우가 많으나 우리나라에서는 식습관상 매우 중요한 맛이다.

적당량의 매운맛 성분의 섭취는 풍미를 향상시키고 긴장감을 주어 식욕을 돋우며 위장을 튼튼하게 하고 살균 및 살충작용을 돕는다. 식품 중 대표적 매운맛 성분은 구아이아콜guaiacol 핵 화합물(생강의 진저론zingerone, 쇼가올shogaol, 진저롤gingerol 등), 방향족 아마이드류(고추의 캡사이신capsaicin, 후추의 차비신chavicine), 유황 함유 화합물(겨자유, 부추유), 아민류(부패한 간장의 히스타민histamine이나 티라민tyramine) 등이다.

6) 감칠맛

감칠맛은 다시마, 고기 등의 국물에 함유된 맛 성분으로 식욕을 돋구는 구수한 맛에 해당된다. 공업적으로 제조되고 있는 MSG와 5′-ribonucleotide-Na 등도 감칠맛을 내는 미각 강화제이다. 식품의 추출 성분이나 비단백태질소화합물에는 아미노산, 펩티드, 콜린 및 유도체, 핵산물질, 아미드, 유기염기, 유기산 등의 감칠맛 성분들이 다양하게 존재한다. 글루탐산은 신맛이지만 어류, 육류, 채소 등에 함유되어 감칠맛을 낸다.

현재 시판 중인 핵산 조미료라고 불리는 제품들은 MSG에 핵산이 각각 0.5%, 2.5%, 5.0%, 8% 함유된 것들이 대부분이다.

그 밖의 감칠맛 성분인 타우린은 오징어, 문어 등에 많이 함유되어 있으며, 호박산염sodium succinate은 청주 및 조개류에 들어 있다.

7) 떫은맛

떫은맛은 매운맛과 같이 입안에서 미각의 마비에 의한 피부의 수렴 또는 수축 과정에서 생기는 복잡한 감각으로 대부분의 경우에 불쾌한 맛이다. 식품의 떫은맛을 나타내는 것은 주로 폴리페놀성 물질인 탄닌 성분으로 덜 익은 감, 밤, 도토리, 차 등에 많이 함유되어 있다. 탄닌은 폴리페놀 구조를 지니므로 갈변과 관계가 있다. 클로로겐산chlorogenic acid은 커피에 있어서 떫은맛의 주성분이며 고구마, 감자, 가지, 사과, 배 등에도 존재한다. 엘라그산ellagic acid은 밤의 떫은맛 성분이며, 카테킨catechin은 녹차, 과일 등에 널리 존재한다. 감의 떫은맛 성분은 시부올shibuol이란 화합물이다. 차에서는 떫은맛이 풍미의 중요한 인자라고 할 수 있다.

8) 아린맛

아린맛은 쓴맛과 떫은맛이 섞인 듯한 맛으로 일종의 불쾌한 맛이다. 죽순, 우엉, 토란, 무릇, 고사리 등을 물에 담갔을 때 얻어지는 침출액의 맛으로, 침출액은 무기염류, 배당체, 탄닌, 유기산 등을 함유하며 이 성분들이 아린맛에 관여하는 것 같다. 죽순 및 토란의 아린맛 성분은 호모겐티스산homogentisic acid이다.

9) 알칼리맛

알칼리맛은 서양에서 먼저 표현되었으며, 나무나 풀을 태운 재의 맛으로 주로 OH^-에 의한 것으로 알려져 있다.

10) 금속맛

금속맛은 철, 은, 주석 등의 금속이온에 의하는데, 식기류, 수저, 국자, 금속 재질의 주방용기 등에서 느껴지는 맛이다.

단원정리

1. 단맛, 신맛, 짠맛, 쓴맛을 4기본맛이라고 하며, 이외에도 감칠맛, 매운맛, 떫은맛, 아린맛, 알칼리맛, 금속맛 등이 있는데 나라 또는 지역에 따라서 다소 차이가 있다.
2. 정미 성분이 확실히 느껴지는 최저농도를 그 성분의 역치(threshol value)라고 한다. 이 역치는 맛의 종류에 따라 차이가 있어 쓴맛이 가장 낮고 단맛이 가장 높다.
3. 서로 다른 정미 성분이 혼합되어 주된 정미 성분의 맛이 세어질 때 이것을 맛의 대비효과라고 한다.
4. 서로 다른 정미 성분이 몇 가지 혼합되어 주된 정미 성분의 맛이 약하게 될 때 이것을 맛의 억제효과라고 한다.
5. 같은 종류의 맛을 가지는 두 종류의 정미물질을 서로 섞어주면 각각 가지고 있는 맛보다 훨씬 강하게 느껴지는데, 이것을 맛의 상승효과라고 한다.
6. 천연감미료로는 당류, 당알코올, 아미노산 및 펩티드, 일부 방향족 화합물과 황화합물 등이며 인공감미료는 아스파탐, 아세설팜, 사카린 등이 있다.
7. 짠맛 중에서 가장 대표적인 것은 소금(NaCl)의 맛이며, 대부분 식품의 맛은 그 속에 함유된 염에 기인한다고 볼 수 있다.
8. 신맛은 초산에서와 같이 해리된 수소이온의 맛이지만 신맛의 강도는 pH와는 정확히 정비례하지는 않으며, 동일한 pH에서 무기산보다 유기산의 신맛이 더 강하다.
9. 쓴맛을 나타내는 대표적 물질들은 알칼로이드 성분을 비롯한 배당체, 케톤류, 무기염, 아미노산, 펩타이드, 사포닌 등이다.
10. 매운맛은 미각신경을 강하게 자극하여 느껴지는 감각으로 순수한 미각이 아니라 일종의 통각으로 볼 수 있다.
11. 떫은맛은 매운맛과 같이 입안에서 미각의 마비에 의한 피부의 수렴 또는 수축 과정에서 생기는 복잡한 감각으로 주로 폴리페놀성 물질인 탄닌 성분이며 덜 익은 감, 밤, 도토리, 차 등에 많이 함유되어 있다.

CHAPTER

10

식품의 독성

1. 자연독 | 2. 미생물에 의한 독성 | 3. 외인성 유독물질

10

1. 식물성 자연독을 분류할 수 있다.
2. 동물성 자연독을 분류할 수 있다.
3. 미생물에 의한 독성을 설명할 수 있다.

식품과 관계있는 유독물질에는 자연식품에 본래 들어 있는 내인성 유독물질과 오염된 미생물이 분비하는 유독물질, 식품의 제조과정 중 혼입되는 유독물질, 인위적으로 첨가되는 유독첨가물, 식품공해에 의한 유독물질과 같은 외인성 유독물질이 있다.

1. 자연독

1) 식물성 자연독

(1) 솔라닌

솔라닌solanine은 솔라니딘solanidine이란 스테로이드계 알칼로이드를 아글리콘aglycone으로 하고 포도당, 갈락토스 및 람노스rhamnose가 결합한 배당체로서, 생체 속에 존재한 콜린에스터라아제cholinesterase의 작용을 억제함으로써 독성을 나타내 위장장애, 현기증, 호흡중추 마비의 증상을 가져온다. 감자 중에는 미량(0.005~0.01%), 발아된 초록색 부위에는 0.2~0.5% 함유되어 있다.

감자에 있어서 가장 일반적인 알칼로이드는 스테로이드계인 솔라니딘이며, 이외에 함유된 글리코 알칼로이드는 괴경의 껍질층과 표피의 연조직 세포에서 형성되고 농축되어 있으며 배아 부위에서 대사활성이 높다. 알칼로이드의 농도는 종자, 변종, 토양, 비료, 기후 등에 의해 영향을 받는다. 감자의 알칼로이드 함량은 성장 수준, 성숙도, 위치, 재배조건 등에 의존적이며 손상, 질병 등의 스트레스를 받는 경우와 괴경이 햇빛

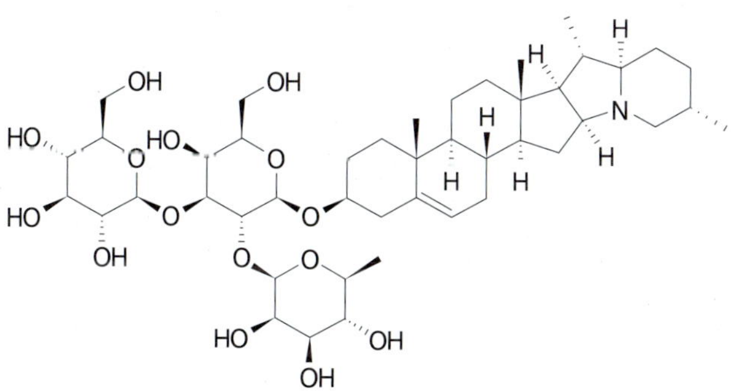

그림 10-1 | 솔라닌

에 노출될 때 증가된다.

(2) 사포닌

사포닌saponins은 쓴맛을 내는 혼합 배당체로 식물성 식품에 다양하게 존재하며, 하나 이상의 당단위와 스테로이드 또는 트리테르펜triterpene 유도체들과 아글리콘으로 구성되어 있다. 이들은 표면장력을 낮추는 활성을 가지므로 기포성을 유도하고 적혈구 세포를 용해할 수 있다. 대부분의 사포닌은 콜레스테롤과 침전물을 형성한다.

식품 중의 사포닌은 고등동물에게 매우 약한 독성을 나타내는 반면에, 물고기에게는 아주 강한 독성을 보인다. 사탕무 사포닌은 설탕 주스와 시럽의 거품을 내게 하고 설탕의 결정화 과정에서 침전을 형성한다.

가장 잘 알려진 사포닌은 대두 및 다른 콩류에 존재하는 것들이다. 대두는 0.45~0.50%의 사포닌을 함유하고 있다. 대두, 팥, 시금치, 도토리 열매, 차 열매, 도라지뿌리 등은 사포닌을 다량 품고 있으므로 충분히 우려 내어서 식용하여야 한다.

(3) 아미그달린

아미그달린amygdalin은 장미과에 속하는 많은 식물 중에 존재하는 시안cyan 배당체이다. 시안 배당체가 산이나 효소에 의해 가수분해되면 시안산(HCN)을 형성하므로 이로 인해 유독작용을 나타난다. 신 살구 및 복숭아의 씨 시안산은 독성이 매우 크며, 성인에 대한 치사량은 200 mg 정도로 추정되고 생체의 호흡효소에 대하여 강한 억제작용을 한다.

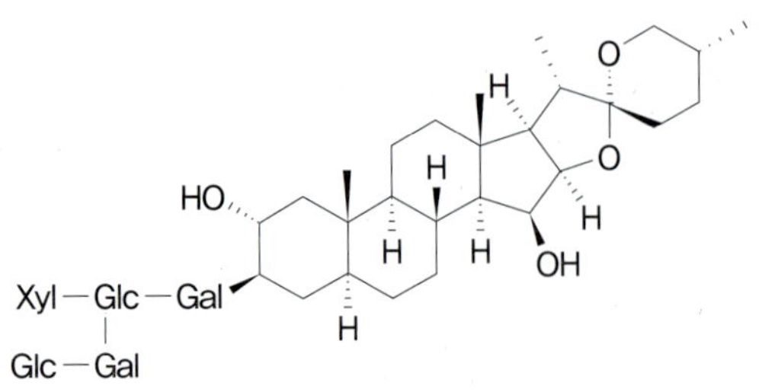

그림 10-2 | 사포닌

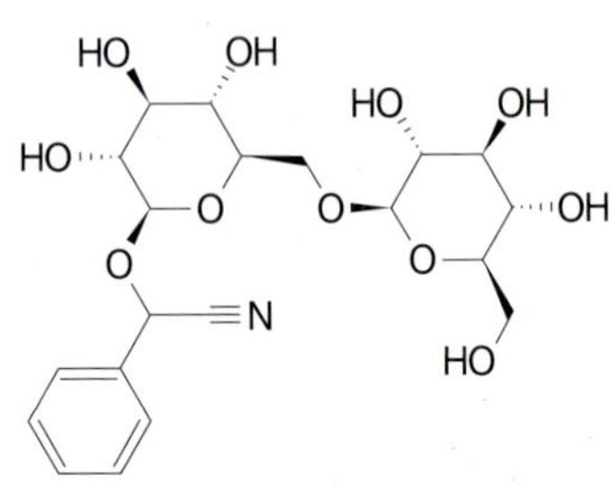

그림 10-3 | 아미그달린

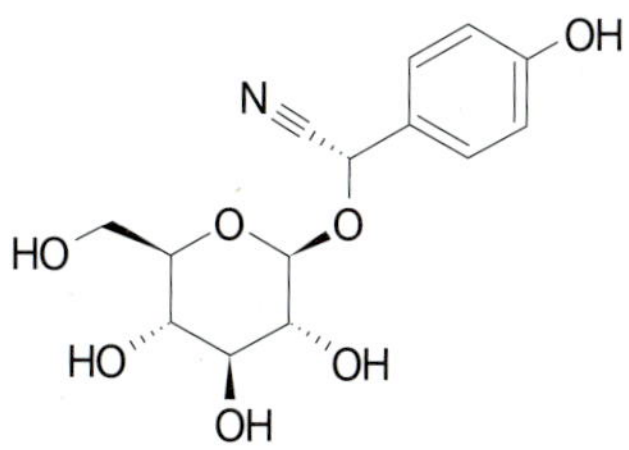

그림 10-4 | 듀린

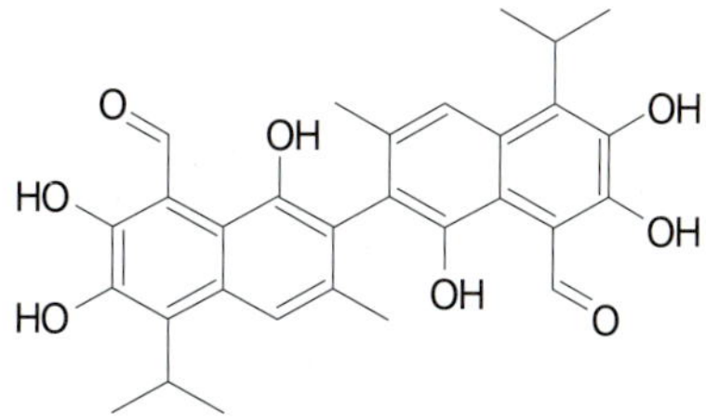

그림 10-5 | 고시폴

(4) 듀린

곡류 중의 수수류Sorglum genera도 시안 배당체인 듀린dhurrin을 함유하고 있으며, 수수는 식용이 되기 전에 효소에 의하여 가수분해되어 시안산의 함량이 급격히 감소된다.

(5) 고시폴

고시폴gossypol은 면실박 중에 잔존하므로 면실박을 사료로 이용하기가 어렵다. 고시폴은 항산화작용이 있으나 독성 때문에 제거시킨다.

(6) 무스카린

무스카린muscarine은 알칼로이드에 속하며 부교감신경의 흥분 및 뇌장해를 일으킨다. 맹독성으로 땀을 많이 흘리고 맥박이 빨리 뛰며 눈동자가 수축한다. 위장 및 내장 중독을 일으키며 사람의 치사량은 0.5 mg이다. 파리버섯, 광대버섯, 무당버섯 등에 함유되어 있다.

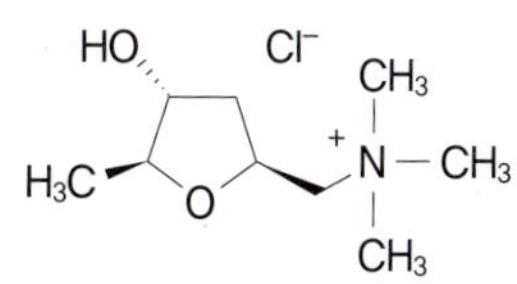

그림 10-6 | 무스카린

2) 동물성 자연독

(1) 테트로도톡신

북어에는 매우 강력한 독(LD_{50}<10 μg/kg)을 지닌 테트로도톡신tetrodotoxin이 함유되어 있다. 독성분은 복어의 알뿐만 아니라 난소, 간, 피부, 근육 등에 분포되어 있다.

중독증상은 두통, 복통, 구토, 운동마비, 지각마비, 언어장해, 호흡곤란, 사망(치사율 50%)이다.

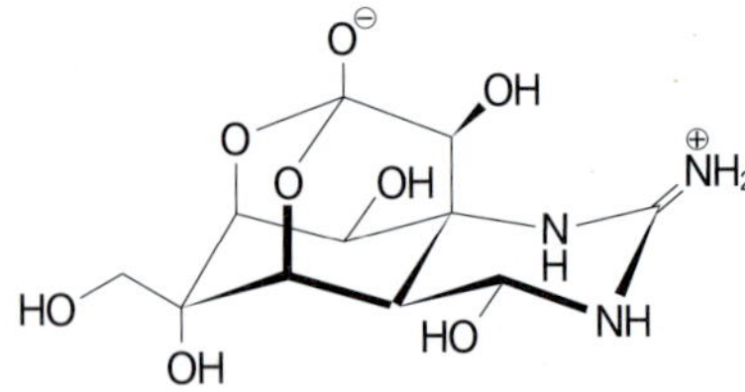

그림 10-7 테트로도톡신

(2) 삭시톡신

삭시톡신saxitoxin은 플랑크톤, 홍조류, 가리비조개, 섭조개, 대합조개 등에 존재한다.

(3) 베네루핀

베네루핀venerupin은 굴, 모시조개, 바지락의 중독 성분으로, 화학의 본체는 불분명하나 일종의 아민amine이라고 보고되었다.

2. 미생물에 의한 독성

1) 아플라톡신

아플라톡신aflatoxin은 *Aspergillus flavus*가 생성하는 mycotoxin으로 강력한 발암성 물질이다. 특히 간암을 유발하며, 사람이나 동물에게 급성·만성 중독을 일으킨다.

2) 황변미에 의한 독성

쌀 저장 중 생성되며, *Penicillium citrinum*, *P. islandicum*, *P. toxicarium* 등이 번식하여 독 성분을 생성하며, 급성·만성 신경독을 유발한다.

3) 맥각독소

맥각은 라이맥, 보리, 호밀 등에 기생하는 맥각균*Claviceps purpurea*의 균핵으로 맥각균에 오염된 곡물은 흑청색으로 변색한다. 알칼로이드인 맥각은 근육의 수축, 특히 자궁 수축작용, 분만 촉진 및 분만 시 지혈작용이 있어 의약품으로 사용되기도 하나 양

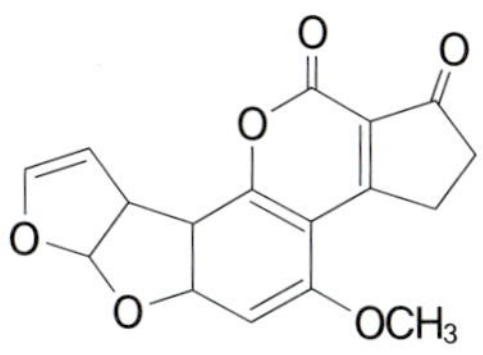

아플라톡신 B_1

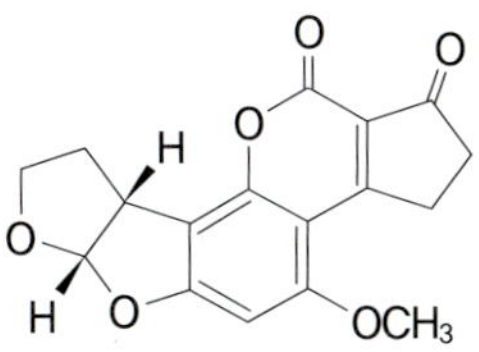

아플라톡신 B_2

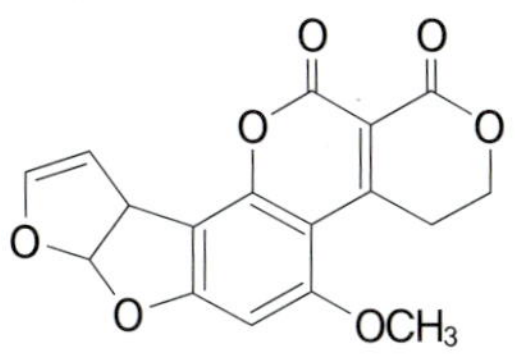

아플라톡신 G_1

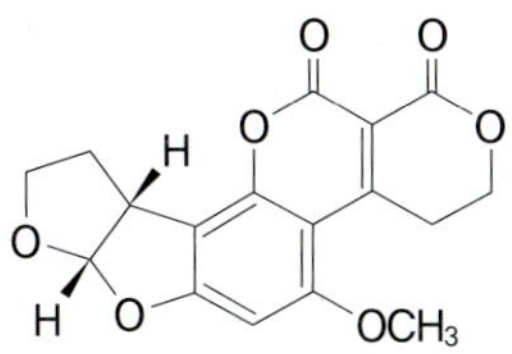

아플라톡신 G_2

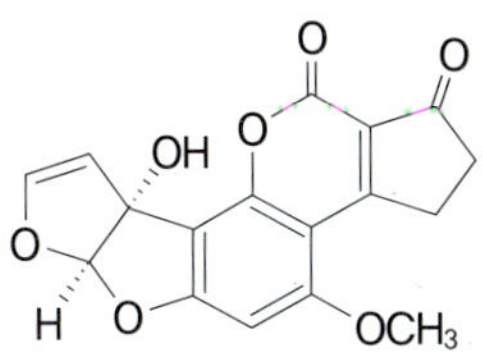

아플라톡신 M_1

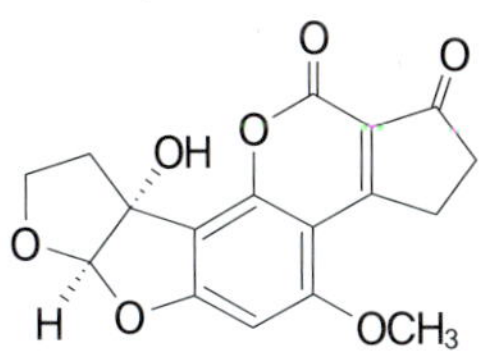

아플라톡신 M_2

그림 10-8 I 아플라톡신

이 많으면 독성으로 작용하는데 이 중독을 맥각병이라 한다.

3. 외인성 유독물질

햄, 소시지, 베이컨과 같은 육가공품의 제조과정에서 미생물 억제 및 발색의 목적으로 사용되는 질산염은 미생물의 작용에 의해 아질산염으로 환원되어 육가공품에 흡수된다. 이어서 발암성의 니트로사민을 형성할 수 있다. 감자, 시리얼 등의 전분질 식품을 고온에서 튀기거나 구울 때 형성되는 아크릴아미드도 인체에 독성을 나타내는 것으로 알려져 있다. 최근에는 트랜스지방이 심혈관계에 영향을 준다는 보고도 있고, 암, 당뇨, 비만 등과의 연관성에 대한 연구가 진행되고 있다.

단원정리

1. 솔라닌 위장장애, 현기증, 호흡중추 마비의 증상을 일으키며 감자 중에는 미량, 발아된 녹색 부위에는 0.2~0.5% 함유되어 있다.
2. 대두, 팥, 시금치, 도토리 열매, 차 열매, 도라지 뿌리 등은 사포닌을 다량 함유하고 있으므로 충분히 우려 내어서 식용하여야 한다.
3. 아미그달린은 장미과에 속하는 많은 식물 중에 존재하는 시안 배당체로 산이나 효소에 의해 가수분해되면 시안산을 형성하여 유독작용을 나타낸다. 신살구 및 복숭아의 씨 시안산은 독성이 매우 크며, 생체의 호흡효소에 대하여 강한 억제작용을 한다.
4. 복어에는 매우 강력한 독을 지닌 테트로도톡신이 함유되어 있다. 독성분은 복어의 알뿐만 아니라 난소, 간, 피부, 근육 등에 분포되어 있다.
5. 아플라톡신은 *Aspergillus flavus*가 생성하는 mycotoxin으로 강력한 발암성물질이다.
6. 맥각은 라이맥, 보리, 호밀 등에 기생하는 맥각균(*Claviceps purpurea*)의 균핵으로 맥각균에 오염된 곡물은 흑청색으로 변한다.

CHAPTER

11

식품의 물성

11

1. 식품의 성상에 따른 특징과 사례를 설명할 수 있다.
2. 콜로이드 용액의 특성을 설명할 수 있다.
3. 유화를 정의하고 유화제의 사용기준을 설명할 수 있다.
4. 액체식품의 조직감을 설명하는 용어를 이해할 수 있다.
5. 고체식품의 조직감을 설명하는 용어를 이해할 수 있다.

식품의 조직감texture은 식품을 이루고 있는 다양한 구성 성분들과 구조적인 요소들이 배열되어 미세구조 및 거대구조를 이루고, 이러한 구조를 지닌 식품이 힘을 받았을 때 시간에 따라 흐름 및 변형 같은 외적인 요소로 나타나는 성질로 정의되며, 식품을 구성하는 각 요소들의 성질이 종합되어 생리적 감각에 작용하는 것이라 할 수 있다. 이러한 식품의 조직감은 기계적 시험 또는 관능적 분석에 의하여 평가할 수 있으며, 식품의 물성rheological property을 나타내는 성질로 식품의 가공과 처리 과정에 영향을 미칠 뿐만 아니라 식품의 특성과 식품의 유통기한 및 소비자의 평가에 영향을 주는 중요한 요소로 정확한 이해가 필요하다.

1. 식품의 성상

식품의 성상(性狀)은 여러 가지 성분들의 조합 및 가공(조리)방법에 따라 기체상, 액체상 및 고체상을 이룰 수 있기 때문에 물리적 특성 및 관능적 특성 또한 다양하다. 즉, 식품의 성상은 이를 이루고 있는 성분이 연속적으로 하나의 구조를 이루고 있는 분산매(연속상)와 불연속적으로 식품 전체에 분산되어 있는 분산질(분산상)의 종류에 따라 다양한 형태를 나타낸다. 식품의 성상에 따른 분류는 표 11-1과 같으며, 다양한 성상을 나타내는 특성에 대하여 개략적으로 살펴보기로 한다.

표 11-1 | 식품의 성상에 따른 분류

분산매(연속상)	분산질(분산상)	성상	사례
액체	고체	졸sol 현탁액suspension	전분 호화액(수프) 된장국
액체	액체	유화액emulsion 수중유적형(O/W) 유중수적형(W/O)	우유, 마요네즈, 아이스크림 버터, 마가린
액체	기체	거품(포말질)	탄산음료, 맥주
고체	액체	겔gel	젤리, 양갱, 두부, 치즈, 묵
고체	기체	고체 거품(포말질)	빵, 쿠키, 휘핑크림

1) 액체상의 식품

액체 상태의 분산매(용매)에 분산되어 있는 분산질(용질)은 분산질의 크기에 따른 존재 상태에 따라 진용액true solution, 교질용액colloidal solution, 현탁액suspension으로 구분한다.

(1) 진용액

진용액은 1 nm(10^{-9} m) 이하의 크기를 갖는 작은 입자(분자나 이온 상태), 즉 소금, 설탕, 아미노산, 비타민, 무기질 등이 분산매에 녹아 있는 상태를 말한다. 진용액은 특정 온도에서 분산매에 녹을 수 있는 분산질의 양에 따라 불포화용액, 포화용액 및 과포화용액으로 분류할 수 있으며, 상대적으로 액체상의 식품 중에서 분산질의 크기가 가장 작아 하나의 상을 유지하는 안정성이 가장 뛰어나다. 진용액의 일반적 특성에 대한 올바른 이해는 다양한 가공(조리)방법의 원리를 아는 데 도움이 될 뿐만 아니라 응용력을 높이게 된다.

① 확산

우리는 식품의 맛을 향상시키기 위해 다양한 재료, 즉 다시마, 멸치, 조개류, 버섯, 북어, 닭고기, 닭뼈, 파, 무, 배추 등을 이용하여 맛국물(다시)을 만든다. 맛국물은 다양한 재료를 물에 넣고 가열하는 과정을 거치게 되는데, 이때 재료에 함유되어 진용액을 이루는 다양한 물질들이 사용한 물(조리수)로 용출된다. 이러한 용출현상은 재료로부터 물쪽으로 농도가 같아질 때까지 지속되어 평형에 도달하게 된다. 이 과정을 확산이라고 하며, 이러한 과정은 과채류를 조리하는 경우 무기질, 당, 수용성 비타민 등의 이동에 의해서도 발생한다.

② 삼투

삼투현상이란 용매는 통과시키지만 용질은 통과시키지 않는 반투막을 사이에 두고 용액과 순수한 용매가 따로 존재할 때 용매가 용액 속으로 확산하여 이동하는 현상을 말하며, 이때 반투막 양쪽 사이에 형성된 압력 차이를 삼투압이라고 한다. 식품 원료

자체의 농도보다 높은 고농도의 소금용액이나 당용액 속에 식품 원료를 넣을 경우 궁극적으로 식품 원료의 탈수현상이 발생하여 세포의 원형질 분리를 유발시킨다. 배추를 절일 때 일차적으로 소금은 세포간질과 세포벽까지 확산현상에 의해 침투해 들어가며, 이후 이차적으로 세포간질과 세포 내액 사이의 농도 차이에 의한 삼투현상이 원형질 막을 사이에 두고 일어나 내부의 물이 원형질 막을 통과하여 외부로 빠져 나와 원형질 분리가 발생하게 되는 것이다. 이러한 삼투현상은 용액을 이루는 용질의 몰농도에 비례하므로 분자량이 작을수록 동일한 무게에 대하여 큰 삼투압을 갖게 된다.

③ 비점(끓는점) 상승

진용액의 끓는점은 순수한 물보다 높은 값을 보이며, 그 정도는 용질의 양이 증가함에 따라 상승한다. 동일한 1 g 분자량(몰질량)을 갖는 물질을 물 1 L에 용해시킬 때 설탕처럼 이온화하지 않는 경우 0.52℃만큼 상승하지만 소금과 같이 이온화하는 경우 이온화된 몰수에 비례하여 끓는점은 올라간다. 즉, 소금의 경우 끓는점을 1.04(0.52×2)℃ 상승시킨다.

④ 빙점(어는점) 강하

진용액의 어는점은 순수한 물보다 낮은 값을 가진다. 끓는점 상승처럼 어는점 강하는 이온화하지 않는 용질의 경우 1몰당 1.86℃ 감소시키며, 이온화하는 경우 이온의 몰수에 비례하여 감소시킨다.

⑤ 증기압

증기압은 용액에 존재하는 용질의 농도에 비례하여 감소한다. 이러한 현상은 용액을 이루는 용매가 식품처럼 물인 경우 수분활성도와 직접적으로 상관성을 갖게 된다. 즉, 식품 내에 물과 결합하는 용질의 농도가 증가할수록 식품의 수증기압이 낮아지게 된다. 식품 외부의 환경이 식품보다 높은 상내습도를 갖게 되면 식품은 외부로부터 수분을 흡습하며, 반대로 외부의 상대습도가 낮은 경우 식품으로부터 수분이 탈습되어 건조 상태가 된다. 이러한 원리를 이용하여 식품의 흡습이나 탈습 현상을 조절할 수 있고 목적에 알맞게 가공할 수 있다.

(2) 교질용액

용질과 용매가 하나의 상을 이루는 용액과 달리 콜로이드는 분산상(현탁된 입자들)과 연속상이 균일하게 혼합된 용액으로 분산질이 용해되거나 침전되지 않고 분산 상태로 존재한다. 분산상을 이루는 입자들(분산질)의 직경은 대략적으로 1~1,000 nm (1 μm)로, 보통 광학현미경으로 쉽게 볼 수 있으나 250 nm 이하의 경우는 전자현미경이 요구되기도 한다. 교질용액의 분산질의 크기는 진용액보다 크기 때문에 상대적으로 안정성이 낮으며, 다음과 같은 특성을 갖는다.

① 반투성

진용액을 이루는 이온이나 작은 분자들은 반투막을 통과하지만, 이보다 큰 직경을 갖는 콜로이드 입자는 통과하지 못하는 현상을 말한다.

② 틴달현상

강한 빛을 콜로이드 용액에 비출 때 분산된 입자들에 의해 빛이 산란되어 빛의 통로가 하얗게 보이는 현상을 말한다.

③ 흡착성

콜로이드 용액을 형성하는 입자들은 표면적이 크기 때문에 다른 물질을 흡착하는 성질을 나타내며, 입자의 크기가 작아 표면적이 증가할수록 흡착되는 이물질의 양도 증가한다.

④ 점성과 가소성

분산상의 농도가 높을수록 흐름에 대한 저항, 즉 점성이 증가하게 된다. 크림은 지방 입자의 개수가 증가하면 더욱 걸쭉해지는 현상을 보인다. 농도가 더욱 높아지는 경우에 특별한 힘을 가해야 흐르기 시작하는 가소성을 가지며, 이러한 현상은 쇼트닝이나 전분 풀에서 볼 수 있다.

(3) 졸

교질용액 중에서 분산매인 연속상의 액체에 콜로이드 입자가 분산된 용액으로 유동성을 나타내는 상태의 액체를 졸이라 한다. 대표적인 예로 수분에 호화된 전분이 분산되어 있는 전분호화액이 있다. 일반적으로 유동성을 갖는 전분호화액은 전분의 농도가 6% 이하일 때 가능하며, 이 이상의 농도를 갖는 전분호화액은 냉각하면 겔이 된다. 전분의 농도에 따른 전분호화액의 내부 구조는 그림 11-1과 같다. 분산상의 졸이 겔로 변했을 때에는 분산매와 분산상의 관계가 바뀐다. 즉, 비연속적으로 분산되어 있던 분산질이 연속적으로 연결되어 하나의 망상구조를 형성하며, 연속상이었던 분산매(수분)는 이 구조물 사이에 갇혀 분산상이 된다.

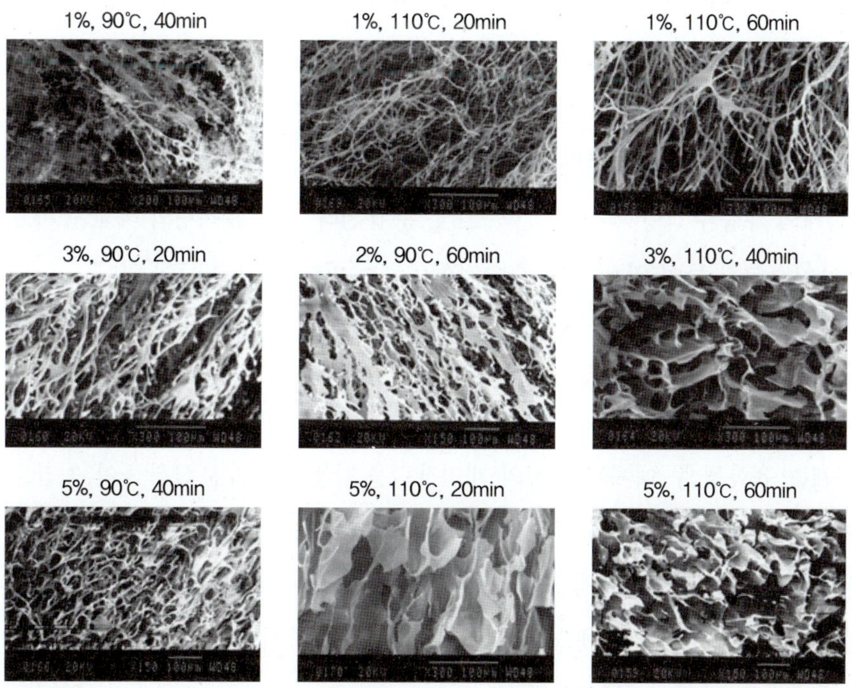

그림 11-1 | 전분 농도, 온도, 가열시간에 따른 쌀전분 paste의 동결 건조 후 내부 구조

출처 : Lee Seog-Won, Rhee Chul, 2007

(4) 현탁액

분산질의 직경이 1 μm 이상으로 커서 분산매 속에서 안정적으로 분산되지 못하며, 균일하게 분산시키기 위해서는 지속적으로 저어 주어야 하는 액체 상태를 말한다. 분산질이 무거울 경우 중력에 의해 쉽게 가라앉으며, 가벼울 경우 위로 떠오르는 현상을 보인다. 예를 들어, 냉수에 전분류나 밀가루를 타서 저으면 균일하게 분산되지만, 젓기를 멈추면 가라앉는다.

(5) 유화

유화란 정상적으로 섞일 수 없는 두 가지 액체를 혼합하여 하나의 불연속적 액체(분산상)가 다른 연속상의 액체(분산매)에 분산시키는 조작을 의미하며, 두 가지 이상의 섞일 수 없는 액체들의 혼합물로서 분산상이 일정 시간 동안 안정하게 분산되어 있는 용액을 유화액emulsion이라고 한다. 물과 기름의 비율에 따라 연속상인 물에 기름방울이 분산된 형태의 수중유적형oil in water, O/W과 반대로 연속상인 기름에 물방울이 분산된 형태의 유중수적형water in oil, W/O으로 분류된다. 수중유적형의 예로는 마요네즈, 우유, 아이스크림 등이 있으며, 유중수적형으로는 버터, 마가린 등이 있다.

① 유화제

유화제의 종류

유화제는 유화될 두 액체들 사이의 계면장력을 감소시키고 분산상들의 응집을 막아 유화액을 보호하는 역할을 수행하는데, 그 종류는 다음과 같다.

- 천연유화제 : 단백질, 인지질, 스테롤류
- 합성유화제 : 글리세롤 에스테르, 프로필렌글리콜, 지방산-솔비탄에스테르, 셀룰로스에테르, 카복시메틸셀룰로스
- 미세분말고형분 : 벤토나이트, 카본블랙

유화제의 선택기준

1940년 Griffin이 발표한 HLBhydrophile-lipophile balance값이 가장 일반적으로 사용되고 있으며, 분자 중 친수기의 양이 0%일 때를 0, 100%일 때를 20으로 하여 그 사이

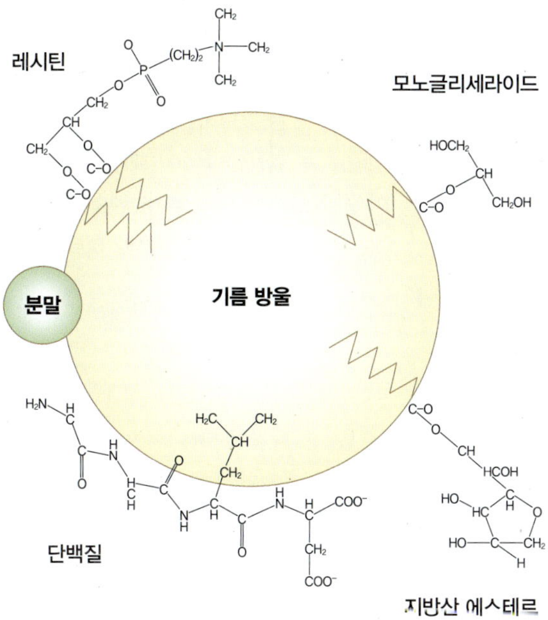

그림 11-2 | 유화제의 종류

를 등분한 값이다. 같은 HLB값에서도 단일 유화제의 경우와 2종 이상의 유화제를 혼합해 HLB값을 합친 경우 실제 유화력은 다르게 된다. 또한 유화제의 농도, 기름과 물의 비율, 유화온도, 다른 첨가물의 영향이 고려되지 않아 식품의 유화는 더욱 복잡하다. 때문에 HLB값은 유화제의 성질을 아는 1개의 기준 정도로 생각하는 쪽이 좋다. 일반적으로 유화제의 사용량 기준은 기름의 2~5% 정도 첨가하여 사용한다.

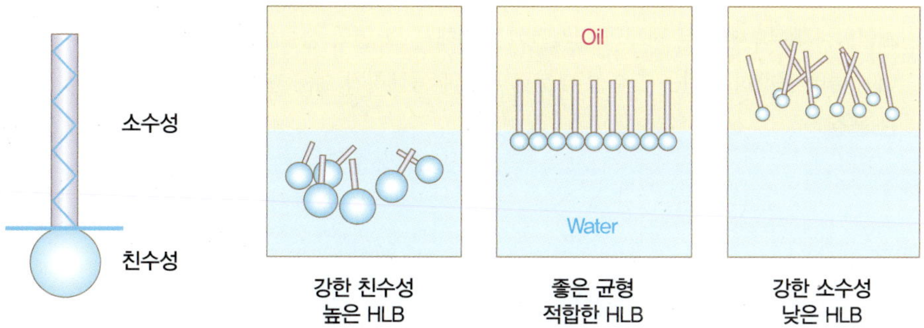

그림 11-3 | HLB와 유화제의 작용 모델

◇ 표 11-2 | 유화제의 종류

유화제의 종류	HLB값	유화제의 종류	HLB값
모노글리세라이드	3~4	폴리글리세린에스테르	4~14
아세트산모노글리세라이드	1	설탕에스테르	1~16
락트산모노글리세라이드	3~4	솔비탄에스테르	2~9
숙신산모노글리세라이드	5~7	PG에스테르	1~3
디아세틸타르타르산 모노글리세라이드	8~10	레시틴	3~4

② 유화의 안정화

정상적으로 섞일 수 없는 두 가지 액체를 혼합하여 안정화시키기 위해서는 두 상의 비중 차이를 적게 하고, 연속상의 점도를 높이며, 분산 입자 표면에 전기 이중층이 있도록 하는 것이 필요하다. 또한 가능한 한 분산 입자의 입경을 미세하게 하고 분산 입자 표면에 강한 흡착막을 갖게 하는 것이 중요하다.

용어 해설

- 응집력 : 물질을 구성하고 있는 분자들 사이에 서로 잡아당겨 합쳐지려는 힘
- 표면장력 : 물의 표면에서의 경우 물과 공기 분자 간의 응집력보다 물분자 간의 응집력 쪽이 훨씬 크기 때문에 물분자끼리 모여 최소의 면적을 이루려고 하는 힘이 작용하여 마치 수면에 막이 생긴 것처럼 되는 현상
- 계면장력 : 물과 기름처럼 섞이지 않는 액체 사이에서도 두 분자 간의 응집력의 차이로 2개의 층으로 분리되는 데 작용하는 힘
- 계면활성제(유화제) : 두 액체의 경계면에 배열해서 그 면의 성질을 변하게 하는 물질로 분자 내에 물에 용해하기 쉬운 친수성 부분과 기름에 용해하기 쉬운 친유성 부분 둘 다 가지고 있는 물질

(6) 거품

액체에 기체가 분산되어 있는 콜로이드 용액을 거품이라 하며, 휘핑크림, 난백거품 등이 해당된다. 거품의 형성은 주로 재료에 함유된 단백질의 역할에 의해 형성되는데,

난백의 경우 액체인 난백에 공기가 분산되어 거품을 형성하고 이를 변성된 난백단백질이 둘러싸 안정화된다. 거품, 즉 기포의 안정성은 액체의 표면장력과 증기압에 의해 좌우되는데 표면장력이 큰 액체일수록 거품이 쉽게 꺼지며, 증기압이 클수록 마찬가지로 거품이 쉽게 꺼지게 된다.

2) 고체상의 식품

식품 구성 성분 중 탄수화물, 단백질, 지방의 성질을 이용하여 유동성을 갖는 액체상을 고체상의 식품으로 전환시킬 수 있다. 탄수화물 중 다당류를 이용한 것으로 젤리, 양갱, 잼류 등이 있으며, 단백질의 경우 두부와 치즈, 지방의 경우 버터를 예로 들 수 있다.

(1) 겔

겔gel은 분산매인 액체에 콜로이드 입자가 분산된 교질용액으로 졸과 비슷하지만 여러 가지 요인에 의해 흐르지 않고 굳어진 상태를 말한다. 즉, 소량의 분산질이 다량의 수분을 함유하여 흐르지 않는 고체의 상태를 나타내는 액체 시스템으로 각종 묵류와 젤리류가 여기에 속한다. 생선국물처럼 가열하면 액상이 되고, 냉각되면 굳어 고체상으로의 전환이 가역적인 것과 묵류처럼 가열해도 졸로 되돌아갈 수 없는 비가역적 겔이 있다. 일반적으로 겔은 분산질이 서로 연결되어 3차원적 망상구조를 이루며 내부에 분산매인 다량의 수분이 갇히게 되는 구조이다. 또한 겔의 경우 시간이 지남에 따라 내부에 갇혔던 수분이 빠져나오는 현상을 보이는데, 이러한 현상을 이액현상syneresis이라고 한다.

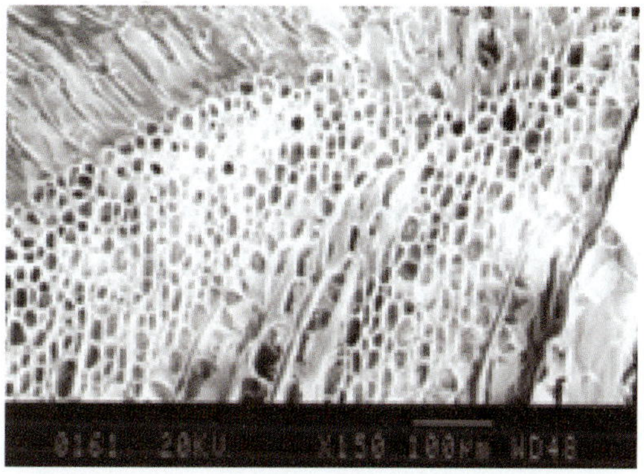

그림 11-4 | 전분 분자들이 연속적으로 연결된 쌀전분 겔의 망상구조 사례

출처 : Lee Seog-Won, Rhee Chul, 2007

◇ 표 11-3 | 겔화제의 종류

종류 \ 항목	겔화온도	pH에 따른 안정성	용해성	특징
카라기난carrageenan	50~55℃	pH 3.5 이상에서	60~80℃	무미무취
한천agar	37~40℃	pH 4.0 이상에서	비등	한천 냄새
젤란gellan	냉각 및 칼슘에 의해 겔 형성	내산성(pH 1~13), 내열성 우수	비등	투명도 매우 우수, 탄성 부여
젤라틴gelatin	18~20℃	pH 5.0~10.0	70℃ 이상	품온 상승 시 용해, 냉장 필요
펙틴H.M. pectin	65~85℃ (에스테르화, pH 의존)	pH 3.5 이상에서	비등	무미무취

(2) 다당류를 이용한 고체상의 식품

① 해조류 다당류

대표적인 예로 갈조류로부터 추출한 알긴산alginate은 일반적으로 1%(w/w) 이상의 농도에서 2가 양이온의 첨가로 액상을 고체상으로 겔화시키며, 홍조류로부터 추출한 한천agar의 가열과 냉각을 통해 일반적으로 2~3%의 농도로 겔화시킬 수 있다. 카라기난carrageenan의 경우 1% 정도로 겔화시킬 수 있으며, 그 종류에 따라 복잡하다.

② 식물성 다당류plant polysaccharides

액상을 고체상으로 전환시킬 수 있는 성질을 갖는 식물성 다당류로는 잼류 제조 시 사용되는 펙틴pectin, 곤약 제조에 이용되는 글루코만난glucomannan, 6% 이상의 농도에서 겔화되어 식품의 물리적 구조 안정화에 기여하는 전분, 그 외에 셀룰로스 유도체 등이 있다.

③ 박테리아 다당류bacterial polysaccharides

미생물의 세포외 분비물로 액상을 고체상으로 전환하는 데 이용되는 다당류로는 *Xanthomonas campestris*의 세포 외 분비물인 잔탄검, *Sphingomonas elodea*의 세포 외 분비물인 젤란검 및 *Alcaligenes faecalis* var. *myxogenes*의 생산물인 커들란 등이 있다.

2. 식품의 조직감

유동성을 갖는 유체식품이나 반고체식품들의 여러 가지 품질요소 중에서 식품 가공적성 및 기호성에 중요한 영향을 미치는 것이 식품의 조직감textrue이다. 이러한 식품의 조직감에 대한 올바른 이해는 세 가지 측면에서 중요하다. 첫째는 과일류와 채소류의 기계적인 수확을 위한 식품 원료들의 저항성을 평가하고, 둘째는 가공, 취급 및 저장하는 동안의 식품 원료들의 흐름 특성을 결정하고, 셋째는 소비시점에 있어서의 식품의 성상에 따른 기계적인 행동양식을 확립하기 위함이다. 즉, 식품의 조직감은 식품 원료의 가공적성과 섭취 시의 기호성에 대하여 높은 상관성을 갖는 성질이기 때문에 기본적인 현상에 대하여 이해하는 것이 필요하다.

1) 액체식품의 레올로지rheology

액체식품의 조직감은 흐름 및 변형의 특성으로 표현할 수 있으며, 기계에 의한 객관적 평가를 통해 점성viscosity, 가소성plasticity 및 점탄성 같은 유체fluid 및 반고체semisolid 식품의 흐르는 성질flow property로 나타낸다.

(1) 점성

물질의 흐름에 대한 저항을 나타내는 물리적 성질이며 유동성fluidity에 반대되는 말로서 액체가 얼마나 잘 흐르고 흐르지 않는 정도를 나타내는 것을 점성이라고 한다. 즉, 흐름에 대한 저항을 나타내는 값으로 점성이 크다는 것은 잘 흐르지 않는 것을 의미하며, 반대로 잘 흐르는 액체의 경우 점성이 작다는 것을 나타낸다. 일반적으로 액체의 온도가 상승할수록 점성은 작아져 잘 흐르게 된다. 점도는 포이즈poise란 단위로 표기하며, 1cPcentipoise는 0.01poise를 나타낸다. 표 11-4에 여러 가지 식품의 점도를 나타내었다.

◇ 표 11-4 | 여러 가지 식품의 점도

제품	온도(℃)	점도(cP)	제품	온도(℃)	점도(cP)
물	0	1.79	크림(30% fat)	4	13.78
	20	1.00	대두유	30	40.6
탈지우유	25	1.37	자당용액(60%)	21	60.2
전유	0	4.28	올리브유	30	84
	20	2.12	면실유	16	91
크림(20% fat)	4	6.20	당밀	21	6,600

(2) 가소성

버터, 마가린, 생크림 등은 일정한 값 이상의 힘을 받으면 변형이 일어난다. 이들의 변형된 형태는 그대로 유지, 즉 원래의 모양대로 복원되거나 흐름이 발생되지 않는 성질을 나타낸다. 이러한 외부의 힘을 받아 변형된 후 그 힘을 없애도 본래의 상태로 되돌아가지 않는 성질을 가소성plasticity이라고 한다.

(3) 점탄성

외부에서 힘을 받을 때 탄성 변형과 점성 유동이 동시에 나타나는 성질을 점탄성visco-elasticity이라고 한다. 밀가루를 물로 반죽한 후 흐르는 물에서 맑은 물이 나올 때까지 계속 씻어주면 글루텐이 된다. 글루텐은 점탄성을 나타내지만, 이를 구성하는 점성을 나타내는 글리아딘과 탄성을 나타내는 글루테닌을 분리하면 전혀 다른 물성을 확인할 수 있다. 즉, 70% 알코올에서 글루텐을 주무르면 점성을 나타내는 글리아딘이 용해되고 글루테닌만 남게 되며, 이를 잡아당기면 쉽게 끊어지는 성질을 보인다. 또한 알코올에 용해된 글리아딘은 알코올을 제거하면 쭉 늘어지기만 하는 성질을 나타내어 점성과 탄성 그리고 이들이 결합된 점탄성을 쉽게 확인할 수 있다.

2) 반고체-고체 식품의 조직감

(1) 기계적 특성

식품의 조직감은 1963년 Dr. Szczesniak에 의해 처음으로 기계적 측정을 통한 Texture Profile Analysis(TPA)로 관능평가에 대한 객관적 분석방법으로 정립된 이후, 1978년 Dr. Bourne이 미국 Instron사의 Universal Testing Machine을 사용하여 정해진 크기의 식품 샘플 압축시험에 적용하여 사용하기 시작하였다. 이러한 식품의 조직감에 대한 정량적인 표시는 경도hardness, 응집성cohesiveness, 탄력성springiness 및 부착성adhesiveness과 같은 고체 및 반고체 식품의 기하학적 변형성deformation property을 포함하는 광범위한 요소로 분류할 수 있다. 그림 11-5는 일반적으로 사용되는 조직감 측정기인 Textrue analyzer와 Rheometer이며, 그림 11-6은 Texture analyzer

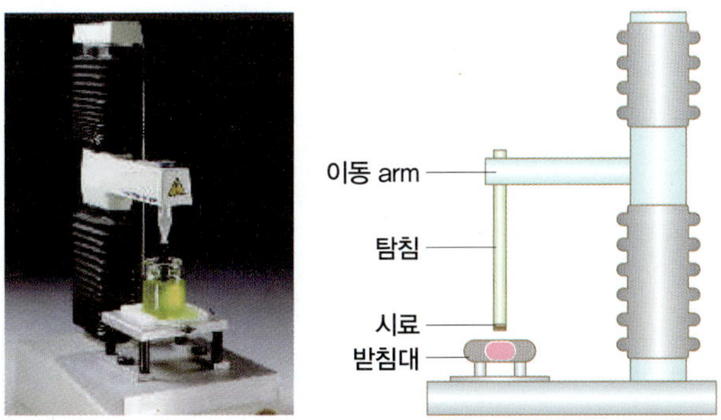

(a) Texture analyzer

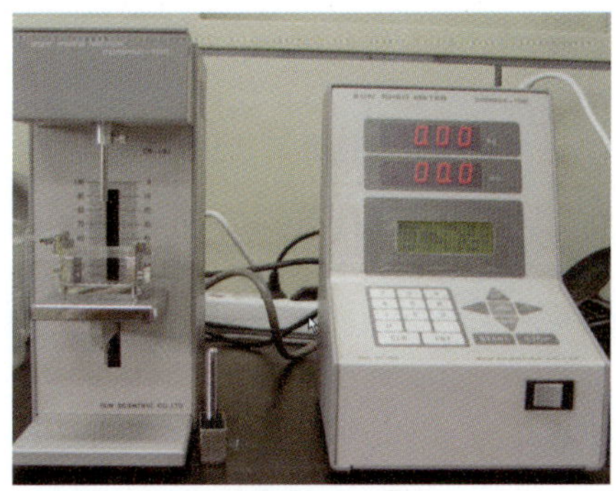

(b) Rheometer

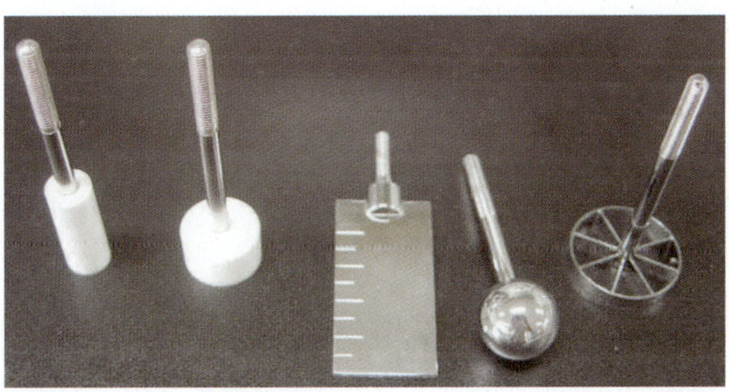

여러 가지 탐침

그림 11-5 | 조직감 측정기 : (a) Texture analyzer, (b) Rheometer 및 탐침(probe)

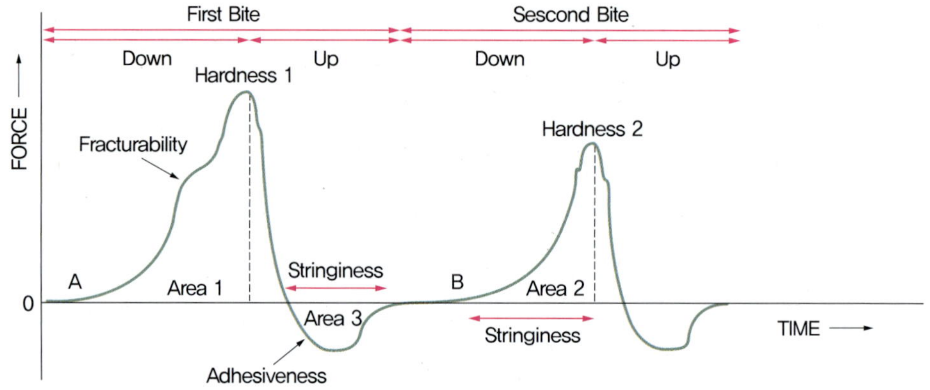

그림 11-6 | 두 번 압착 시험한 고체식품의 전형적인 Texture Profile Analysis(TPA)

를 사용하여 식품 시료를 두 번 압축하였을 경우 얻어지는 전형적인 TPATexture profile analysis이다.

① 경도Hardness

원하는 변형에 도달하는 데 필요한 힘으로 첫 번째 압착과정에서 나타나는 최대피크를 뜻한다(단위 : kg, g, N).

② 응집성Cohesiveness

물체가 있는 그대로의 형태를 유지하려는 힘으로 부착성adhesiveness보다 클 경우 탐침probe에 묻어나지 않는다(단위 없음).

③ 탄력성Springiness

Elasticity라고도 하며, 변형된 샘플이 힘이 제거된 후에 원래의 상태로 돌아가려는 성질을 의미한다(단위 없음).

④ 부착성Adhesiveness

첫 번째 압착에서 아래면적negative force area으로 나타나며, 탐침이 샘플로부터 떨어지는 데 필요한 힘을 의미한다. 샘플의 부착성이 응집성보다 클 경우 탐침에 샘플의 일부가 묻어난다(단위: kg·s, g·s, N·s).

⑤ 씹힘성Chewiness

고체 상태의 샘플을 삼킬 수 있는 상태로 만드는 성질로 Gumminess×Springiness로 계산되는 2차적 변수이다(단위 없음).

⑥ 검성Gumminess

반고체 상태의 샘플을 삼킬 수 있는 상태로 만드는 성질로 Hardness×Cohesiveness로 계산되는 2차적 변수이다(단위 없음).

(2) Texture analyzer를 이용한 측정 사례

① 식빵의 조직감 측정

그림 11-7은 상온(25℃)과 냉장온도(4℃)에서 8시간 저장한 식빵을 2번 압착 시험한 결과이다. 상온에 저장한 경우보다 냉장온도에서 저장한 식빵의 경도가 상대적으로 큰 값을 갖는다는 것을 확인할 수 있다. 뿐만 아니라 이 그래프로부터 다른 여러 가지 조직감 항목에 대한 값을 얻을 수 있다. 이와 같이 식품의 조직감 측정을 통해 초기 식품의 특성뿐만 아니라 저장 중의 특성을 비교 분석함으로써 관능검사와 병행할 경우 신

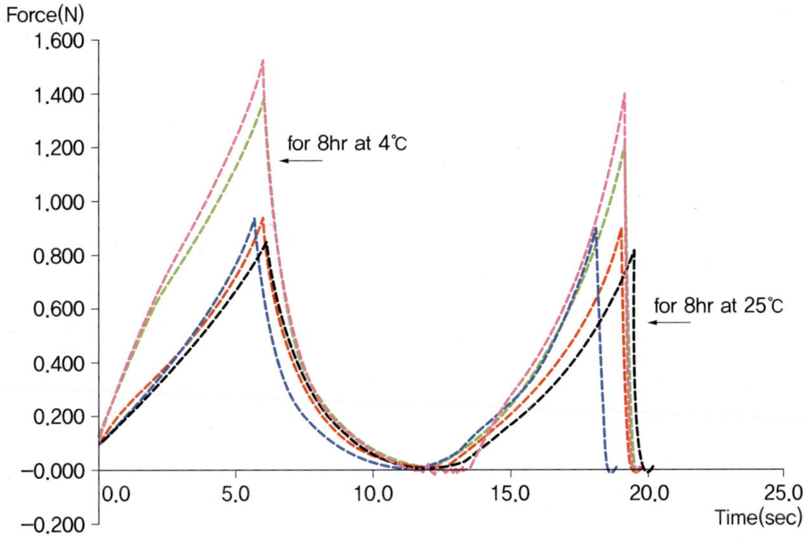

그림 11-7 | 식빵의 저장조건에 따른 Texture Profile Analysis(TPA)

제품 개발 및 품질관리에 유용하게 사용할 수 있는 특징을 갖고 있다.

② 조리면의 조직감 측정

그림 11-8은 조리면의 조직감을 측정한 사례로서 조직감 측정기의 작동조건, 즉 측정속도 및 변형률을 다르게 한 후 같은 시료로부터 얻은 결과이다. 그림 11-8을 보면 같은 시료라도 측정조건, 즉 변형률, 측정속도 등의 변화에 따라 다른 결과를 나타냄을 알 수 있다. 따라서 특정 시료에 대한 조직감을 측정할 경우 반드시 그 조건을 동일하게 측정하여야 한다. 또한 시료에 대한 측정조건은 사전에 충분한 예비실험을 통해 실험설계에 적합한 조건을 선정한 후 본 실험을 하는 것이 바람직하다.

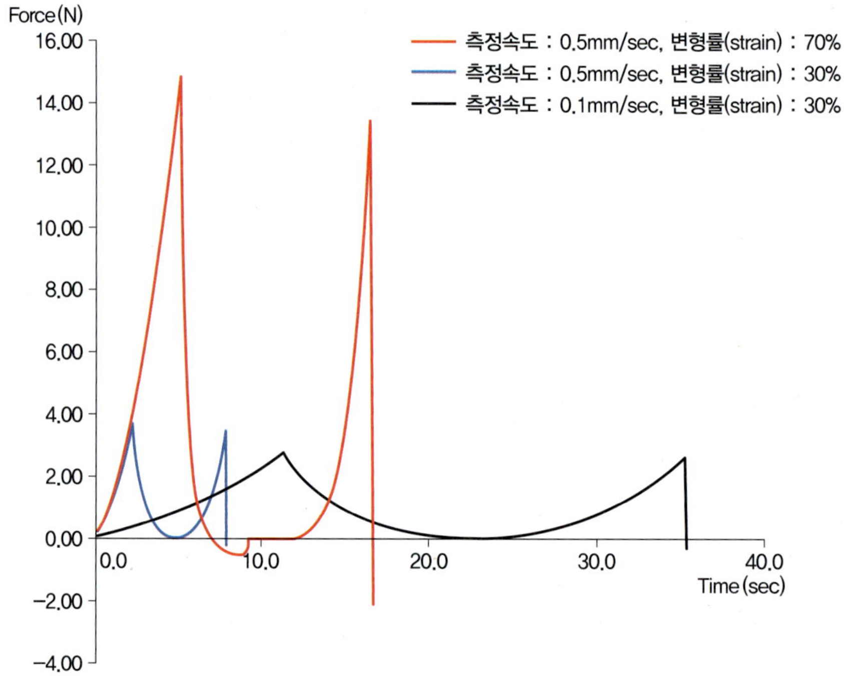

그림 11-8 | 측정조건(압착속도 및 변형률)에 따른 조리면의 Texture Profile Analysis(TPA)

단원정리

1. 식품의 조직감은 식품을 이루고 있는 다양한 구성 성분들과 구조적인 요소들이 배열되어 미세구조 및 거대구조를 이루고, 이러한 구조를 지닌 식품이 힘을 받았을 때 시간에 따라 흐름 및 변형 같은 외적인 요소로 나타나는 성질을 의미한다.
2. 식품의 성상은 구성 성분이 연속적으로 하나의 구조를 이루고 있는 분산매(연속상)와 불연속적으로 식품 전체에 분산되어 있는 분산질(분산상)의 종류에 따라 다양한 형태를 나타낸다.
3. 식품의 성상에 따라 졸, 현탁액, 유화액, 거품, 겔 등으로 분류된다.
4. 졸의 성질을 갖는 식품은 수프류(전분호화액)가 있으며, 현탁액으로는 된장국, 수중유적형 유화액으로는 우유·마요네즈·아이스크림, 유중수적형 유화액으로는 버터·마가린, 겔로는 젤리·양갱·두부·치즈·묵류 등이 있다.
5. 콜로이드 용액을 이루는 입자들의 직경은 1~1,000 nm(1 μm)의 크기를 가지며, 반투성, 틴달현상, 흡착성, 점성과 가소성의 특성을 나타낸다.
6. 유화란 정상적으로는 섞일 수 없는 두 가지 액체를 혼합하여 하나의 불연속적인 액체(분산상)가 다른 연속상의 액체(분산매)에 분산시키는 조작을 말한다.
7. 유화제의 선택기준은 일차적으로 HLB 값을 기준으로 하지만, 유화제의 농도, 기름과 물의 비율, 유화온도, 다른 첨가물의 존재 등에 따라 유화 안정성에 영향을 미친다. 일반적으로 유화제의 사용량 기준은 기름의 2~5% 정도 첨가한다.
8. 유화액은 물과 기름의 비율에 따라 연속상인 물에 기름방울이 분산된 형태의 수중유적형(oil in water, O/W)과 반대로 연속상인 기름에 물방울이 분산된 형태의 유중수적형(water in oil, W/O)으로 분류한다.
9. 고체상의 식품을 만들기 위해 사용하는 겔화제로는 카라기난, 한천, 젤란, 젤라틴, 펙틴 등이 있다.
10. 액체식품의 조직감은 흐름 및 변형의 특성으로 표현할 수 있으며, 점성, 가소성 및 점탄성 같은 유체 및 반고체 식품의 흐르는 성질로 나타낸다.
11. 고체 및 반고체 식품의 조직감은 Textrue analyzer와 Rheometer로 기계적으로 측정하며, 기하학적 변형성을 통해 경도, 응집성, 탄력성 및 부착성 등으로 정량적으로 표현한다.

참고문헌

고광오, 김희선. 응용과학을 위한 유기화학. 파워북, 2014.

구자옥 외. 쌀의 품질과 맛. 주식회사 전남쌀연구회.

김광수 외. 식품화학. 학문사, 2000.

김정숙 외. New 식품학. 지구문화사, 2010.

김종희 외. 식품화학. 진로, 2008.

김주현 외. 식품학. 양서원, 2012.

김형수 외. 식품학. 수학사, 1988.

남궁석 외. 식품학. 진로, 2010.

노봉수 외. 생각이 필요한 식품재료학. 수학사, 2011.

농촌진흥청 국립농업과학원. 국가표준식품성분표 제9차 개정판. 2016.

보건복지부 질병관리본부. 국민건강영양조사 제6기 2차년도. 2014.

보건복지부, 한국영양학회. 2015 한국인 영양소 섭취기준. 2015.

송재철 외. 최신 식품학. 교문사, 1998.

송태희 외. 이해하기 쉬운 식품화학. 효일출판사, 2015.

송태희 외. 이해하기 쉬운 조리과학. 교문사, 2012.

심창완 외. 최신 식품학. 효일, 2011.

안승요. 식품화학. 교문사, 2010.

이경애 외. 이해하기 쉬운 식품학. 파워북, 2014.

이경애 외. 식품과학-식품과 영양의 생화학 5판. 라이프사이언스, 2008.

이숙영 외. 식품화학. 파워북, 2010.

이장순 외. 식품학. 효일, 2002.

이주희 외. 과학으로 풀어쓴 식품과 조리원리. 교문사, 2015.

주향란, 계수경. 이해하기 쉬운 식품학. 효일, 2011.

정현숙 외. 새로운 조리원리. 양서원, 2012.

조경련 외. 이해하기 쉬운 식품재료학. 파워북, 2015.

조신호 외. 식품학. 교문사, 2014.

조신호 외. 식품화학. 교문사, 2013.

한국쌀연구회. 세계 식량 위기와 우리 쌀 산업. 휴먼컬처코리아, 2015.

한국전문대학 식품영양관련 교수협의회. 식품학. 문운당, 2011.

해롤드 맥기. 음식과 요리. 백년후, 2014.

Lee Soeg-Won, Rhee Chul. Effect of heating condition and starch concentration on the structure and properties of freeze-dried rice starch paste. 215-223, 40, *Food Research International*, 2007.

Roy L. Whistler & James N. BeMiller. *Carbohydrate Chemistry*. Eargan press, 1984.

中谷延二, 久保田, 紀久枝. 食品化学. 東京: 朝倉書店, 2004.

축산물 등급판정소 홈페이지 http://www.ekape.or.kr

| 찾아보기 |

저자 소개

이수정
단국대학교 이학박사
현재 부천대학교 식품영양과 교수

이현옥
숙명여자대학교 이학박사
현재 연성대학교 식품영양과 교수

조경옥
숙명여자대학교 이학박사
현재 대원대학교 호텔조리계열 교수

이광수
단국대학교 이학박사
현재 장안대학교 식품영양과 교수

김종희
일본 동경대학교 이학박사
현재 서일대학교 식품영양과 교수

최향숙
덕성여자대학교 이학박사
현재 경인여자대학교 식품영양과 교수

이석원
고려대학교 농학박사
현재 유한대학교 외식조리경영전공 교수

식품학

2019년 8월 10일 초판 인쇄
2019년 8월 20일 초판 발행

지은이 | 이수정 · 이현옥 · 조경옥 · 이광수
김종희 · 최향숙 · 이석원
발행인 | 유제구
발행처 | 파워북
주 소 | 경기도 고양시 일산동구 호수로 358-25
동문타워 2차 529호
전 화 | (02) 730-1412
팩 스 | (031) 908-1410
등 록 | 1997년 1월 31일 제2014-000067호

정 가 22,000원
ISBN 978-89-8160-389-2 (93590)